控制工程基础

（第2版）

沈艳 孙锐 于慧君 主编

清华大学出版社
北京

内容简介

本书主要介绍经典控制理论和现代控制理论中控制系统分析和综合的基本方法。全书共分9章，前6章属于经典控制理论中的线性定常连续控制系统问题，包括：自动控制系统的基本概念，控制系统的数学模型，时域分析法，根轨迹法，频域分析法，控制系统的设计与校正；第7章为线性离散系统的分析与校正；第8章为非线性控制系统分析；第9章为现代控制理论概述。

本书可作为机械、电子、计算机应用技术、电子信息工程、工业工程、测控技术及仪器等非自控专业及相关专业学生的教材，亦可供有关工程技术人员参考。

图书在版编目(CIP)数据

控制工程基础/沈艳，孙锐，于慧君主编. —2版. —北京：清华大学出版社，2020.4
ISBN 978-7-302-55147-8

Ⅰ. ①控…　Ⅱ. ①沈…　②孙…　③于…　Ⅲ. ①自动控制理论－高等学校－教材　Ⅳ. ①TP13

中国版本图书馆CIP数据核字(2020)第046786号

责任编辑：许　龙
封面设计：常雪影
责任校对：刘玉霞
责任印制：沈　露

出版发行：清华大学出版社
　　网　　址：http://www.tup.com.cn，http://www.wqbook.com
　　地　　址：北京清华大学学研大厦A座　　**邮　　编**：100084
　　社 总 机：010-62770175　　**邮　　购**：010-62786544
　　投稿与读者服务：010-62776969，c-service@tup.tsinghua.edu.cn
　　质量反馈：010-62772015，zhiliang@tup.tsinghua.edu.cn
印 装 者：三河市吉祥印务有限公司
经　　销：全国新华书店
开　　本：185mm×260mm　　**印　张**：14.5　　**字　　数**：351千字
版　　次：2009年9月第1版　2020年5月第2版　　**印　　次**：2020年5月第1次印刷
定　　价：45.00元

产品编号：084372-01

前言

FOREWORD

随着工业4.0和智能制造的提出，控制工程技术起着越来越重要的作用，业已成为从事科学研究与社会生产的技术人员必须掌握的专业技术基础知识。本书可作为高等院校的非自动控制专业及其他有关专业学生的教材。

在编写本教材的过程中，我们力图贯彻"夯实基础""理论与实践紧密结合"的原则，注重"三融合"，即数学理论基础和专业知识之间的有机融合、控制理论与工程应用的有机融合、控制技术与信息技术的融合，为学习者应用控制理论方法解决工程的实际问题奠定必要的基础。我们总结了多年的教学经验和科研实践，参考了国内外有关书籍和文献，在注重本书系统性的同时，力图将我们的经验体会、案例素材融入本书内容中，比较全面地阐述了经典控制理论的基本内容以及结合工程实际的设计实例和运用MATLAB软件研究控制系统的方法。同时，为适应学科发展，对现代控制理论进行了概要讲述。

本书在内容编排上，力求概念表达准确，知识结构合理，循序渐进；在叙述方法上，力求深入浅出，突出重点，便于读者更全面了解控制工程基础的全貌，更好地掌握本课程的基本理论和学习方法。

沈艳编写本书第1、4、5、6、7章，孙锐编写本书第2、3章及附录，于慧君编写本书第8、9章。本书由沈艳统稿，杨平教授主审。

本书在编写过程中，杨平教授、古天祥教授给予了指导和帮助，为本书提出了很好的建议，在此表示衷心的感谢。同时，本书参考了许多兄弟院校同行作者的相关文献、教材，在此对这些作者、译者和单位表示感谢。

限于编者水平，书中难免存在错误与不妥之处，恳请广大读者及同行批评指正。

编　者

2019年6月

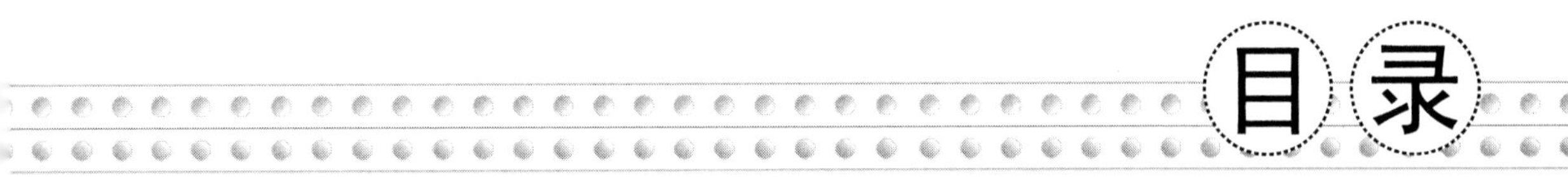

目录 CONTENTS

第1章　绪论 …… 1

1.1　概述 …… 1

1.1.1　经典控制理论 …… 1

1.1.2　现代控制理论 …… 2

1.1.3　智能控制理论 …… 2

1.2　控制系统工作原理和组成 …… 3

1.2.1　控制系统工作原理 …… 3

1.2.2　反馈控制系统的基本组成 …… 5

1.3　自动控制系统的分类 …… 6

1.3.1　按是否存在反馈分类 …… 6

1.3.2　按输入量变化规律分类 …… 7

1.3.3　按系统的元件特性分类 …… 8

1.3.4　按传递信号的性质分类 …… 9

1.4　自动控制系统的性能要求 …… 9

1.5　控制工程基础研究内容 …… 10

小结 …… 10

习题 …… 11

第2章　控制系统的数学模型 …… 13

2.1　数学模型概述 …… 13

2.1.1　数学模型的概念 …… 13

2.1.2　数学模型建立方法 …… 13

2.2　控制系统的微分方程 …… 14

2.3　传递函数 …… 17

2.3.1　传递函数的定义 …… 17

2.3.2　传递函数的性质 …… 19

2.3.3　典型环节的传递函数 …… 20

2.3.4 控制系统的传递函数 …… 21
2.4 控制系统结构图及其简化 …… 23
2.4.1 结构图的运算法则 …… 23
2.4.2 结构图变换法则 …… 25
2.5 信号流图基本概念 …… 27
2.5.1 信号流图 …… 27
2.5.2 梅逊增益公式 …… 28
2.6 控制系统建模的 MATLAB 实现 …… 29
2.7 设计实例：硬盘驱动读写系统 …… 30
2.7.1 硬盘驱动读写系统工作原理 …… 30
2.7.2 硬盘驱动读写系统建模 …… 31
小结 …… 33
习题 …… 33

第3章 控制系统的时域分析 …… 36
3.1 典型输入信号 …… 36
3.2 控制系统的时域性能指标 …… 37
3.3 一阶系统的时域分析 …… 38
3.3.1 一阶系统传递函数 …… 38
3.3.2 一阶系统的典型输入响应 …… 38
3.4 二阶系统的时域分析 …… 41
3.4.1 二阶系统传递函数 …… 41
3.4.2 二阶系统的典型输入响应 …… 43
3.5 高阶系统的时域分析 …… 49
3.5.1 高阶系统的单位阶跃响应 …… 49
3.5.2 闭环主导极点 …… 50
3.6 控制系统的稳定性 …… 51
3.6.1 稳定性的基本概念 …… 51
3.6.2 稳定的充要条件 …… 51
3.6.3 劳斯稳定判据 …… 51
3.7 控制系统的误差分析 …… 55
3.7.1 稳态误差的基本概念 …… 55
3.7.2 稳态误差的计算 …… 56
3.7.3 动态误差系数 …… 59
3.8 控制系统时域分析的 MATLAB 方法 …… 61
3.9 设计实例：漫游车转向控制系统 …… 62
小结 …… 64
习题 …… 65

第4章 控制系统的根轨迹分析 …… 67
4.1 根轨迹的基本概念 …… 67
4.1.1 根轨迹 …… 67
4.1.2 根轨迹方程 …… 68
4.2 常规根轨迹 …… 70
4.3 广义根轨迹 …… 74
4.3.1 参数根轨迹 …… 75
4.3.2 零度根轨迹 …… 77
4.4 控制系统根轨迹分析 …… 78
4.4.1 开环零、极点分布对系统性能影响 …… 78
4.4.2 利用主导极点估算系统的性能指标 …… 79
4.5 控制系统根轨迹分析的MATLAB方法 …… 81
4.6 设计实例：激光操纵控制系统 …… 82
小结 …… 83
习题 …… 84

第5章 控制系统的频域分析 …… 85
5.1 频率特性概述 …… 85
5.1.1 频率特性的基本概念 …… 85
5.1.2 频率特性的计算方法 …… 87
5.1.3 频率特性的表示方法 …… 88
5.2 开环系统奈奎斯特图的绘制 …… 91
5.2.1 典型环节的奈奎斯特图 …… 91
5.2.2 开环系统的奈奎斯特图绘制 …… 95
5.3 开环系统伯德图的绘制 …… 98
5.3.1 典型环节的伯德图 …… 98
5.3.2 开环系统伯德图的绘制 …… 101
5.4 控制系统稳定性的频域分析 …… 103
5.4.1 奈奎斯特稳定性判据 …… 103
5.4.2 对数稳定性判据 …… 107
5.4.3 相对稳定性 …… 108
5.5 闭环频域特性 …… 110
5.6 控制系统频域分析的MATLAB方法 …… 111
5.7 设计实例：雕刻机位置控制系统 …… 113
小结 …… 115
习题 …… 116

第6章 控制系统的设计与校正 …… 118
6.1 概述 …… 118
6.1.1 控制系统的性能指标 …… 118
6.1.2 设计与校正的概念 …… 118
6.1.3 校正的方式 …… 119
6.2 频率法串联校正 …… 120
6.2.1 串联超前校正 …… 120
6.2.2 串联滞后校正 …… 123
6.2.3 串联滞后-超前校正 …… 125
6.3 根轨迹法串联校正 …… 128
6.3.1 串联超前校正 …… 128
6.3.2 串联滞后校正 …… 130
6.3.3 串联滞后-超前校正 …… 132
6.4 PID控制器与串联校正 …… 133
6.5 反馈校正 …… 136
6.6 复合校正 …… 137
6.6.1 按给定输入的顺馈补偿 …… 138
6.6.2 按干扰输入的顺馈补偿 …… 138
6.7 线性系统校正的MATLAB方法 …… 139
小结 …… 142
习题 …… 142

第7章 线性离散系统的分析与校正 …… 144
7.1 离散系统的数学模型 …… 144
7.1.1 线性常系数差分方程 …… 144
7.1.2 脉冲传递函数 …… 145
7.2 离散系统的性能分析 …… 149
7.2.1 稳定性分析 …… 149
7.2.2 稳态误差分析 …… 152
7.2.3 动态性能分析 …… 153
7.3 离散系统的综合 …… 155
7.3.1 对数频率法 …… 155
7.3.2 最少拍系统设计 …… 157
7.4 MATLAB方法在离散系统中的应用 …… 158
7.5 设计实例：工作台控制系统 …… 159
小结 …… 161
习题 …… 161

第8章　非线性控制系统分析 …… 163
8.1　概述 …… 163
8.1.1　非线性系统的特点 …… 163
8.1.2　典型的非线性特性 …… 164
8.1.3　非线性控制系统的分析方法 …… 165
8.2　描述函数法 …… 166
8.2.1　基本概念 …… 166
8.2.2　典型非线性特性的描述函数 …… 167
8.2.3　非线性系统的描述函数法分析 …… 169
8.3　相平面分析法 …… 174
8.3.1　基本概念 …… 174
8.3.2　等倾斜线法 …… 175
8.3.3　二阶线性系统的相轨迹 …… 177
8.3.4　非线性系统的相平面分析 …… 179
8.4　逆系统方法 …… 184
8.5　MATLAB方法在非线性系统中的应用 …… 185
小结 …… 187
习题 …… 187

第9章　现代控制理论概述 …… 190
9.1　线性控制系统的状态空间模型 …… 190
9.1.1　系统的状态空间表达式 …… 190
9.1.2　状态空间表达式的建立 …… 192
9.1.3　系统的传递函数矩阵 …… 196
9.2　控制系统的可控性和可观测性 …… 198
9.2.1　可控性 …… 198
9.2.2　可观测性 …… 199
9.2.3　可观测性和可控性的关系 …… 200
9.3　李雅普诺夫稳定性分析 …… 200
9.3.1　李雅普诺夫稳定性定义 …… 200
9.3.2　李雅普诺夫稳定性定理 …… 202
9.3.3　线性定常系统的李雅普诺夫稳定性分析 …… 204
9.4　线性定常系统的综合 …… 208
9.4.1　状态反馈和输出反馈 …… 208
9.4.2　极点配置 …… 210
9.4.3　状态观测器 …… 211

9.5 状态空间分析的 MATLAB 方法 …… 212
9.6 设计实例：自动检测系统 …… 213
小结 …… 216
习题 …… 216

附录 …… 218

参考文献 …… 221

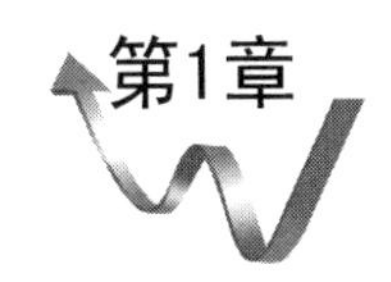

绪　论

1.1　概述

在科学技术飞速发展以及计算机技术普及的今天，控制理论日益在机械、电子、电力、化工、航空航天等各个学科领域得到广泛应用，应用控制理论解决工程实际问题的方法业已成为工程技术人员分析问题和解决问题的重要手段之一。

控制理论是研究自动控制共同规律的技术科学。根据控制理论应用发展的不同阶段的特点，可分为经典控制理论、现代控制理论和智能控制理论三个阶段。

1.1.1　经典控制理论

经典控制理论发展于20世纪40—60年代，以单输入-单输出线性定常系统作为研究对象，以传递函数作为描述系统的数学模型，以时域分析法、根轨迹法和频域分析法为主要分析设计工具。经典控制理论为指导当时的控制工程实践发挥了极大的作用，其发展的标志性事件如表1.1所示。

表1.1　经典控制理论发展的标志性事件

时间	代表人物	事　　件
1788年	J. Watt	应用反馈思想设计第一个反馈系统方案——离心式飞摆控速器
1868年	J. C. Maxwell	发表《论调速器》，提出反馈控制的概念及稳定性条件
1875年	E. J. Routh A. Hurwitz	提出根据代数方程的系数判断线性系统稳定性方法
1932年	H. Nyquest	采用频率特性表示系统，提出频域稳定性判据，解决了Black放大器的稳定性问题，而且可以分析系统的稳定裕度，奠定了频域分析与综合的基础

续表

时间	代表人物	事件
1945 年	L. W. Bode	发表《网络分析和反馈放大器设计》,完善了系统分析和设计的频域方法,并进一步研究开发伯德图
1948 年	N. Weiner	发表《控制论——关于在动物和机器中控制和通讯的科学》,标志经典控制理论的诞生
1954 年	钱学森	发表《工程控制论》,全面总结经典控制理论,将其推广到工程技术领域

1.1.2 现代控制理论

由于经典控制理论不能解决如时变参数、多变量、强耦合等复杂的控制问题,20 世纪 60 年代初,现代控制理论应运而生。现代控制理论以状态方程作为描述系统的数学模型,运用极点配置、状态反馈、输出反馈方法,研究多输入-多输出、时变参数、非线性控制系统的分析和综合问题,解决了系统的可控性、可观测性、稳定性以及复杂系统的控制问题。

现代控制理论改变了经典控制理论以稳定性和动态品质为中心的设计方法,将系统在整个工作期间的性能作为整体考虑,寻求最优控制规律,从而大大改善系统的性能。现代控制理论主要包括线性系统理论、非线性系统理论、最优控制理论、随机控制理论以及适应控制理论。现代控制理论发展的标志性事件如表 1.2 所示。

表 1.2 现代控制理论发展的标志性事件

时间	代表人物	事件
1953—1957 年	R. Bellman	创立解决最优控制问题的动态规律,并依据最优性原理,发展了 Hamilton-Jaccobi 理论
1956 年	L. S. Pontryagin	创立极大值原理,找出最优控制问题存在的必要条件。该理论为解决控制量有约束条件下的最短时间控制问题提供了方法
1959—1960 年	R. E. Kalman	提出滤波器理论,对系统采用状态方程提出系统的能控性、能观测性。证明二次型性能指标下线性系统最优控制的充分条件,进而提出对于估计与预测有效的卡尔曼滤波,证明对偶性
20 世纪 60 年代	I. H. Rosenbrock D. H. Owens G. J. Macfarlane	研究应用于计算机辅助控制系统设计的现代频域法理论,将经典控制理论传递函数的概念推广到多变量系统,探讨了传递矩阵与状态方程之间的等价转换关系,为进一步建立统一线性系统理论奠定了基础
20 世纪 70 年代	K. J. Astron L. D. Landau	在自适应控制理论和应用方面做出了贡献

1.1.3 智能控制理论

随着人工智能的发展,把人工智能和自动控制结合起来,建立一种适用于复杂系统的控制理论和技术成为可能。智能控制以控制理论、计算机科学、人工智能、运筹学等学科为基础,拓展了相关的理论和技术。智能控制理论发展的标志性事件如表 1.3 所示。

表 1.3　智能控制理论发展的标志性事件

时　　间	代表人物	事　　件
20 世纪 60 年代	Smith	提出采用性能模式识别器学习最优控制以解决复杂系统的控制问题
1966 年	Mendd	提出“人工智能控制”的概念
1967 年	Izondes 和 Mendel	正式使用“智能控制”，标志智能控制的思路业已形成
20 世纪 70 年代	Mamdani	创立基于模糊语言描述控制规则的模糊控制器，并成功应用于工业控制

1.2　控制系统工作原理和组成

1.2.1　控制系统工作原理

在各种生产过程及生产设备中，常常需要某些物理量（如温度、压力、位置、转速等）保持恒定，或者让它们按照一定的规律变化。所谓自动控制，是指在没有人直接参加的情况下，利用控制装置使被控制的对象（如机器、设备或生产过程等）的某个工作状态或参数（即被控量）自动地按照预定的规律运行。

一个恒温控制系统要实现电炉恒温箱温度的控制，可以有两种方法：人工控制和自动控制。图 1.1 是电炉炉温人工控制系统。该系统给电炉加热，使电炉温度升到 800℃，并保持不变。由于很多干扰因素，如电源电压的波动、环境温度的变化等，使炉温发生变化。为了抵消这些干扰因素的影响，通过操作人员调整调压器，改变电炉回路的电流值，从而达到控制炉温 800℃ 的目的。

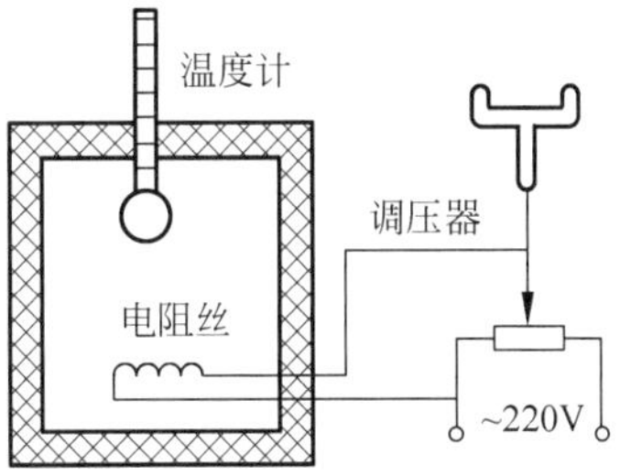

图 1.1　电炉炉温人工控制系统

人工控制的过程如下：

（1）观察由温度计测出的炉温；

（2）与要求的温度值进行比较，得到偏差；

（3）根据偏差的大小和方向进行控制。若炉温高于 800℃，则朝着减小加热电流的方向转动调压器，使炉温下降；若炉温低于 800℃，则朝着加大加热电流的方向转动调压器，使炉温上升；若炉温处于 800℃，则不动调压器。

因此，人工控制过程就是“检测偏差和纠正偏差”的过程，而这个过程都是通过人实现的。人在此过程中，起到了测量、比较、判断、操作的作用。

对于图 1.1 所示的系统，如果能够找到一个控制器代替人的职能，那么一个人工控制系统就变成一个自动控制系统。图 1.2 为电炉炉温自动控制系统。图中电压 u_1 比拟于所要求的炉温值 $T_1=800$℃，电压 u_2 比拟于炉内实际温度 T_2，$\Delta u=u_1-u_2$ 比拟于温度的偏差信号 $\Delta T=T_1-T_2$，此 Δu 经过电压放大器、功率放大器放大后，控制电动机的旋转速度与方向，并通过减速器带动调压器动作。

控制过程如下：假如某种原因使炉温 T_2 高于要求的炉温 T_1，即 $T_2>T_1$，则有 $u_2>u_1$，则得偏差信号 $\Delta u=u_1-u_2<0$。偏差信号 Δu 经放大后，将控制直流电动机转动，并通

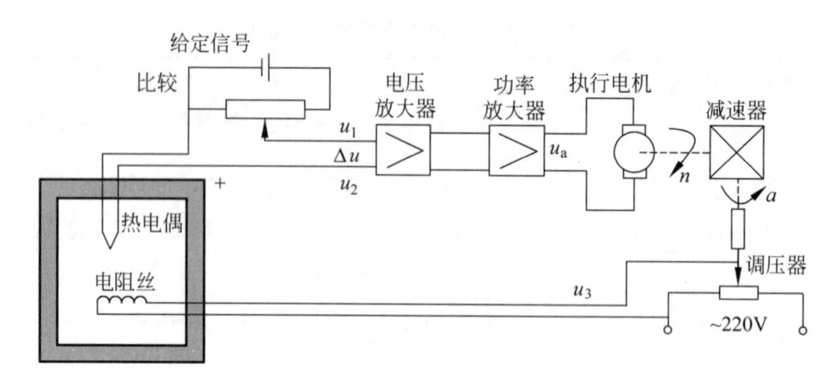

图 1.2 电炉炉温自动控制系统

过减速器带动调压器朝减小电炉加热的方向转动,使炉温 T_2 及反馈信号 u_2 下降,进而使偏差信号 Δu 下降,直到 $u_2=u_1$,即偏差信号 $\Delta u=0$ 时,电动机停止转动,电炉的温度恢复到要求的数值。反之亦然。

上述人工控制系统和自动控制系统是极相似的,误差测量装置类似于操作者的眼睛(测量作用),自动控制器类似于操作者的头脑(比较作用),执行机构类似于操作者的肌体(执行作用)。

自动控制系统的工作原理归纳如下:测量偏差(测量输出实际值(被控制量)),利用偏差(输出实际值与给定值(输入量)进行比较),减小或消除偏差(输出量维持期望的输出)。由此可见,利用偏差进行控制是自动控制系统工作的基础。

为了便于研究问题,把实际的物理系统(见图 1.2)画成如图 1.3 所示的方框图(或称方块图)。所谓方框图表示系统结构中各元件的功用以及它们之间的相互连接和信号传递线路。方框图包含三种基本单元,如图 1.4 所示。

(1) 引出点。如图 1.4(a)所示。表示信号的引出或信号的分支,箭头表示信号传递方向,线上标记信号为传递信号的时间函数。为书写方便,省去变量 t,如 $u(t)$一般简写成 u。从同一位置引出的信号在性质和数值方面完全相同。

(2) 比较点。如图 1.4(b)所示。表示两个或两个以上信号进行加或减的运算。"+"号表示信号相加;"−"号表示信号相减。

(3) 元件方框。如图 1.4(c)所示。方框中写入元部件名称,进入箭头表示其输入信号;引出箭头表示其输出信号。

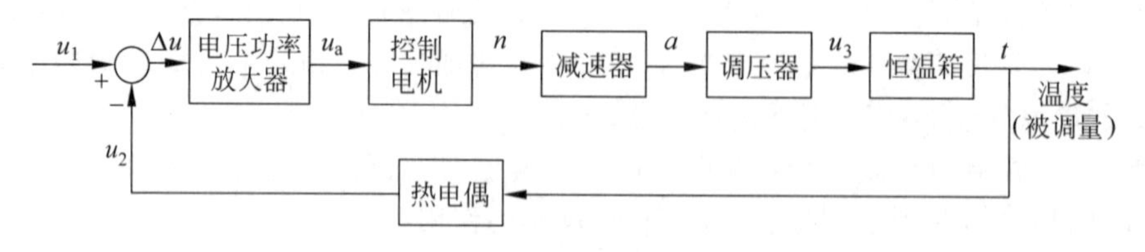

图 1.3 炉温自动控制系统方框图

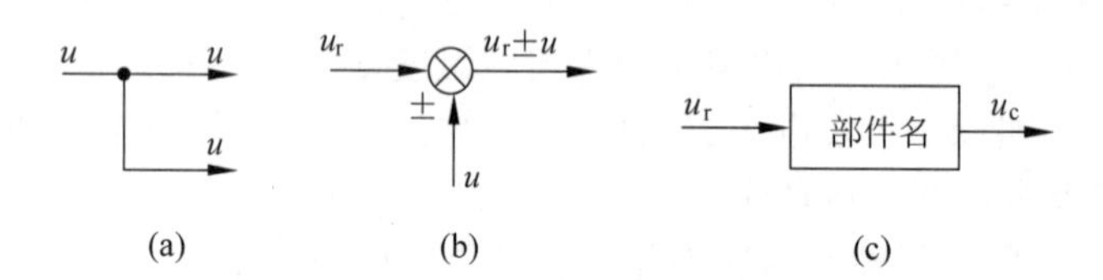

图 1.4 方框图的基本组成单元

1.2.2　反馈控制系统的基本组成

对于一个控制系统来说，不管其结构多么复杂，用途各种各样，但它都是由具有不同职能的基本元件或基本环节所组成的。图1.5为一个典型的反馈控制系统。这种将系统的输出信号引回到输入端的信号称为反馈信号。如果反馈信号与输入信号反向相反(或相位相差180°)，称为负反馈；如果反馈信号与系统的输入信号方向或相位相同，称为正反馈。

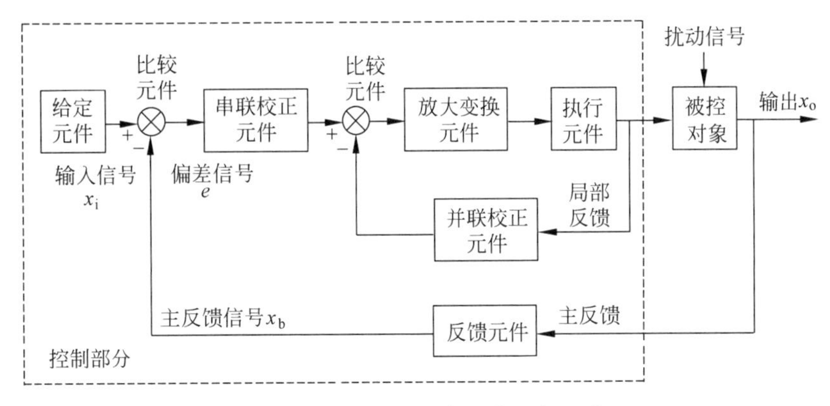

图1.5　典型反馈控制系统一般组成

负反馈系统各元件的含义及作用如下。

(1) 给定元件：主要用于产生给定信号或控制输入信号。

(2) 测量元件：亦称反馈元件，用于检测被控量或输出量，产生主反馈信号。如果测出的物理量属于非电量，一般要转换成电量。

(3) 比较元件：用来比较输入信号和反馈信号之间的偏差。比较元件在多数控制系统中，是和测量元件结合在一起的，它可以是一个差动电路，也可以是一个物理元件(如电桥电路、差动放大器、自整角机等)。

(4) 放大变换元件；对微弱的偏差信号进行放大和变换，使之能够推动执行机构调节被控对象。例如功率放大器、电液伺服阀等。

(5) 执行元件：驱动被控对象执行控制任务，使被控制量与希望值趋于一致。例如伺服电机、调压器等。

(6) 校正元件：也称补偿元件参数或结构便于调整的元件，用来改善或提高系统的性能。常用串联或反馈的方式连接在系统中。例如RC网络、测速发电机等。

(7) 被控对象：自动控制系统中需要进行控制的机器、设备或生产过程。

(8) 被控量：描述被控对象工作状态的、需要进行控制的物理量。

[**例1-1**]　函数记录仪是一种通用记录仪，它可以在直角坐标上自动描绘两个电量的函数关系。同时，记录仪带有走纸机构，可以描绘一个电量对时间的函数关系。函数记录仪通常由衰减器、测量元件、放大元件、伺服电动机-测速机组、齿轮系及绳轮等组成，其工作原理如图1.6所示，试简要分析系统的控制原理，并画出系统原理方框图。

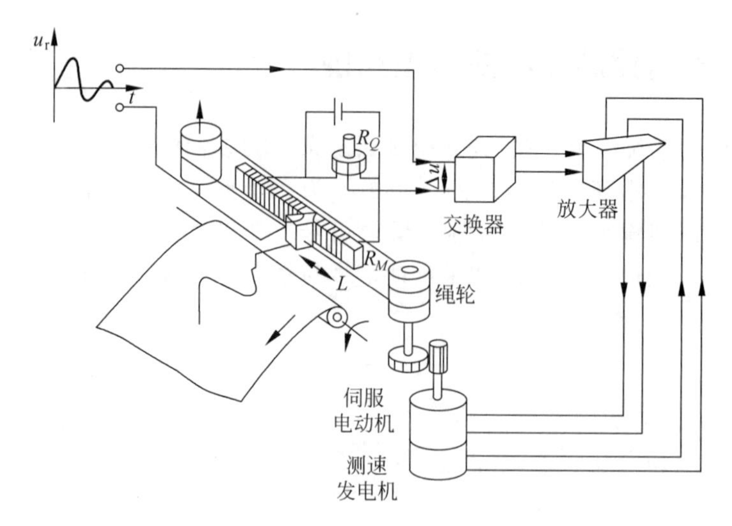

图 1.6 函数记录仪工作原理图

解：函数记录仪的输入(给定量)是待记录电压,被控对象是记录笔,笔的位移是被控量。系统的任务是控制记录笔位移,在纸上描绘出待记录的电压曲线。

系统的控制原理为：测量元件是由电位器 R_Q 和 R_M 组成的桥式测量电路,记录笔就固定在电位器 R_M 的滑臂上,因此,测量电路的输出电压 u_p 与记录笔位移成正比。当有慢变的输入电压 u_r 时,在放大元件输入口得到偏差电压 $\Delta u = u_r - u_p$,经放大后驱动伺服电动机,并通过齿轮减速器及绳轮带动记录笔移动,同时使偏差电压减小。当偏差电压 $\Delta u = 0$ 时,伺服电动机停止转动,记录笔也静止不动。此时 $u_p = u_r$,表明记录笔位移与输入电压相对应。如果输入电压随时间连续变化,记录笔描绘出相应的电压曲线。

函数记录仪方框图如图 1.7 所示。其中,测速发电机是校正元件,它测量电动机转速并进行反馈,用以增加阻尼,改善系统性能。

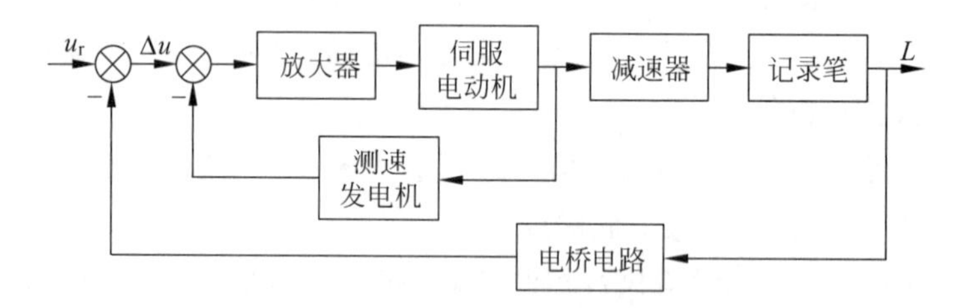

图 1.7 函数记录仪控制系统方框图

1.3 自动控制系统的分类

1.3.1 按是否存在反馈分类

根据系统是否存在反馈,自动控制系统可分为开环控制、闭环控制和复合控制,如表 1.4 所示。

表 1.4　按控制策略分类

分类	定　义	示　例
开环控制	系统的输出、输入端之间不存在反馈回路,输出量对系统的控制作用没有影响	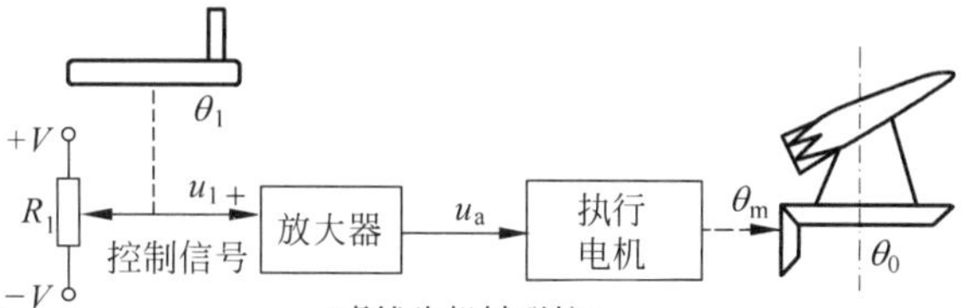 (虚线为机械联接) 图 1.8　导弹发射架开环控制系统 注:控制信号 u_1 通过放大器变为 u_a 加在执行电机的控制绕组上,执行电机则带动负载转过一个角位移 θ_0,这个系统对被控制量(负载转角)不进行任何检测,且没有反馈,不产生偏差信号。因此,无法对系统进行再控制
闭环控制	系统的输出、输入端之间存在反馈回路,即输出量对控制作用有直接影响	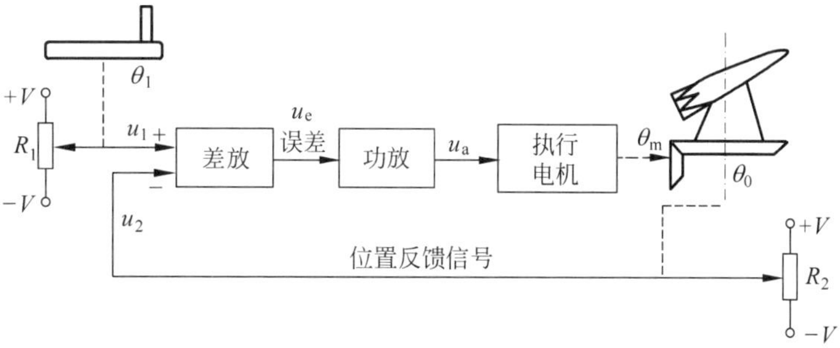 图 1.9　导弹发射架闭环控制系统 注:用电位器 R_2 直接检测被控制量(负载转角),然后反馈到输入端,就构成了闭环控制系统
复合控制	将开环控制与闭环控制结合起来,组成开环-闭环控制方式	复合控制实质上是在闭环控制回路的基础上,附加一个输入信号(给定或扰动)的前馈通道,对该信号实行加强或补偿,以达到精确的控制效果。关于复合控制系统的结构和设计将在第 6 章中详细介绍

一般来说,开环控制系统结构简单、成本较低、工作稳定。由于开环控制系统没有反馈,故没有纠正偏差的能力,抑制干扰能力差,对外扰动和系统内参数的变化比较敏感,从而引起系统的控制精度降低。开环控制一般用于可以不考虑外界影响或精度要求不高的场合,如洗衣机、步进电机控制及水位调节等。

闭环控制的核心是反馈,其对外扰动和系统内参数的变化引起的偏差能够自动的纠正,抑制干扰能力强。但是采用反馈装置需要添加元部件,造价较高,同时也增加了系统的复杂性,即如果系统的结构参数选取不适当,控制过程可能变得很差,甚至出现振荡或发散等不稳定的情况。

1.3.2　按输入量变化规律分类

根据输入量变化规律,自动控制系统可分为恒值系统、随动系统和程序系统,如表 1.5 所示。

表 1.5 按输入量变化规律分类

分类	定　义	示　例
恒值系统	输出量以一定精度等于给定值,而给定值一般不变或变化很缓慢(扰动可随时变化)的系统	温度控制系统,如图 1.2 所示
随动系统	控制信号为一任意时间函数(随机信号),其变化规律无法预先确定,而输出量能够以一定的准确度随输入量的变化而变化的系统。随动系统亦称伺服系统	函数记录仪系统,如图 1.6 所示
程序系统	控制信号的变化规律为已知时间函数,即事先确定的程序的系统	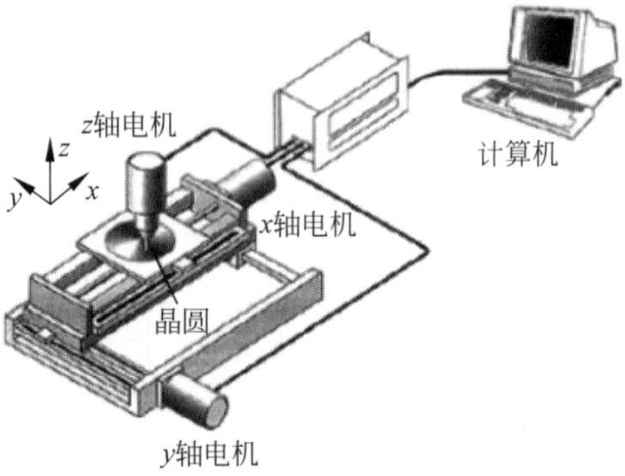 图 1.10 半导体加工中的三轴控制系统 注:通过计算机输出程序中预先设定好的控制量,分别控制三个轴的运动,精确对半导体器件进行加工

1.3.3 按系统的元件特性分类

根据系统元件特性是否线性,可将自动控制系统分成线性系统和非线性系统,如表 1.6 所示。

表 1.6 按系统的元件特性分类

分　类	定　义
线性系统	组成系统元件的特性均是线性的,其输入输出关系都能用线性微分方程描述。 如果线性微分方程的各项系数都是与时间无关的常数,则称线性定常系统,或线性时不变系统,其主要性质如表 1.7 所示。 如果描述系统的微分方程的系数是时间的函数,则称线性时变系统
非线性系统	组成系统元件中,有一个或多个元件的特性是用非线性微分方程来描述的系统

表 1.7　线性时不变系统的主要性质

性质	描　述	说　明
叠加特性	若 $x_1(t)\to y_1(t)$，$x_2(t)\to y_2(t)$，则$[x_1(t)\pm x_2(t)]\to[y_1(t)\pm y_2(t)]$	叠加特性表明同时作用于系统的几个输入量所引起的特性，等于各个输入量单独作用时引起的输出之和
比例特性	若 $x(t)\to y(t)$，则对于任意常数 a 有 $ax(t)\to ay(t)$	比例特性又称均匀性或称齐次性，它表明当输入增加时，其输出也以输入增加的同样比例增加
微分特性	若 $x(t)\to y(t)$，则$\frac{\mathrm{d}x(t)}{\mathrm{d}t}\to\frac{\mathrm{d}y(t)}{\mathrm{d}t}$	微分特性表明系统对输入微分的响应等同于对原信号输出的微分
积分特性	若 $x(t)\to y(t)$，则$\int_0^t x(t)\mathrm{d}t\to\int_0^t y(t)\mathrm{d}t$	积分特性表明如果系统的初始状态为零，则系统对输入积分的响应等同于原输入响应的积分
频率不变性	若 $x(t)\to y(t)$，$x(t)=A\cos(\omega t+\varphi_x)$，则 $y(t)=B\cos(\omega t+\varphi_y)$	频率不变性又称频率保持性，它表明若系统的输入为某一频率的谐波信号，则系统的稳态输出将为同一频率的谐波信号

严格地说，实际物理系统在某种程度上都是非线性的，然而在很多情况下通过近似处理和合理简化，这些物理系统在一定范围内可化作线性系统来处理。

1.3.4　按传递信号的性质分类

根据传递信号的性质，自动控制系统可分为连续系统和离散系统，如表 1.8 所示。

表 1.8　按传递信号的性质分类

分类	定　义
连续系统	系统中所有信号都是连续信号的系统
离散系统	系统中有一处或几处的信号是离散信号(脉冲序列或数字编码)的系统(包括采样系统和数字系统)

1.4　自动控制系统的性能要求

工程技术应用中，对控制系统都有具体要求，但由于控制对象不同，工作方式不同，完成的任务不同，因此对系统性能指标的要求也往往不一样。但是其主要性能指标是一样的，一般可归纳为稳定性、快速性、准确性(稳态精度)和鲁棒性，即稳、快、准、健。

1. 稳定性

由于系统存在惯性，当系统的各参数配合不当时，会引起系统振荡而失去工作能力。稳定性是系统重新恢复平衡状态的能力，是控制系统正常工作的首要条件。

2. 快速性

快速性是指当系统的输出量与给定的输入量之间产生偏差时,消除这种偏差过程的快慢程度。快速性是衡量系统质量高低的重要指标。

3. 准确性

准确性是指在调整过程结束后,实际输出量与希望输出量之间的误差,称为稳态误差或稳态精度。准确性是衡量系统控制精度的重要指标。

4. 鲁棒性

鲁棒性是指系统特性抵御各种摄动因素影响的能力。例如系统结构不确定性、参数不确定性以及外界干扰。引起系统结构变异或参数摄动的原因是多方面的,如对象的建模误差、制造公差、元件的老化、零部件的磨损和系统运行时的环境变化。

由于被控对象的具体情况不同,各种系统对性能指标的要求应有所侧重。例如恒值系统一般对稳态性能限制比较严格,随动系统一般对动态性能要求较高。同一个系统,性能指标之间是相互制约的,例如提高过程的快速性,可能会引起系统强烈振荡;改善了平稳性,控制过程又可能很迟缓,甚至使最终精度也很差。

1.5　控制工程基础研究内容

控制工程基础主要研究工程系统中状态的运动规律和改变运动规律的可能性和方法,建立和解释系统结构、参数、行为和性能间确定的和定量的关系。本课程研究的内容主要分为系统分析和系统设计两个方面。

1. 系统分析

系统分析是指在控制系统结构参数已知、系统数学模型建立的条件下,分析系统的稳定性、快速性和准确性,并提出改善系统性能的途径。

2. 系统设计

系统设计是在已知被控对象及其技术指标要求的情况下,寻求一个能完成控制任务、满足技术指标要求的控制系统。在控制系统的主要元件和结构形式确定的前提下,设计任务往往是需要改变系统的某些参数或改变系统的结构,选择合适的校正装置,计算确定其参数,加入系统之中,使其满足预定的性能指标要求。

分析和设计是两个完全相反的命题。分析系统的目的在于了解和认识已有的系统。对于从事自动控制的工程技术人员而言,更重要的工作是设计系统,改造那些性能指标未达到要求的系统,使其能够完成确定的工作。

小结

本章从人工控制和自动控制的比较入手,介绍了控制系统的组成、工作原理以及基本概念和有关的名词、术语。

控制系统按其是否存在反馈可分为开环控制系统和闭环控制系统。闭环控制系统又称为反馈控制系统，其主要特点是将系统输出量经测量后反馈到系统输入端，与输入信号进行比较得到偏差，由偏差产生控制作用，控制的结果是使被控量朝着减少偏差或消除偏差的方向运动。

自动控制系统根据不同的角度，分类方法很多，对自动控制系统的基本要求是稳、准、快、健。

习题

1-1 试比较开环控制系统和闭环控制系统的优缺点。

1-2 日常生活中有许多闭环和开环控制系统。试举几个具体例子，并说明它们的工作原理，画出结构方框图。

1-3 图 1.11 是液面自动控制系统的两种原理示意图。在运行中，希望液面高度 H_0 维持不变。

(1) 试说明各系统的工作原理。

(2) 画出各系统的方框图，并说明被控对象、给定值、被控量和干扰信号是什么？

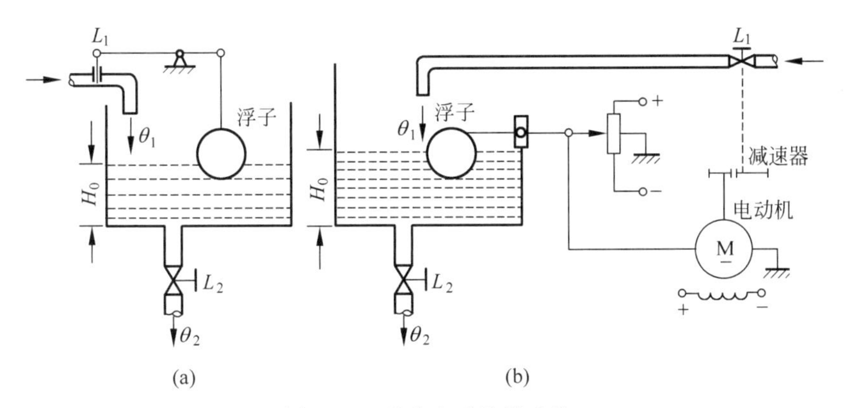

图 1.11 液位自动控制系统

1-4 若将图 1.11(a)所示系统结构改为如图 1.12 所示，试说明其工作原理。并与图 1.11(a)比较有何不同，对系统工作有何影响？

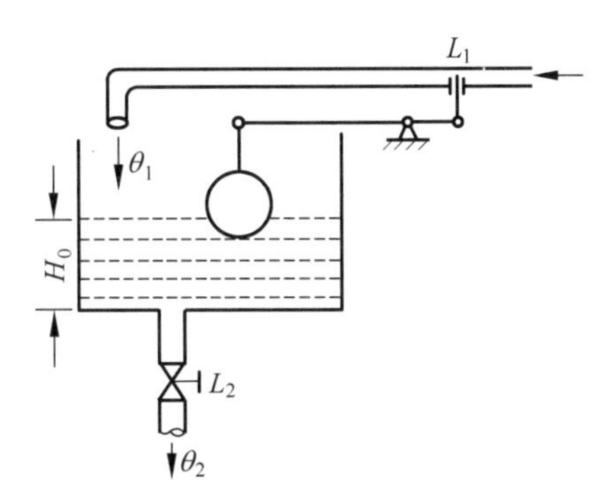

图 1.12 题 1-4 图

1-5　图1.13是控制导弹发射架方位的电位器式随动系统原理图。图中电位器P_1、P_2并联后跨接到同一电源E_0的两端,其滑臂分别与输入轴和输出轴相连接,组成方位角的给定元件和测量反馈元件。输入轴由手轮操纵;输出轴则由直流电动机经减速后带动,电动机采用电枢控制的方式工作。试分析系统的工作原理,指出系统的被控对象、被控量和给定量,画出系统的方框图。

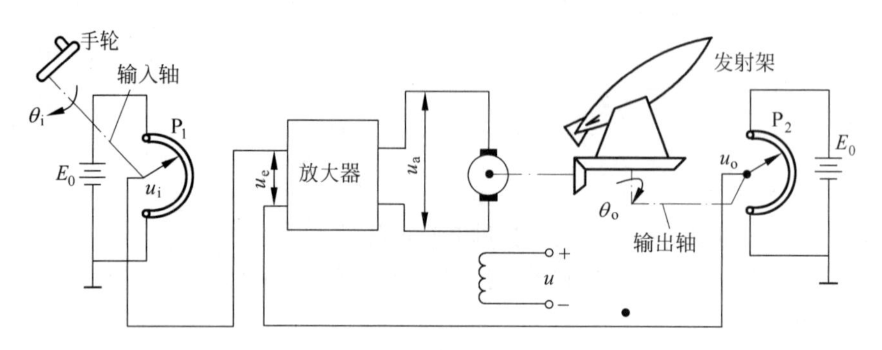

图1.13　导弹发射架方位角控制系统原理图

1-6　许多机器,像车床、铣床和磨床,都配有跟随器,用来复现模板的外形。图1.14就是这样一种跟随系统的原理图。在此系统中,刀具能在原料上复制模板的外形。试说明其工作原理,画出系统方框图。

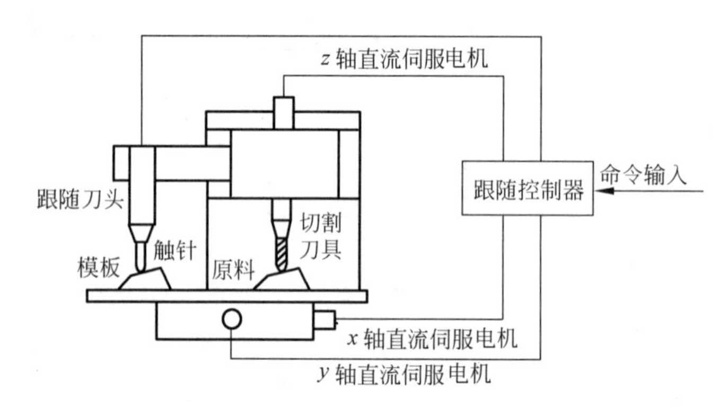

图1.14　跟随系统原理图

控制系统的数学模型

2.1 数学模型概述

2.1.1 数学模型的概念

人类使用模型的方式来描述事物，有四种形式：物理模型、语言模型、图解模型和数学模型。物理模型多用来描述实际的物体，常使用放大或者缩小的方式建立；语言模型用于口头或者书面交流，模型的精确性依赖于描述的精细程度和准确程度；图解模型常用在建筑和机械行业，用来描述物体的静态精确特征；数学模型采用数学表达方式描述物体、系统或者过程的动静态特性。

所谓控制系统的数学模型是指描述系统输入、输出变量以及内部各参量之间关系的数学表达式。在静态条件下，即变量的各阶导数为零时的，描述变量之间关系的数学方程，称为静态模型；描述变量各阶导数之间关系的数学方程，称为动态模型。

建立控制系统的数学模型，其目的是：①模型代表了对系统特性的认识，并且在对系统了解更多时可以修改和扩展模型；②在实际系统尚不存在时，可以借助模型预测设计思想和不同控制策略的效果，避免建造和试验系统所带来的费用浪费以及危险的可能。因此，数学模型是设计与分析控制系统的基础，要求既要能准确反映系统的动静态本质，又便于系统的分析和计算工作。

2.1.2 数学模型建立方法

数学模型揭示了系统的结构、参数以及性能的内在关系，是分析和研究系统的关键。因此，在分析和设计一个控制系统之前，需要建立该系统的数学模型。控制系统的数学模型通常采用解析法和实验法建立。

1. 解析法

解析法适用于对系统结构和参数充分了解的状况下，通过对系统各部分机理的分析，依据系统本身所遵循的规律建立系统的数学模型。例如，机械系统中的牛顿定律、能量守恒定律，电学系统中的基尔霍夫定律等是建立系统数学模型所依据的基础。

2. 实验法

实验法是无法预先获知某系统或元件的运作规律，无法通过分析方法获取该系统或元件输入输出之间的关系，通过人为地给系统施加某种测试信号，记录其输出响应，并用适当的数学模型去逼近，这种方法又称为系统辨识。本章主要采用解析法建立系统的数学模型。

数学模型形式多样，例如，时域中常用的数学模型有微分方程、差分方程和状态方程；复域中有传递函数、结构图；频域中有频率特性等。

本章只研究微分方程、传递函数和结构图等数学模型的建立及应用。

2.2 控制系统的微分方程

用解析法建立系统数学模型——微分方程的步骤为：

(1) 分析系统结构组成，分析系统工作原理和系统中各变量间的关系，确定系统的输入量和输出量，以及各环节的输入量和输出量。(注意：画出系统的方框图，会使问题简化。)

(2) 依据各变量所遵循的物理(或化学)定律，从系统的输入端开始，依次列写组成系统各环节的动态方程，得到联立方程组。

(3) 消去中间变量，得到只包含系统输入量和系统输出量的方程式，即系统的数学模型。

(4) 方程式标准化，即将与输入量有关各项放在方程式的右边，而与输出量有关各项放在方程式左边，各导数项要按降幂排列。

现举例说明系统(或环节)数学模型——微分方程的建立。

[**例 2-1**] 设有一个由电阻 R、电感 L、电容 C 组成的 RLC 电路，如图 2.1 所示，试列写以电压 $u_2(t)$ 为输出信号、电压 $u_1(t)$ 为输入信号的数学模型。

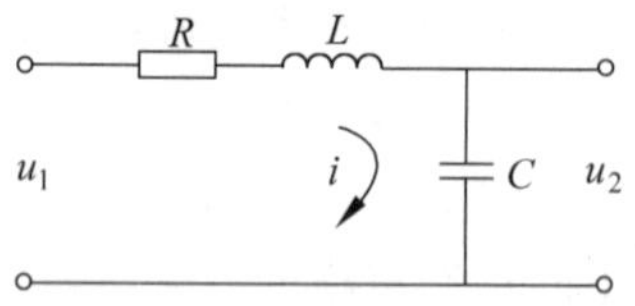

图 2.1 RLC 电路

解：根据基尔霍夫定律，可得

$$L\frac{\mathrm{d}i(t)}{\mathrm{d}t}+Ri(t)+u_2(t)=u_1(t) \tag{2-1}$$

$$u_2(t)=\frac{1}{C}\int i(t)\mathrm{d}t \tag{2-2}$$

联立式(2-1)和式(2-2)，消去中间变量 $i(t)$，得

$$LC\frac{\mathrm{d}^2u_2(t)}{\mathrm{d}t^2}+RC\frac{\mathrm{d}u_2(t)}{\mathrm{d}t}+u_2(t)=u_1(t) \tag{2-3}$$

[**例 2-2**] 设有一个弹簧-质量-阻尼器组成的机械平移系统，如图 2.2 所示，试列写出以外力 $F(t)$ 为输入信号、以位移 $y(t)$ 为输出信号的数学模型。

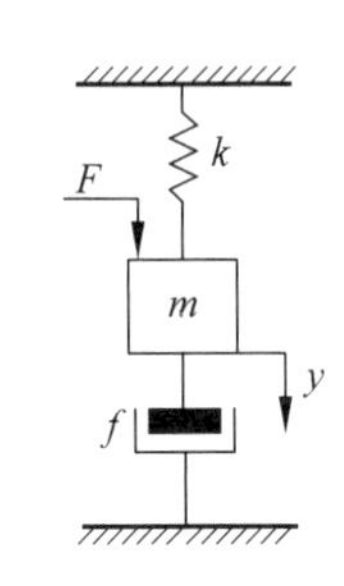

图 2.2　机械平移系统

解：根据牛顿第二定律有 $ma(t)=\sum F(t)$，即

$$m\frac{\mathrm{d}^2y(t)}{\mathrm{d}t^2}=F(t)-F_f(t)-F_k(t)=F(t)-f\frac{\mathrm{d}y(t)}{\mathrm{d}t}-Ky(t)$$

整理得

$$\frac{m}{K}\frac{\mathrm{d}^2y(t)}{\mathrm{d}t^2}+\frac{f}{K}\frac{\mathrm{d}y(t)}{\mathrm{d}t}+y(t)=\frac{1}{K}F(t) \tag{2-4}$$

式中：f 为阻尼器黏滞阻尼系数，它的大小与阻尼器两端速度差成正比；$F_f(t)=f\frac{\mathrm{d}y(t)}{\mathrm{d}t}$为阻尼器黏滞摩擦阻力，它的大小与物体移动的速度成正比，方向与物体移动的方向相反；K 为弹簧刚度；$F_k(t)=Ky(t)$为弹簧的弹性力，它的大小与物体位移(弹簧拉伸或压缩长度)成正比，方向与变形方向相反。

［**例 2-3**］　电枢控制式直流电动机系统如图 2.3 所示，R_a，L_a 分别是电枢电路的电阻和电感，J 为电动机及负载折合到电动机轴上的转动惯量；f 为电动机及负载折合到电动机轴上的黏滞阻尼系数，假设激磁电流 i_j 为常值，试写出以电枢电压 $u_a(t)$为输入信号、电动机轴转角 $\theta_m(t)$为输出信号的运动方程式。

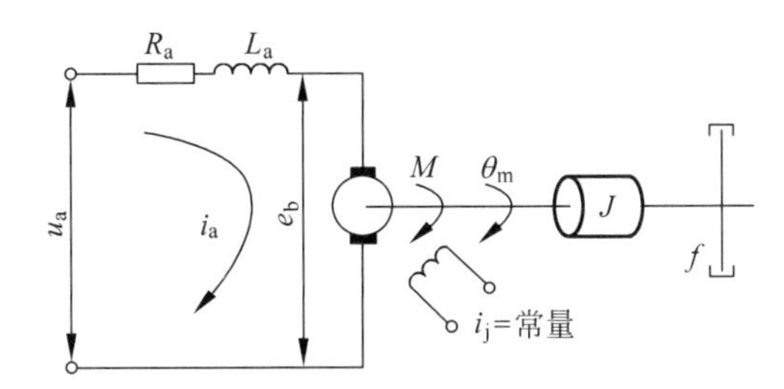

图 2.3　直流电动机工作原理图

解：这是一个电学-力学系统。电枢控制式直流电动机是将输入的电能转换为机械能，其工作原理是由输入的电枢电压 $u_a(t)$在电枢回路中产生电枢电流 $i_a(t)$，再由电流 $i_a(t)$与激磁磁通相互作用对电机转子产生电磁转矩 $M(t)$，从而拖动负载运动。因此，电动机的微分方程由三部分组成。

(1) 电枢回路电压平衡方程：

$$L_a\frac{\mathrm{d}i_a(t)}{\mathrm{d}t}+R_ai_a(t)+e_b(t)=u_a(t) \tag{2-5}$$

式中：e_b 是电枢旋转时产生的反电动势，与电枢旋转的角速度成正比，即

$$e_b(t)=K_b\frac{\mathrm{d}\theta_m(t)}{\mathrm{d}t}$$

式中：K_b 为电动机反电势常数。

(2) 电磁转矩方程：

$$M(t)=K_a\cdot i_a(t) \tag{2-6}$$

式中：K_a 为电动机力矩常数。

(3) 电动机轴上的转矩平衡方程：

$$J\frac{\mathrm{d}^2\theta_m(t)}{\mathrm{d}t^2}+f\cdot\frac{\mathrm{d}\theta_m(t)}{\mathrm{d}t}=M(t) \tag{2-7}$$

联立式(2-5)、式(2-6)和式(2-7),消去中间变量 $i_a(t)$,整理得

$$L_a J\frac{\mathrm{d}^3\theta_m(t)}{\mathrm{d}t^3}+(L_a f+R_a J)\frac{\mathrm{d}^2\theta_m(t)}{\mathrm{d}t^2}+(R_a f+K_a K_b)\frac{\mathrm{d}\theta_m(t)}{\mathrm{d}t}=K_a u_a(t) \tag{2-8}$$

通常,直流电动机电枢回路中的电感 L_a 很小,可以忽略不计。因此,考虑实际情况,将三次幂项忽略掉,实质上是高阶系统的降阶操作,这在工程应用中有着非常积极的实际意义。则式(2-8)变为

$$R_a J\frac{\mathrm{d}^2\theta_m(t)}{\mathrm{d}t^2}+(R_a f+K_a K_b)\frac{\mathrm{d}\theta_m(t)}{\mathrm{d}t}=K_a u_a(t) \tag{2-9}$$

式(2-9)也可以改写为

$$T_m\frac{\mathrm{d}^2\theta_m(t)}{\mathrm{d}t^2}+\frac{\mathrm{d}\theta_m(t)}{\mathrm{d}t}=K_m\cdot u_a(t) \tag{2-10}$$

式中:$T_m=\dfrac{R_a J}{R_a f+K_a K_b}$为电动机的机电时间常数;$K_m=\dfrac{K_a}{R_a f+K_a K_b}$为电动机的增益常数。

[**例 2-4**] 试列写如图 2.4 所示的位置随动控制系统的微分方程。

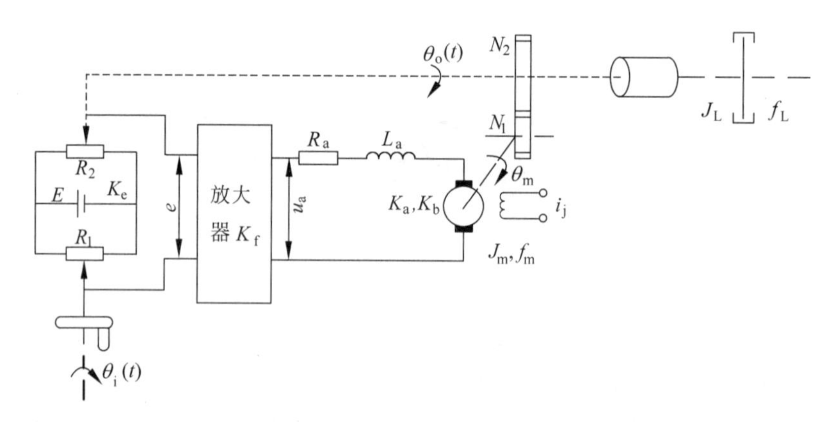

图 2.4 位置随动控制系统工作原理图

解:由系统原理图画出此系统的结构方框图,如图 2.5 所示。

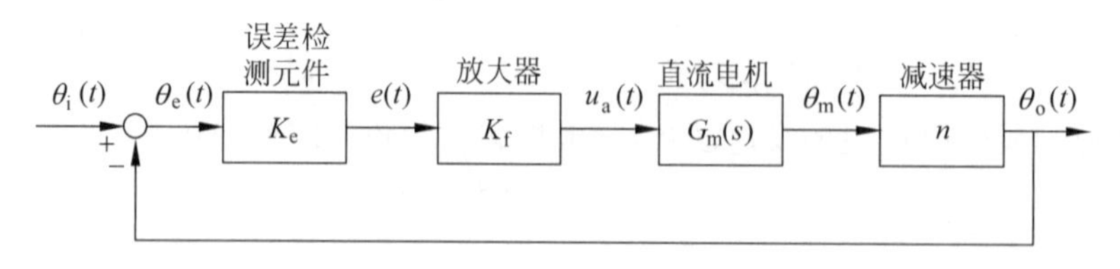

图 2.5 位置随动控制系统方框图

系统的输入量 $\theta_i(t)$为电位计 R_1 的角位移,系统的输出量为输出轴的角位移 $\theta_o(t)$,也是反馈到电位计 R_2 的角位移,列出各元件的方程式如下。

(1) 误差检测元件:

$$e(t)=K_e[\theta_i(t)-\theta_o(t)] \tag{2-11}$$

式中:误差电压 $e(t)$为两电位计滑动端电压之差;K_e 为电位计的传递系数(V/rad)。

（2）放大器：

$$u_a(t)=K_f \cdot e(t) \tag{2-12}$$

式中：$u_a(t)$为放大器输出电压；K_f为放大器的放大系数。

（3）直流电动机：

$$R_aJ\frac{d^2\theta_m(t)}{dt^2}+(R_af+K_aK_b)\frac{d\theta_m(t)}{dt}=K_au_a(t) \tag{2-13}$$

（4）减速器：

$$\theta_o(t)=n\cdot\theta_m(t) \tag{2-14}$$

将式(2-11)～式(2-14)联立消去中间变量$e(t)$、$u_f(t)$、$\theta_m(t)$得

$$J\frac{d^2\theta_o(t)}{dt^2}+\left(f+\frac{K_aK_b}{R_a}\right)\frac{d\theta_o(t)}{dt}+\frac{K_aK_fK_en}{R_a}\theta_o(t)=\frac{K_aK_fK_en}{R_a}\theta_i(t) \tag{2-15}$$

令$K=K_aK_fK_en/R_a$；$\omega_n^2=K/J$；$F=f+K_aK_b/R_a$；$\zeta=F/2\omega_nJ$；则上式可写成

$$\frac{d^2\theta_o(t)}{dt^2}+2\zeta\omega_n\frac{d\theta_o(t)}{dt}+\omega_n^2\theta_o(t)=\omega_n^2\theta_i(t) \tag{2-16}$$

式(2-16)即为位置随动系统的数学模型，它是一个常系数的二阶线性微分方程式。

从上述系统或元部件的微分方程可以看出，不同类型的元件或系统可具有形式相同的数学模型。也就是在建立数学模型的过程中，抛去了一些外在的物理特征，只保留了系统动态过程的内在实质规律，这些物理系统可称为相似系统，相似系统揭示了不同物理现象间的相似关系，也为控制系统的计算机仿真提供了基础。

可用线性微分方程式描述的元件或系统，称为线性元件或线性系统。进一步，如果线性微分方程式的系数是常数（不随时间变化），则称该系统为线性定常（或线性时不变）系统。

线性系统有以下两个重要性质。

（1）叠加性：几个外作用加于系统所产生的总响应，等于各个外作用单独作用时产生的响应之和。此性质与外作用的信号形式和作用点无关。

（2）齐次性：或者叫均匀性，当加于同一线性系统的外作用，其数值增大几倍时，则系统的响应亦相应地增大几倍。

2.3 传递函数

2.3.1 传递函数的定义

控制系统的微分方程是在时间域里（参变量为时间t）描述系统动态性能的数学模型。在给定外作用及初始条件下，求解微分方程可以得到系统的输出特性。这种方法直观、准确，但是如果系统的结构改变或某个参数变化时，原有的微分方程无法通过简单修正后使用，必须重新列写并求解微分方程，不便于对系统分析和设计。

传递函数是在复数域中描述系统动态性能的数学模型，可由微分方程通过拉普拉斯变换（Laplace Transform，简称拉氏变换）获得。传递函数不仅可以表征系统的动态性能，而

且可以研究系统的结构或参数变化对系统性能的影响。在经典控制理论中广泛应用的频率法和根轨迹法,都是在传递函数基础上建立起来的。因此传递函数是经典控制理论中最基本、最重要的数学模型。

任一单输入-单输出的线性定常系统的微分方程可表示为

$$a_n \frac{d^n c(t)}{dt^n} + a_{n-1} \frac{d^{n-1} c(t)}{dt^{n-1}} + \cdots + a_1 \frac{dc(t)}{dt} + a_0 c(t)$$

$$= b_m \frac{d^m r(t)}{dt^m} + b_{m-1} \frac{d^{m-1} r(t)}{dt^{m-1}} + \cdots + b_1 \frac{dr(t)}{dt} + b_0 r(t) \tag{2-17}$$

式中:$c(t)$为输出;$r(t)$为输入量;$a_n, a_{n-1}, \cdots, a_0$ 及 $b_m, b_{m-1}, \cdots, b_0$ 均为常系数,与系统本身的结构有关,与输入、输出无关。

设系统初始条件为零,即输入、输出量及其各阶导数在零时刻的初值为零,对式(2-17)两端分别进行拉氏变换:

$$(a_n s^n + a_{n-1} s^{n-1} + \cdots + a_1 s + a_0) C(s) = (b_m s^m + b_{m-1} s^{m-1} + \cdots + b_1 s + b_0) R(s)$$

则系统的传递函数为

$$G(s) = \frac{C(s)}{R(s)} = \frac{b_m s^m + b_{m-1} s^{m-1} + \cdots + b_1 s + b_0}{a_n s^n + a_{n-1} s^{n-1} + \cdots + a_1 s + a_0} \tag{2-18}$$

一个单输入-单输出的线性定常系统(或元件),在零初始条件下,系统输出信号的拉氏变换与输入信号的拉氏变换的比值,称为该系统(或该元件)的传递函数。

零初始条件定义如下:

(1) $t<0$ 时,系统输入量及其各阶导数均为零;

(2) $t \geqslant 0$ 时,输入量才作用于系统;

(3) 输入作用于系统之前,系统处于稳定的工作状态,即系统输出量及各阶导数在 $t<0$ 时的值为零。

零初始条件的规定不仅能简化运算,而且有利于在同等条件下比较系统性能。

[**例 2-5**] 求如图 2.1 所示 RLC 电路的传递函数。

解:已知该电路的微分方程式为式(2-3),即

$$LC \frac{d^2 u_2(t)}{dt^2} + RC \frac{du_2(t)}{dt} + u_2(t) = u_1(t)$$

设初始条件为零,对上式进行拉氏变换得

$$LCs^2 U_2(s) + RCsU_2(s) + U_2(s) = U_1(s)$$

根据定义,RLC 电路的传递函数为

$$G(s) = \frac{U_2(s)}{U_1(s)} = \frac{1}{LCs^2 + RCs + 1}$$

利用拉氏变换将微分方程转化为传递函数时,微分方程中的 n 次微分转化为 s^n,可以将 s 称为一次微分算子,同理 n 次的积分可转化为$\frac{1}{s^n}$。

[**例 2-6**] 求如图 2.2 所示机械平移系统的传递函数。

解:已知该系统的微分方程式是式(2-4),即

$$\frac{m}{K} \cdot \frac{\mathrm{d}^2 y(t)}{\mathrm{d}t^2} + \frac{f}{K} \cdot \frac{\mathrm{d}y(t)}{\mathrm{d}t} + y(t) = \frac{1}{K} \cdot F(t)$$

设初始条件为零,对上式进行拉氏变换得

$$\frac{m}{K}s^2 Y(s) + \frac{f}{K}sY(s) + Y(s) = \frac{1}{K}F(s)$$

机械平移系统的传递函数为

$$G(s) = \frac{Y(s)}{F(s)} = \frac{1/K}{\frac{m}{K}s^2 + \frac{f}{K}s + 1}$$

[**例 2-7**]　求如图 2.3 所示电枢控制式直流电动机的传递函数。

解：已知系统的微分方程式为

$$T_{\mathrm{m}} \frac{\mathrm{d}^2 \theta_{\mathrm{m}}(t)}{\mathrm{d}t^2} + \frac{\mathrm{d}\theta_{\mathrm{m}}(t)}{\mathrm{d}t} = K_{\mathrm{m}} u_{\mathrm{a}}(t)$$

设初始条件为零,对上式进行拉氏变换得

$$T_{\mathrm{m}} s^2 \Theta_{\mathrm{m}}(s) + s\Theta_{\mathrm{m}}(s) = K_{\mathrm{m}} U_{\mathrm{a}}(s)$$

则电枢控制式直流电动机的传递函数为

$$G(s) = \frac{\Theta_{\mathrm{m}}(s)}{U_{\mathrm{a}}(s)} = \frac{K_{\mathrm{m}}}{T_{\mathrm{m}} s^2 + s} = \frac{K_{\mathrm{m}}}{s(T_{\mathrm{m}} s + 1)}$$

2.3.2　传递函数的性质

传递函数具有以下性质：

(1) 传递函数与微分方程有直接联系。系统(或元件)的传递函数是描述该系统(或元件)动态特性的数学模型,传递函数和微分方程是一一对应的,可以相互转化。

(2) 传递函数不反映原来物理系统(元件)的实际结构。传递函数与微分方程一样,是从实际物理系统(元件)中抽象出来的,对于许多物理性质截然不同的系统(元件),可以具有相同形式的传递函数。

(3) 传递函数是复变量 s 的有理真分式函数,即 $m \leqslant n$(m,n 分别为传递函数分子多项式和分母多项式的最高阶次),且所有系数均为实数。这是由实际系统的物理性质决定的,即实际的物理系统总存在惯性,输出不会超前输入。

(4) 传递函数只表征系统(元件)本身的特性。传递函数只与系统(元件)本身内部结构及参数有关,而与输入信号形式、大小和作用位置无关。

(5) 传递函数的拉氏反变换是系统的脉冲响应,因此传递函数能反映系统运动特性。

例如：当输入为单位脉冲时,即 $R(s)=L[\delta(t)]=1$,其脉冲响应(或称权函数)等于传递函数的拉氏反变换,即系统的输出 $C(s)=G(s) \cdot R(s)=G(s)$,取拉氏反变换,则输出响应为 $L^{-1}[C(s)]=L^{-1}[G(s)]=g(t)$。

应当注意传递函数的局限性及适用范围。传递函数是从拉氏变换导出的,拉氏变换是一种线性变换,因此传递函数只适应于描述线性定常系统。传递函数是在零初始条件下定义的,所以它不能反映非零初始条件下系统的自由响应运动规律。

2.3.3 典型环节的传递函数

一般任意复杂的传递函数都可以用式(2-19)表示，式(2-19)称为传递函数的一般形式。

$$G(s)=\frac{\prod_{i=1}^{\lambda}K_i\prod_{i=1}^{\mu}(\tau_i s+1)\prod_{i=1}^{\eta}(\tau_i^2 s^2+2\zeta_i\tau_i s+1)}{s^v\prod_{j=1}^{\rho}(T_j s+1)\prod_{j=1}^{\sigma}(T_j^2 s^2+2\zeta_j T_j s+1)} \tag{2-19}$$

式中：v 为零根的数目；K_i 由 τ_i、T_j 等构成，它实际上可用一个 K 代替。

传递函数的一般形式包含有六种因子，这些因子被称为传递函数典型环节。任何控制系统的传递函数都可以看作是这些典型环节的串联组合。各典型环节的名称及对应传递函数形式列于表 2.1 中。

表 2.1 典型环节

序号	环节名称	微分方程	传递函数	说明
1	比例环节	$c(t)=K\cdot r(t)$	K	输出量以一定的比例复现输入量，无失真和时间滞后
2	惯性环节	$T\frac{dc(t)}{dt}+c(t)=r(t)$	$\frac{1}{Ts+1}$	含有储能元件，以致对于变化的输入来说，输出量不能立即复现输入量，即输出量的变化滞后于输入量的变化
3	振荡环节	$T^2\frac{d^2c(t)}{dt^2}+2T\zeta\frac{dc(t)}{dt}+c(t)=r(t)$ $0<\zeta<1$	$\frac{1}{T^2s^2+2\zeta Ts+1}$	振荡环节包含有两种形式的储能元件，并且所储存的能量能够相互转换
4	积分环节	$\frac{dc(t)}{dt}=r(t)$	$\frac{1}{s}$	输出量 $c(t)$ 是输入量 $r(t)$ 对时间的积累，对输入具有滞后和缓冲作用。积分环节具有记忆功能，即经过一段时间积累，输入量为零时，输出量不再增加，但保持该值不变
5	微分环节	$c(t)=\frac{dr(t)}{dt}$	s	微分环节不能独立存在于实际系统中，这是因为当输入量为阶跃函数时，输出量理论上是脉冲函数，实际上这是不可能的。因此，微分环节必须与其他环节同时存在
6	一阶复合微分环节	$c(t)=\tau\frac{dr(t)}{dt}+r(t)$	$\tau s+1$	该环节在现实物理系统中不存在，只能和其他典型环节一起存在于某个系统中
7	二阶复合微分环节	$c(t)=\tau^2\frac{d^2r(t)}{dt^2}+2\zeta\tau\frac{dr(t)}{dt}+r(t)$	$\tau^2s^2+2\zeta\tau s+1$	该环节在现实物理系统中不存在，只能和其他典型环节一起存在于某个系统中

续表

序号	环节名称	微分方程	传递函数	说明
8	延迟环节	$c(t)=r(t-\tau)$	$e^{-\tau s}$	输出量滞后输入量，但不失真反映输入量。延迟环节一般不单独存在

注：式中，T、τ 为环节的时间常数；ζ 为阻尼比。

任何控制系统都可以看作是这些典型环节在某种情况下的串联组合。除此之外，还有一类典型环节为延迟环节。延迟环节与惯性环节有本质区别，即惯性环节从输入开始时刻起就已有输出，由于惯性，输出要滞后一段时间才接近所要求的输出值；延迟环节从输入开始之初，在 $0\sim\tau$ 时间内没有输出，在 τ 时刻之后输出等于 τ 之前时刻的输入。

2.3.4 控制系统的传递函数

1. 开环传递函数

一个闭环控制系统结构图的典型形式如图 2.6 所示。令干扰信号 $F(s)=0$，并断开反馈信号线，则系统工作在开环状态，如图 2.7 所示。

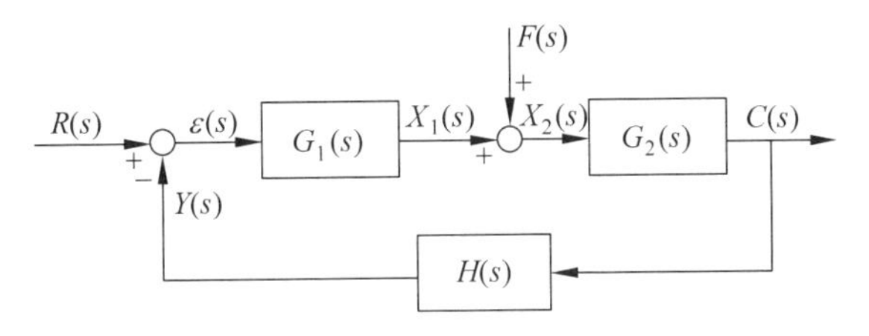

图 2.6 典型控制系统结构图

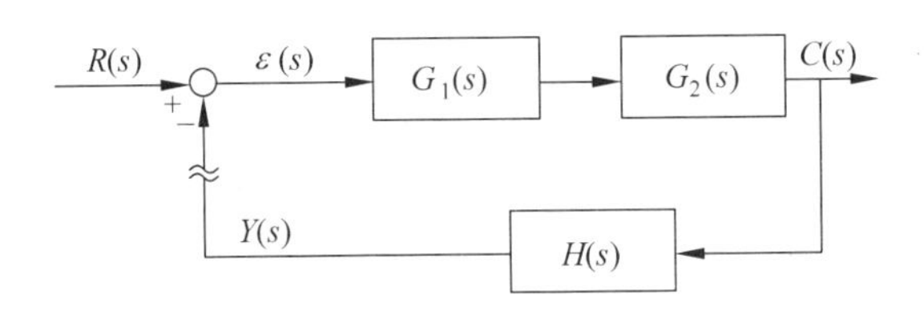

图 2.7 开环状态时的控制系统

定义反馈信号的拉氏变换 $Y(s)$ 与偏差信号的拉氏变换 $\varepsilon(s)$ 之比为系统的开环传递函数，因 $\varepsilon(s)=R(s)$，所以

$$G(s)H(s)=\frac{Y(s)}{R(s)}=G_1(s)G_2(s)H(s) \tag{2-20}$$

由式(2-20)知，开环传递函数等于前向通道的传递函数与反馈通道的传递函数的乘积。

2. 闭环传递函数

(1) 输入信号作用下系统的闭环传递函数。

在图 2.6 中，令 $F(s)=0$，则闭环传递函数为

$$\Phi(s)=\frac{C(s)}{R(s)}=\frac{G_1(s)G_2(s)}{1+G_1(s)G_2(s)H(s)} \tag{2-21}$$

当反馈通道的传递函数 $H(s)=1$ 时，称为单位反馈系统。则

$$\Phi(s)=\frac{G_1(s)G_2(s)}{1+G_1(s)G_2(s)}$$

(2) 干扰信号作用下系统的闭环传递函数。

令 $R(s)=0$，将结构图等效变换如图 2.8 所示。由定义得

$$\Phi_f(s)=\frac{C(s)}{F(s)}=\frac{G_2(s)}{1-G_1(s)\cdot(-1)\cdot G_2(s)H(s)}=\frac{G_2(s)}{1+G_1(s)G_2(s)H(s)} \tag{2-22}$$

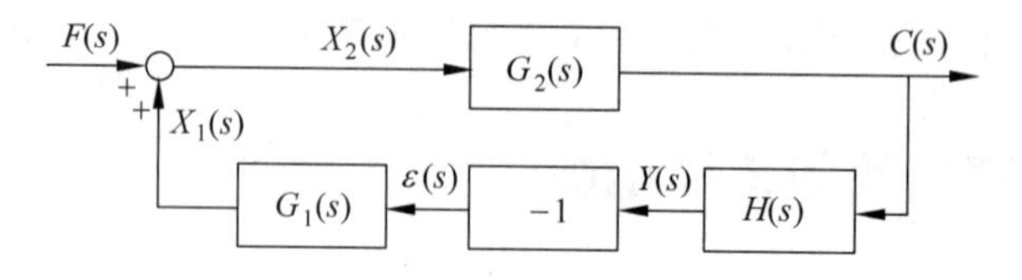

图 2.8　干扰信号作用时的控制系统

如果控制系统同时受到控制信号 $R(s)$ 和干扰信号 $F(s)$ 作用时，则根据式(2-21)和式(2-22)，应用叠加原理，可求出被控制信号为

$$\begin{aligned}C(s)&=\Phi(s)R(s)+\Phi_f(s)F(s)\\&=\frac{G_1(s)G_2(s)}{1+G_1(s)G_2(s)H(s)}\cdot R(s)+\frac{G_2(s)}{1+G_1(s)G_2(s)H(s)}\cdot F(s)\\&=C_n(s)+C_r(s)\end{aligned}$$

3. 闭环系统的偏差传递函数

(1) 输入信号作用下系统的偏差传递函数。

令 $F(s)=0$，将结构图等效变换如图 2.9 所示。按定义有

$$\Phi_\varepsilon(s)=\frac{\varepsilon(s)}{R(s)}=\frac{1}{1+G_1(s)G_2(s)H(s)} \tag{2-23}$$

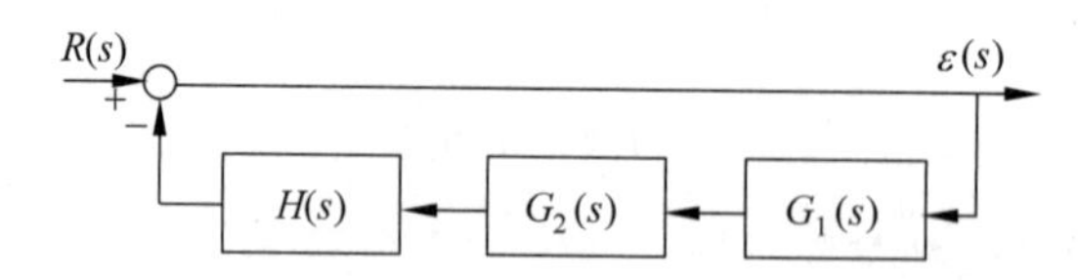

图 2.9　输入信号作用下误差输出结构图

(2) 干扰信号作用下系统的误差传递函数。

令 $R(s)=0$，将结构图等效变换如图 2.10 所示。由定义得

$$\Phi_{\varepsilon f}(s)=\frac{\varepsilon(s)}{F(s)}=\frac{G_2(s)H(s)(-1)}{1-G_1(s)G_2(s)H(s)(-1)}=\frac{-G_2(s)H(s)}{1+G_1(s)G_2(s)H(s)} \tag{2-24}$$

若控制信号 $R(s)$ 和干扰信号 $F(s)$ 同时作用于系统时，则根据式(2-23)和式(2-24)，并应用叠加原理，可求得误差信号的拉氏变换式为

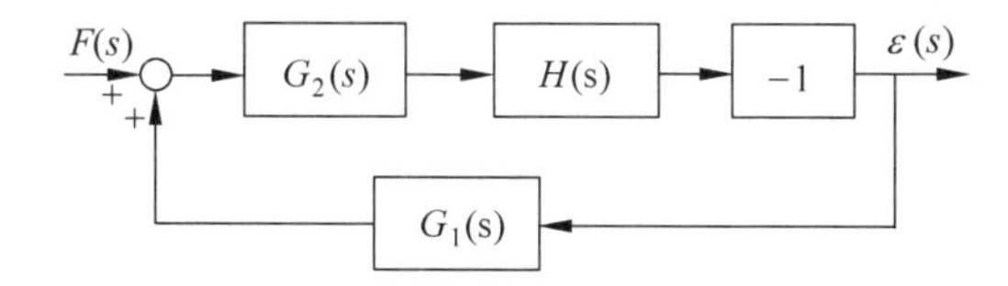

图 2.10　干扰信号作用下误差输出结构图

$$\begin{aligned}\varepsilon(s) &= \Phi_{\varepsilon}(s)R(s) + \Phi_{\varepsilon f}(s)F(s)\\ &= \frac{1}{1+G_1(s)G_2(s)H(s)}\cdot R(s) - \frac{G_2(s)H(s)}{1+G_1(s)G_2(s)H(s)}\cdot F(s)\\ &= \varepsilon_r(s) + \varepsilon_f(s)\end{aligned}$$

从以上所求的闭环传递函数可以发现，$\Phi(s)$、$\Phi_f(s)$、$\Phi_{\varepsilon}(s)$和 $\Phi_{\varepsilon f}(s)$具有相同的分母，即等于 1 加上开环传递函数，为 $1+G(s)H(s)$（正反馈时为减），而分子等于对应所求的闭环传递函数的输入信号到输出信号所经过的传递函数的乘积。

上述四种不同的闭环传递函数的分母形式相同，表明了系统的某些固有特性与输入输出的位置和形式无关。例如系统的绝对稳定性，就可以直接由系统闭环传递函数的分母多项式系数得出，与输入输出无关，相关内容会在第 3 章详细讲解。

2.4　控制系统结构图及其简化

系统的结构图是描述系统各组成元件之间信号传递关系的数学图形。在系统结构图中各方框对应的元件名称换成其相应的传递函数，并将环节的输入、输出量改用拉氏变换表示后，就转换成了相应的系统结构图。

结构图是一种图形化的系统数学模型，不仅能表明系统的组成和信号的传递方向，而且能表示系统信号传递过程中的数学关系。

2.4.1　结构图的运算法则

系统环节之间一般存在三种基本连接方式：串联、并联和反馈连接。这些连接方式通过一定的运算法则，可找出等效的传递函数。

1. 串联运算法则

设有两个环节串联，传递函数分别为 $G_1(s)$，$G_2(s)$，如图 2.11 所示。

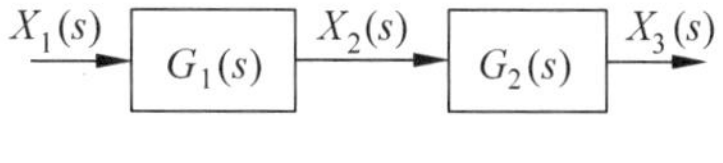

$X_1(s)$ → $G_1(s)$ → $X_2(s)$ → $G_2(s)$ → $X_3(s)$

图 2.11　串联连接框图

由传递函数定义，得

$$G_1(s)=\frac{X_2(s)}{X_1(s)},\quad G_2(s)=\frac{X_3(s)}{X_2(s)}$$

则串联后总传递函数为

$$G(s)=\frac{X_3(s)}{X_1(s)}=\frac{X_2(s)}{X_1(s)}\cdot\frac{X_3(s)}{X_2(s)}=G_1(s)\cdot G_2(s)$$

同理,当传递函数分别为 $G_1(s),G_2(s),\cdots,G_n(s)$ 的环节串联时,总传递函数为

$$G(s)=\prod_{i=1}^{n}G_i(s)$$

结论:n 个相互之间无负载效应的环节串联时,系统传递函数等于每个串联环节的传递函数的乘积。

2. 并联运算法则

设有两个环节串联,传递函数分别为 $G_1(s),G_2(s)$,如图2.12所示。

由传递函数定义,得

$$G_1(s)=\frac{X_2(s)}{X_1(s)},\quad G_2(s)=\frac{X_3(s)}{X_1(s)}$$

则并联后总传递函数为

$$G(s)=\frac{X_4(s)}{X_1(s)}=\frac{X_2(s)+X_3(s)}{X_1(s)}=G_1(s)+G_2(s)$$

同理,当传递函数分别为 $G_1(s),G_2(s),\cdots,G_n(s)$ 的环节并联时,总传递函数为

$$G(s)=G_1(s)+G_2(s)+\cdots+G_n(s)=\sum_{i=1}^{n}G_i(s)$$

结论:n 个同向环节并联时,系统传递函数等于各个并联环节传递函数的代数和。

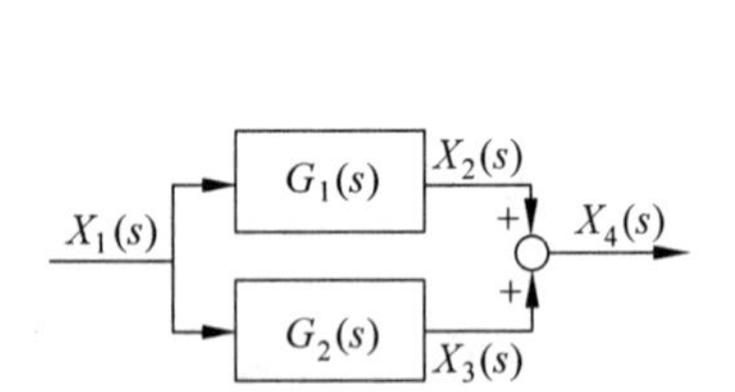

图2.12　并联连接框图

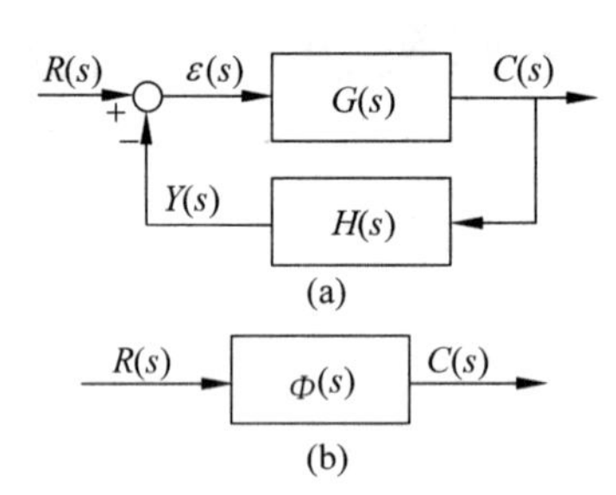

图2.13　反馈连接框图

3. 反馈运算法则

如图2.13所示,前向通道传递函数为

$$G(s)=\frac{C(s)}{\varepsilon(s)}$$

反馈通道传递函数为

$$H(s)=\frac{Y(s)}{C(s)}$$

又因

$$R(s)\pm Y(s)=\varepsilon(s)$$

联立以上方程求系统传递函数得

$$\Phi(s)=\frac{C(s)}{R(s)}=\frac{G(s)}{1\mp G(s)H(s)}$$

当系统中为正反馈时,简化后的传递函数分母多项式中取"−";当系统中为负反馈时,简化后的传递函数分母多项式中取"+"。

2.4.2　结构图变换法则

结构图是从具体系统中抽象出来的数学结构图形。在对系统进行分析时，常常需要对结构图进行必要的变换，当然，这种变换必须是“等效的”，应使变换前、后输入量与输出量之间的传递函数保持不变。具体来讲，变换过程中不仅要保持变动线路中信号不变，也要保证影响到的其他线路中信号不变，具体操作中可通过添加环节或者添加补偿信号的方式来实现。

表 2.2 列出了结构图等效变换的基本规则。

表 2.2　结构图变换法则

变换方式	原结构图	等效结构图	等效运算关系
串联	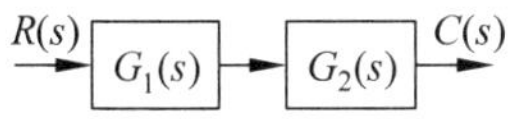 $R(s)$ → $G_1(s)$ → $G_2(s)$ → $C(s)$	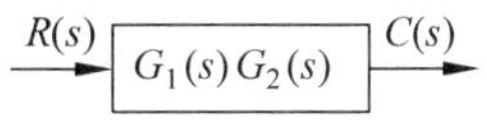 $R(s)$ → $G_1(s)G_2(s)$ → $C(s)$	$C(s)=G_1(s)G_2(s)R(s)$
并联	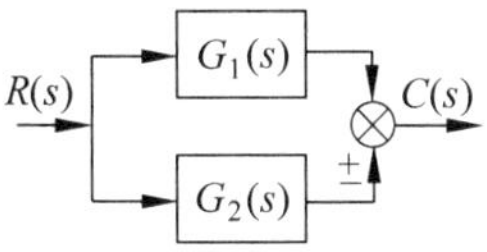 $R(s)$；$G_1(s)$；$G_2(s)$；$\pm$；$C(s)$	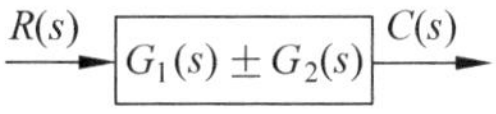 $R(s)$ → $G_1(s)\pm G_2(s)$ → $C(s)$	$C(s)=[G_1(s)\pm G_2(s)]R(s)$
反馈	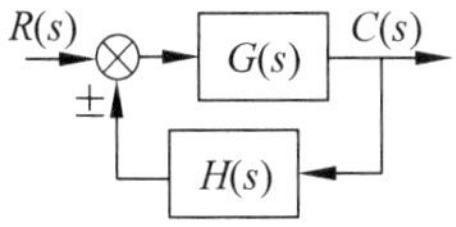 $R(s)$；$\pm$；$G(s)$；$H(s)$；$C(s)$	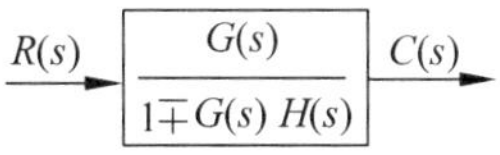 $R(s)$ → $\dfrac{G(s)}{1\mp G(s)H(s)}$ → $C(s)$	$C(s)=\dfrac{G(s)R(s)}{1\mp G(s)H(s)}$
比较点前移	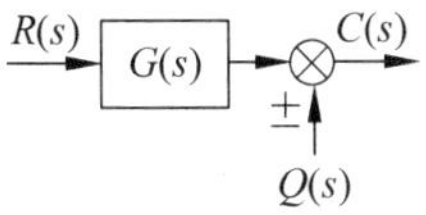 $R(s)$；$G(s)$；$\pm$；$Q(s)$；$C(s)$	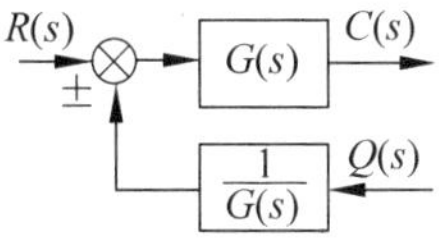 $R(s)$；$\pm$；$G(s)$；$\dfrac{1}{G(s)}$；$Q(s)$；$C(s)$	$C(s)=R(s)G(s)\pm Q(s)$ $=\left[R(s)\pm\dfrac{Q(s)}{G(s)}\right]G(s)$
比较点后移	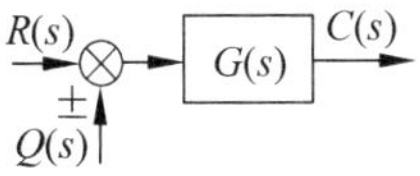 $R(s)$；$\pm$；$Q(s)$；$G(s)$；$C(s)$	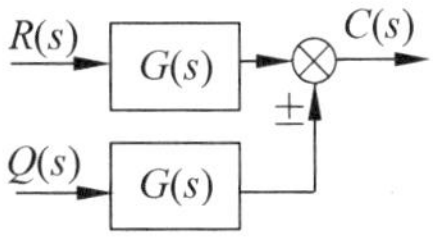 $R(s)$；$G(s)$；$Q(s)$；$G(s)$；$\pm$；$C(s)$	$C(s)=[R(s)\pm Q(s)]G(s)$ $=R(s)G(s)\pm Q(s)G(s)$
引出点前移	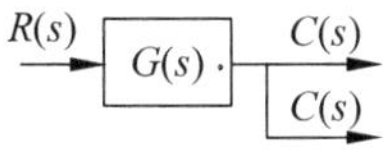 $R(s)$；$G(s)$；$C(s)$；$C(s)$	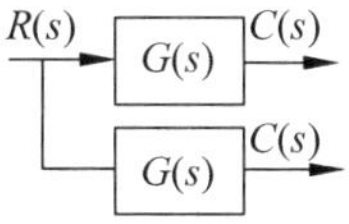 $R(s)$；$G(s)$；$C(s)$；$G(s)$；$C(s)$	$C(s)=G(s)R(s)$
引出点后移	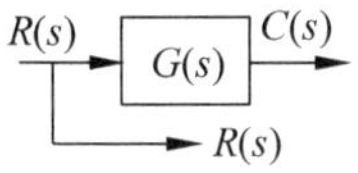 $R(s)$；$G(s)$；$C(s)$；$R(s)$	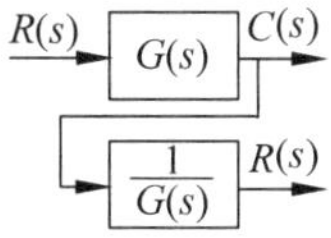 $R(s)$；$G(s)$；$C(s)$；$\dfrac{1}{G(s)}$；$R(s)$	$R(s)=R(s)G(s)\dfrac{1}{G(s)}$ $C(s)=G(s)R(s)$
比较点与引出点之间的移动	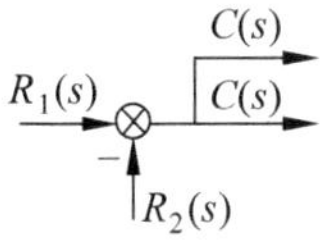 $R_1(s)$；$-$；$R_2(s)$；$C(s)$；$C(s)$	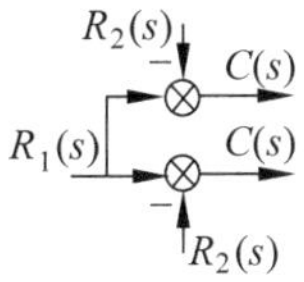 $R_2(s)$；$-$；$C(s)$；$R_1(s)$；$C(s)$；$-$；$R_2(s)$	$C(s)=R_1(s)-R_2(s)$

［**例 2-8**］　简化图 2.14 所示系统的结构图，求系统的闭环传递函数 $\Phi(s)=\dfrac{C(s)}{R(s)}$。

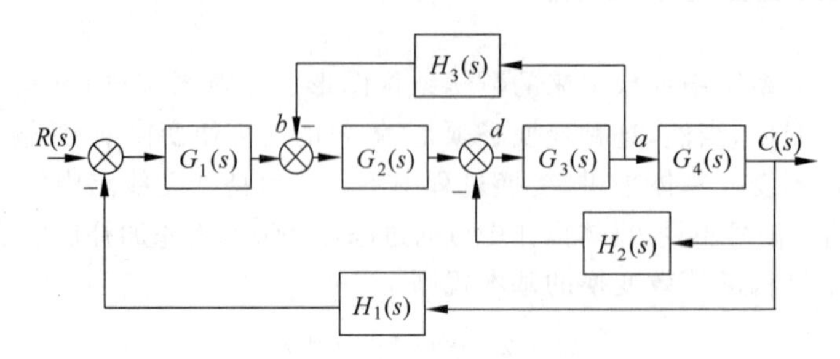

图 2.14　系统结构图

解：这是一个多回路系统，有多种解题方法。这里从内回路到外回路逐步化简。

第一步，将引出点 a 后移，比较点 b 后移，即将图 2.14 简化成图 2.15(a)所示结构。

第二步，对图 2.15(a)中 $H_3(s)$ 和 $\dfrac{G_2(s)}{G_4(s)}$ 串联与 $H_2(s)$ 并联，再和串联的 $G_3(s)$，$G_4(s)$ 组成反馈回路，进而简化成图 2.15(b)所示结构。

第三步，对图 2.15(b)中的回路再进行串联及反馈变换，成为如图 2.15(c)所示形式。

最后可得系统的闭环传递函数为

$$\Phi(s)=\frac{C(s)}{R(s)}$$

$$=\frac{G_1(s)G_2(s)G_3(s)G_4(s)}{1+G_2(s)G_3(s)H_3(s)+G_3(s)G_4(s)H_2(s)+G_1(s)G_2(s)G_3(s)G_4(s)H_1(s)}$$

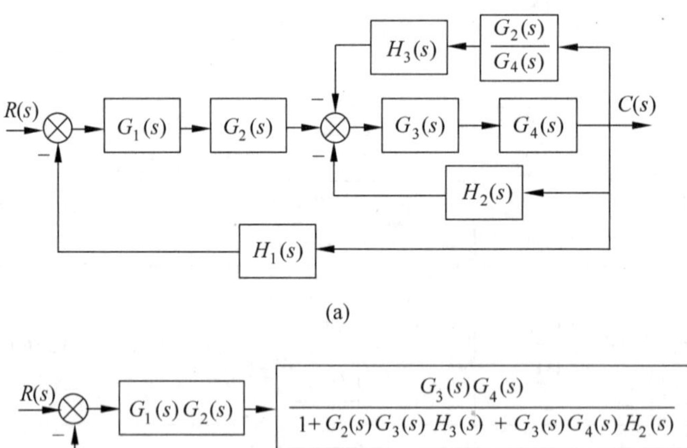

(a)

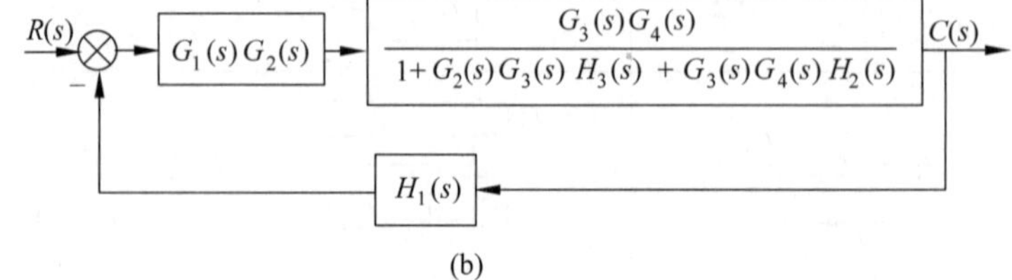

(b)

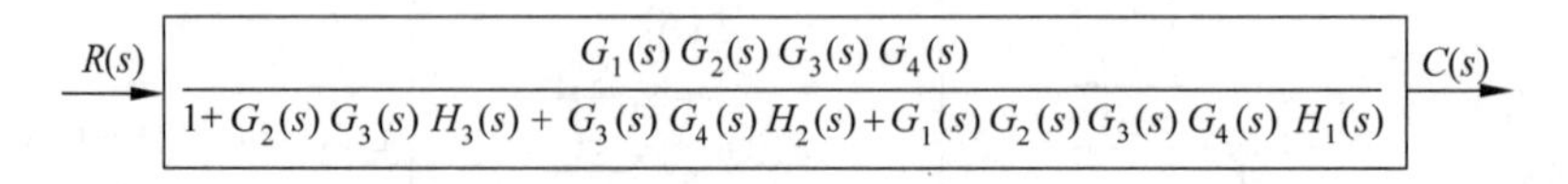

(c)

图 2.15　图 2.14 的等效变换

从以上例子可以得到结构图化简的基本步骤：

(1) 把几个回路共用的线路及环节分开，使每一个局部回路及主反馈都有自己专用线路和环节；

(2) 确定系统中的输入输出量，把输入量到输出量的一条线路，列成方块图中的前向通道；

(3) 通过比较点和引出点的移动消除交错回路；

(4) 先求出并联环节和具有局部反馈环节的传递函数，然后求出整个系统的传递函数。

2.5　信号流图基本概念

在控制工程中，信号流图和结构图都可表示系统的结构及变量传递过程中的数学关系。由于信号流图符号简单，便于绘制，而且不必经过图形简化，可以直接通过梅逊公式求得系统的传递函数，因此特别适合复杂结构系统的分析。

2.5.1　信号流图

信号流图中的基本图形符号有三种：节点、支路和支路增益。

(1) 节点：用符号"○"表示。节点代表系统中的一个变量(信号)。

(2) 支路：用符号"→—"表示，支路是连接两个节点的有向线段，其中的箭头表示信号的传递方向。

(3) 支路增益：用标在支路旁边的传递函数"G"表示支路增益。支路增益定量描述信号从支路一端沿箭头方向传送到另一端的函数关系，相当于结构图中环节的传递函数。

利用上述三种基本图形符号，可根据图 2.16(a)所示的结构图画出相应的信号流图，其结果如图 2.16(b)所示。

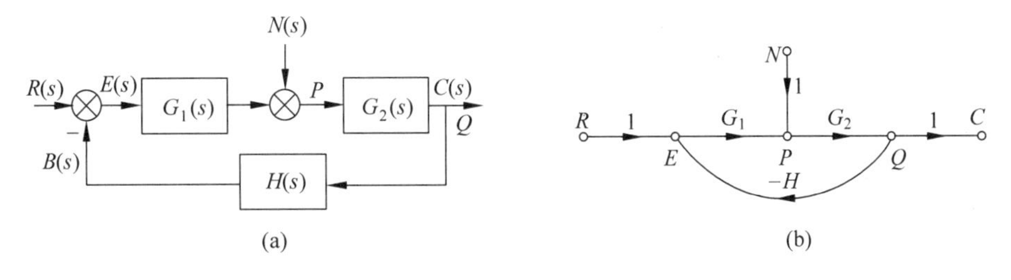

图 2.16　控制系统的结构图和信号流图

信号流图的有关术语如下。

(1) 源节点(输入节点)：只有输出支路而无输入支路的节点，如图 2.16(b)中的 R 节点、N 节点均为源节点，相当于输入信号。

(2) 阱节点(输出节点)：只有输入支路而无输出支路的节点，如图 2.16(b)中的节点 C 属于阱节点，对应系统的输出信号。

(3) 混合节点：既有输入支路又有输出支路的节点，如图 2.16(b)中的 E、P、Q 为混合节点，相当于比较点或引出点。

(4) 前向通路：从源节点开始并且终止于阱节点，与其他节点相交不多于一次的通路，如图 2.16(b)中的 $REPQC$、$NPQC$。

(5) 回路：通路的起点和终点是同一节点，并且与其他任何节点相交不多于一次的闭合路径，如图 2.16(b)中的 $EPQE$。

(6) 回路增益：回路中各支路增益的乘积。

(7) 前向通路增益：前向通路中各支路增益的乘积。

(8) 不接触回路：信号流图中没有任何共同节点的回路。

2.5.2 梅逊增益公式

计算任意输入节点和输出节点之间传递函数 $G(s)$ 的梅逊(Mason)增益公式为

$$G(s)=\frac{1}{\Delta}\sum_{k=1}^{n}P_k\Delta_k \tag{2-25}$$

式中：Δ 为特征式，其计算公式为

$$\Delta=1-\sum L_a+\sum L_bL_c-\sum L_dL_eL_f+\cdots$$

式中：$\sum L_a$ 为所有不同回路的回路增益之和；$\sum L_bL_c$ 为所有两两互不接触回路的回路增益乘积之和；$\sum L_dL_eL_f$ 为所有互不接触回路中，每次取其中三个回路增益的乘积之和；n 为输入节点到输出节点间前向通路的条数；P_k 为输入节点到输出节点间第 k 条前向通路的总增益；Δ_k 为第 k 条前向通路的余子式，即把特征式 Δ 中与该前向通路相接触回路的回路增益置零后，余下的部分。

用梅逊公式，可以不作任何结构变换，只要通过对信号流图或动态结构图的观察和分析，就能直接写出系统的传递函数。

[**例 2-9**] 求图 2.17 所示系统的传递函数 $\dfrac{C(s)}{R(s)}$。

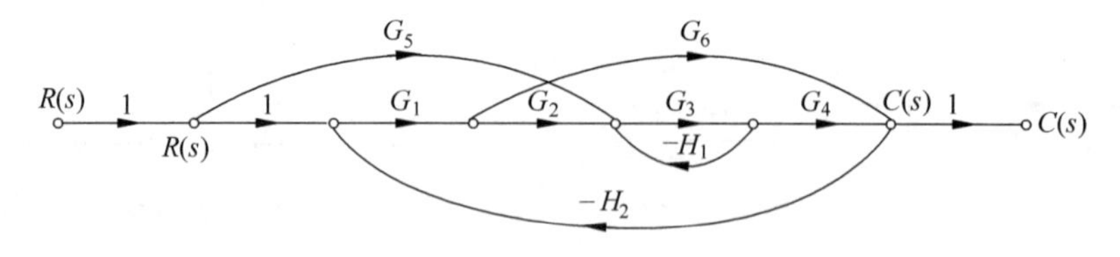

图 2.17　信号流图

解：本系统有三条前向通路，其增益分别为：$P_1=G_1G_2G_3G_4$、$P_2=G_5G_3G_4$ 和 $P_3=G_1G_6$。回路有三个，其回路增益分别为：$L_1=-G_1G_2G_3G_4H_2$、$L_2=-G_1G_6H_2$ 和 $L_3=-G_3H_1$，其中 L_2 和 L_3 两回路互不接触，故特征式为

$$\begin{aligned}\Delta&=1-(L_1+L_2+L_3)+(L_2L_3)\\&=1+G_1G_2G_3G_4H_2+G_1G_6H_2+G_3H_1+G_1G_3G_6H_1H_2\end{aligned}$$

由于各回路均与前向通路 P_1、P_2 接触，故余子式 $\Delta_1=\Delta_2=1$。前向通路 P_3 与回路 L_3 不接触，所以余子式 $\Delta_3=1-(L_3)=1+G_3H_1$。用梅逊公式得系统的传递函数为

$$\frac{C(s)}{R(s)}=\frac{1}{\Delta}(P_1\Delta_1+P_2\Delta_2+P_3\Delta_3)$$
$$=\frac{G_1G_2G_3G_4+G_3G_4G_5+G_1G_6(1+G_3H_1)}{1+G_1G_2G_3G_4H_2+G_1G_6H_2+G_3H_1+G_1G_3G_6H_1H_2}$$

［**例 2-10**］ 已知系统结构图如图 2.18 所示，试求传递函数$\dfrac{C(s)}{R(s)}$。

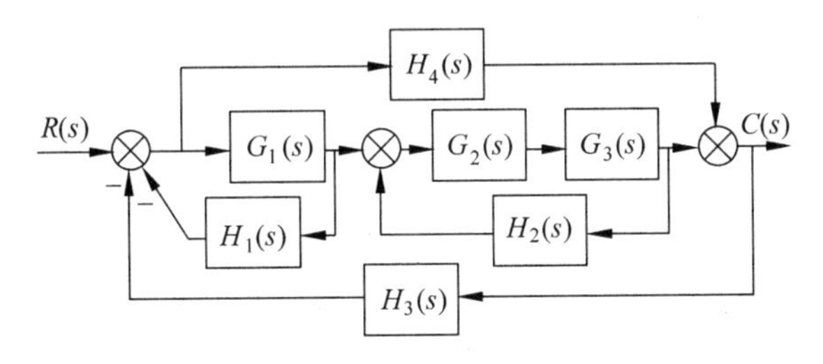

图 2.18　系统结构图

解：图 2.18 中，有两条前向通路，其前向通路的传递函数为

$$P_1=G_1G_2G_3,\quad P_2=H_4,\quad \Delta_1=1,\quad \Delta_2=1-G_2G_3H_2$$

有四个独立回路：$L_1=-H_3H_4$，$L_2=-G_1G_2G_3H_3$，$L_3=G_2G_3L_2$，$L_4=-G_1H_1$；有两组互不接触回路：L_1 和 L_3，L_3 和 L_4。所以，应用梅逊增益公式，可写出系统的传递函数为

$$\frac{C(s)}{R(s)}=\frac{P_1\Delta_1+P_2\Delta_2}{\Delta}$$
$$=\frac{G_1G_2G_3+H_4(1-G_2G_3H_2)}{1+H_3H_4+G_1G_2G_3H_3-G_2G_3H_2+G_1H_1-G_2G_3H_2H_3H_4-G_1G_2G_3H_1H_2}$$

2.6　控制系统建模的 MATLAB 实现

［**例 2-11**］ 已知系统传递函数

$$H(s)=\frac{2s+1}{2s^2+5s+11}$$

用 MATLAB 表示该系统的传递函数模型。

解：调用 MATLAB 函数命令执行如下程序：

```
num=[3 1];                  %传递函数的分子多项式系数向量
den=[2 5 11];               %传递函数的分母多项式系数向量
h=tf(num,den)               %传递函数模型
```

执行后即得到该系统的传递函数模型如下：

```
Transfer function:
3 s + 1
----------------
2 s^2 + 5 s + 11
```

[**例 2-12**] 系统的结构图如图 2.19 所示,求系统闭环传递函数。

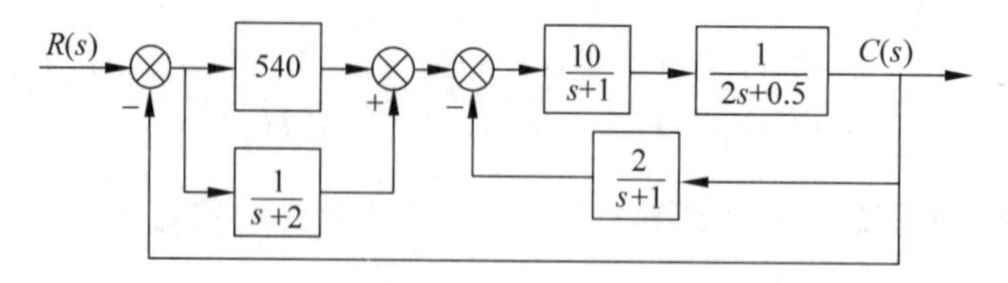

图 2.19 系统结构图

解:调用 MATLAB 函数命令执行如下程序:

```
num1= [540]; den1= [1];
num2= [1]; den2= [1 2];
num3= [10]; den3= [1 1];
num4= [1]; den4= [2 0.5];
num5= [2]; den5= [1 1];
[numa, dena]=parallel(num1, den1,num2, den2);        %系统并联
[numb, denb]=series(num3, den3,num4, den4);          %系统串联
[numc, denc]=feedback(numb, denb,num5, den5);        %系统反馈
[numd, dend]=series(numa, dena,numc, denc);          %系统串联
[num, den]=cloop(numd, dend);                        %系统单位反馈
h=tf(num,den)
```

执行后即得到该系统的传递函数模型如下:

```
Transfer function:
5400s^2 + 16210 s + 110810
-----------------------------------------------------
2 s^4 + 8.5 s^3+5412 s^2+16236.5 s + 10851
```

2.7 设计实例:硬盘驱动读写系统

2.7.1 硬盘驱动读写系统工作原理

硬盘利用特定的磁粒子的极性记录数据,是计算机的关键部件之一。硬盘性能的优劣直接影响计算机工作的稳定性。硬盘驱动读写系统是硬盘的主要工作模块之一,其目的是将磁头准确定位,正确读取硬盘上磁道的信息,即磁盘在 1cm 内对 5000 多个磁道进行读取,这意味每个磁道的理论宽度仅为 1μm。硬盘驱动器结构图如图 2.20 所示。

硬盘驱动器读取系统采用永磁直流电动机驱动读取手臂的转动。磁头安装在一个与读取手臂相连的簧片上,弹性金属制成的簧片保证磁头以小于 100nm 的间隙悬浮于磁盘之上。硬盘电路的原理框图如图 2.21 所示,其中左侧虚线框内为主轴驱动电路,右侧虚线框为前置控制电路。硬盘工作时,主轴电动机带动盘片旋转。磁头通过音圈电动机驱动,以音圈电动机为轴心,沿盘片直径方向做内外圆弧运动。磁头通过感应旋转的盘片上磁场的变化读取数据,通过改变盘片上的磁场写入数据。磁头上的磁头芯片用于放大磁头信号、逻辑分配磁头及处理音圈电动机反馈信号等,经过前置控制电路处理后传输给接口控制器。当

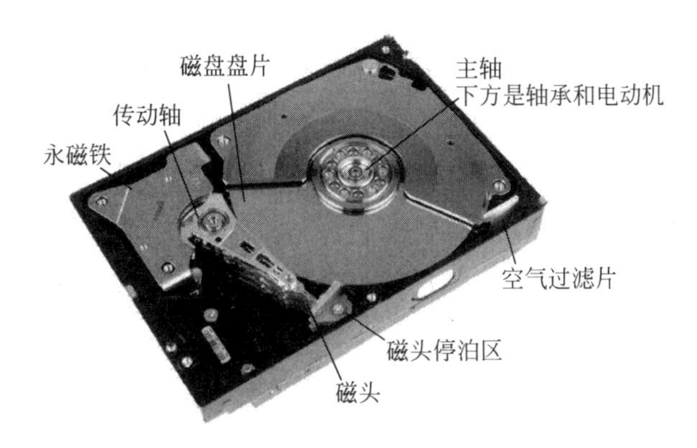

图 2.20　硬盘驱动器结构图

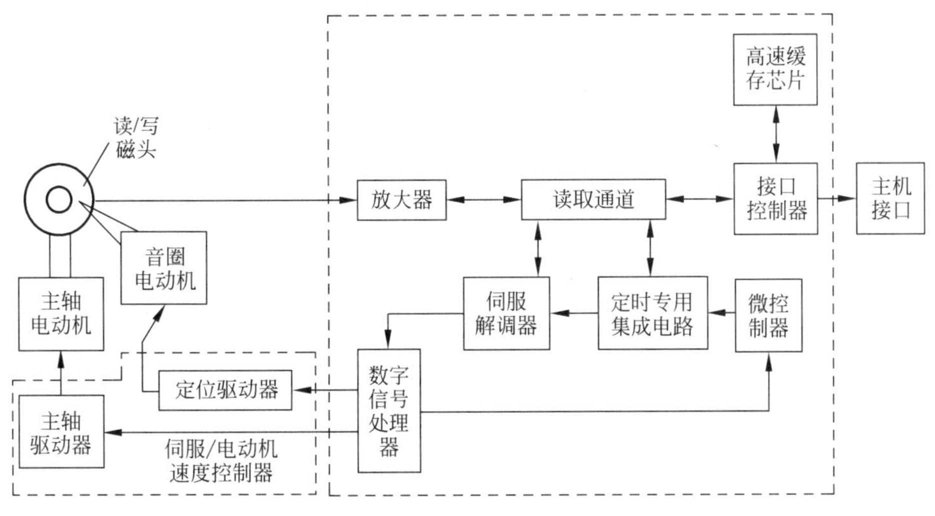

图 2.21　硬盘电路原理图

接口电路接收到指令信号后，通过前置放大控制电路，驱动音圈电动机发出磁信号，根据感应阻值变化的磁头对盘片数据信息进行正确定位，并对接收后的信息进行解码，通过放大控制电路传输到接口电路，通过主机接口反馈主机系统完成指令操作，没能及时处理的数据暂存在高速缓存芯片中。前置放大电路控制磁头感应的信号、主轴电动机调速、磁头驱动和伺服定位等。由于磁头读取的信号微弱，将放大电路密封在腔体减少外来信号的干扰，提高操作指令的准确性。

综上所述，磁盘驱动系统对磁头的定位精度和磁头在磁道间移动的精度必须满足工作要求。

2.7.2　硬盘驱动读写系统建模

由硬盘驱动读写系统的工作原理可知，硬盘驱动读写系统的设计目标是准确定位磁头，以便正确读取磁盘磁道上的信息。一般地，磁盘旋转速度为 1800～7200r/min，磁头位置精度要求为 1μm，磁头由磁道 a～b 的时间小于 50ms，磁盘驱动读取系统的结构框图如图 2.22 所示。磁盘驱动读取系统的典型参数如表 2.3 所示。

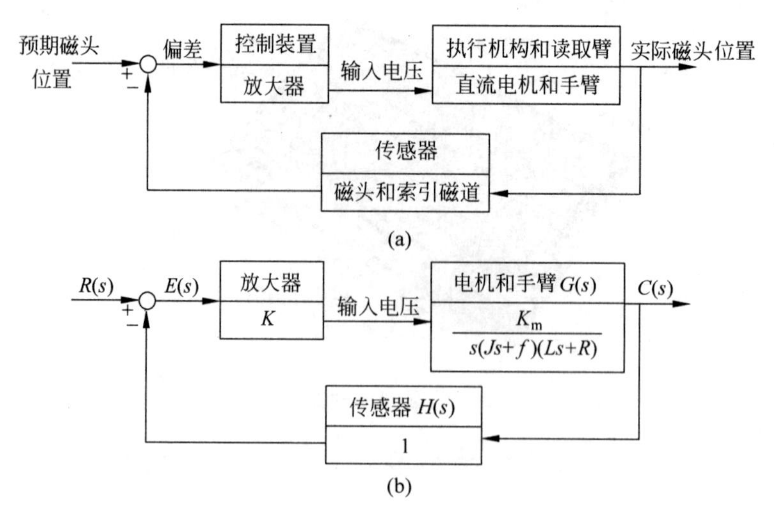

图 2.22 磁盘驱动读取系统模型

表 2.3 磁盘驱动读取系统的典型参数

参 数	符 号	典 型 值
手臂与磁头的转动惯量	J	$1\mathrm{N\cdot m\cdot s^2/rad}$
摩擦系数	f	$20\mathrm{N\cdot m\cdot s/rad}$
放大器增益	K_a	10～1000
电枢电阻	R	1Ω
电机传递系数	K_m	$5\mathrm{N\cdot m/A}$
电枢电感	L	1mH

假定磁头足够精确，簧片完全是刚性的，不会出现明显的弯曲。取传感器环节的传递函数为 $H(s)=1$，放大器增益为 K_a，利用电枢控制直流电机模型建立永磁直流电机数学模型。

永磁直流电机数学模型为

$$L_aJ\frac{\mathrm{d}^3\theta_m(t)}{\mathrm{d}t^3}+(L_af+R_aJ)\frac{\mathrm{d}^2\theta_m(t)}{\mathrm{d}t^2}+(R_af+K_aK_b)\frac{\mathrm{d}\theta_m(t)}{\mathrm{d}t}=K_au_a(t)$$

在空载下，令 $K_m=K_a$，$R=R_a$，$L_a=L$，则永磁直流电机数学模型为

$$G(s)=\frac{K_m}{s(Js+f)(Ls+R)}$$

由表 2.3 可得

$$G(s)=\frac{5000}{s(s+20)(s+1000)}$$

上式可改写为

$$G(s)=\frac{K_m/fR}{s(T_Ls+1)(Ts+1)}$$

其中，$T_L=\frac{J}{f}=50\mathrm{ms}$；$T=\frac{L}{R}=1\mathrm{ms}$。由于 $T\ll T_L$，则

$$G(s)\approx\frac{K_m/fR}{s(T_Ls+1)}=\frac{0.25}{s(0.05s+1)}=\frac{5}{s(s+20)}$$

因此，磁盘驱动读取系统的闭环传递函数为

$$\frac{C(s)}{R(s)}=\frac{KG(s)}{1+KG(s)}=\frac{5K}{s^2+20s+5K}$$

小结

控制系统的数学模型是进行后续时域、频域分析及根轨迹分析的基础，本章是以后各章的基础，主要介绍了三个方面的内容：控制系统的四种数学模型；求传递函数的三种方法；反馈控制系统传递函数的五种形式。

(1) 数学模型是描述系统输入、输出以及内部各变量之间关系的数学表达式，是对系统进行理论分析研究的主要依据。

微分方程是系统的时域数学模型，正确地理解和掌握系统的工作过程、各元件的工作原理是建立系统微分方程的前提。

传递函数是在零初始条件下系统输出的拉氏变换和输入拉氏变换之比，是经典控制理论中重要的数学模型。

结构图和信号流图是两种图形化表示的数学模型，具有直观形象的特点。

(2) 求系统的传递函数常有三种方法：微分方程取拉氏变换法；结构图等效化简法以及梅逊增益公式法。

(3) 控制系统常用的传递函数有开环传递函数 $G(s)H(s)$，闭环传递函数 $\Phi(s)$ 和 $\Phi_{\mathrm{n}}(s)$ 以及误差传递函数 $\Phi_{\mathrm{e}}(s)$ 和 $\Phi_{\mathrm{en}}(s)$，它们在系统分析和设计中的地位十分重要。

习题

2-1　试证明图 2.23 所示的力学系统(a)和电路系统(b)是相似系统(即有相同形式的数学模型)。

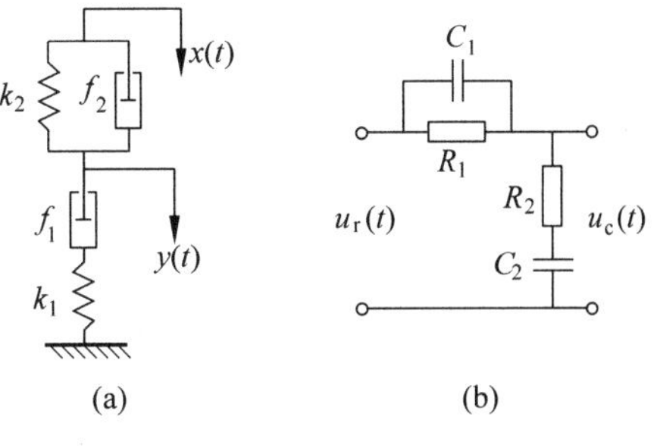

图 2.23　系统原理图

2-2　已知在零初始条件下，系统的单位阶跃响应为 $c(t)=1-2\mathrm{e}^{-2t}+\mathrm{e}^{-t}$，试求系统的传递函数和脉冲响应。

2-3　某位置随动系统原理框图如图 2.24 所示，已知电位器最大工作角度 $Q_{\mathrm{m}}=330°$，功率放大器放大系数为 k_3。

(1) 分别求出电位器的传递函数 k_0，第一级和第二级放大器的放大系数 k_1，k_2；

(2) 画出系统的结构图；

(3) 求系统的闭环传递函数 $Q_{\mathrm{c}}(s)/Q_{\mathrm{r}}(s)$。

2-4　试简化图 2.25 所示控制系统的方框图，并求出开环传递函数和四种闭环传递函数

$$\Phi(s)=\frac{C(s)}{R(s)}=?\quad \Phi_{\varepsilon}(s)=\frac{\varepsilon(s)}{R(s)}=?\quad \Phi_{\mathrm{f}}(s)=\frac{C(s)}{F(s)}=?\quad \Phi_{\varepsilon\mathrm{f}}(s)=\frac{\varepsilon(s)}{F(s)}=?$$

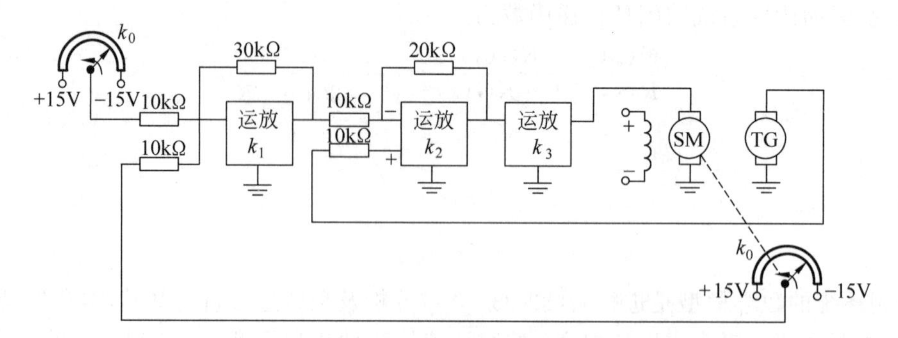

图 2.24　系统原理图

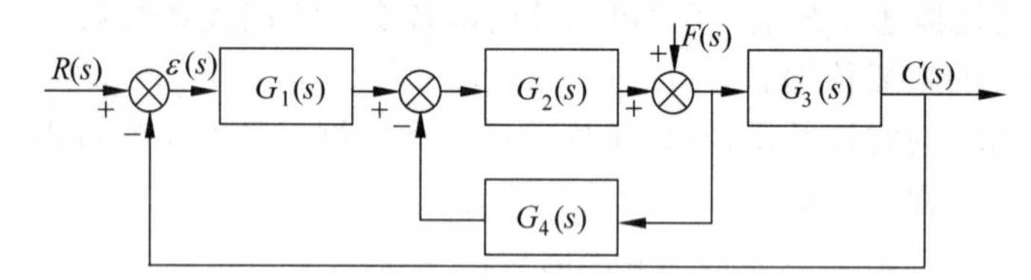

图 2.25　系统方框图

2-5　试用结构图等效化简法求图 2.26 所示各系统的传递函数$\dfrac{C(s)}{R(s)}$。

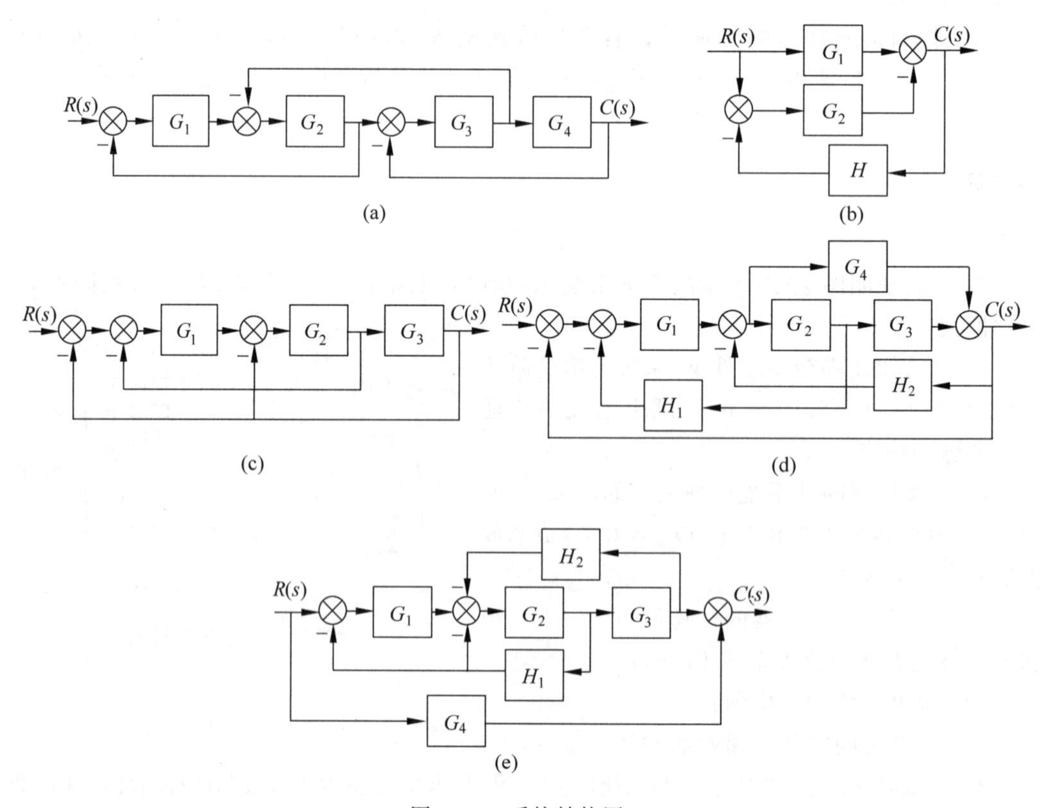

图 2.26　系统结构图

2-6　试绘制图 2.27 所示系统的信号流图。

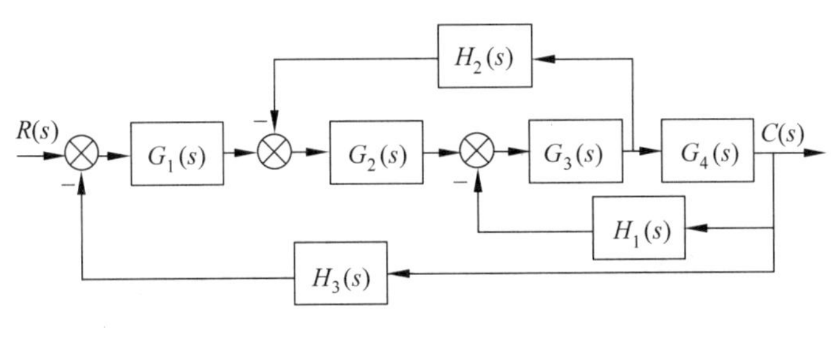

图 2.27　系统结构图

控制系统的时域分析

3.1 典型输入信号

确定系统的数学模型是分析和设计控制系统的首要工作。一旦获取系统的数学模型后,可以采用不同的方法分析控制系统的性能。本章专门探讨线性控制系统性能分析的时域法。

所谓系统的时域分析是指在时间域内,研究在各种形式的输入信号作用下,系统输出响应随时间的变化规律。

要确定系统性能的优劣,就要在同样的输入条件激励下比较系统的响应。为了在符合实际情况的基础上便于实现和分析计算,时域分析法中一般采用表 3.1 中所列的典型输入信号和它们的线性叠加。

表 3.1 时域分析法中的典型输入信号

名称	$r(t)$	时域关系	时域图形	$R(s)$	复域关系	示　例
单位脉冲函数	$\delta(t)=\begin{cases}\infty, & t=0\\ 0, & t\neq 0\end{cases}$ $\int\delta(t)\mathrm{d}t=1$	↑ $\frac{\mathrm{d}}{\mathrm{d}t}$	$\delta(t)$, O, t	1	↑ $\times s$	撞击作用 后坐力 电脉冲
单位阶跃函数	$1(t)=\begin{cases}1, & t\geqslant 0\\ 0, & t<0\end{cases}$		$1(t)$, 1, O, t	$\frac{1}{s}$		开关输入

续表

名称	$r(t)$	时域关系	时域图形	$R(s)$	复域关系	示　例
单位斜坡函数	$r(t)=\begin{cases} t, & t\leqslant 0 \\ 0, & t<0 \end{cases}$	↑		$\frac{1}{s^2}$	↑	等速跟踪信号
单位加速度函数	$r(t)=\begin{cases} \frac{1}{2}t^2, & t\geqslant 0 \\ 0, & t<0 \end{cases}$	$\frac{\mathrm{d}}{\mathrm{d}t}$		$\frac{1}{s^3}$	$\times s$	
正弦函数	$r(t)=A\cdot\sin\omega t$			$\frac{\omega}{s^2+\omega^2}$		

实际应用时，究竟采用哪一种典型输入信号，取决于系统的工作状态。例如，控制系统的实际输入，如果大部分是随时间逐渐变化的函数，则应用斜坡函数作为典型试验信号比较合适；如果控制系统的输入信号具有突变性质时，则选用阶跃函数较恰当；而当系统的输入信号是冲击输入量时，则采用脉冲函数较合适；如果系统的输入信号是随时间变化的往复运动，则采用正弦函数较适宜。但不管采用何种典型输入信号，对同一系统来说，由过渡过程所表征的系统特性应是统一的。

3.2　控制系统的时域性能指标

任何一个控制系统的时间响应都是由过渡过程(或动态过程)和稳态过程两部分组成的。过渡过程是指系统在某一输入信号作用下，系统的输出量从初始状态到稳定状态的响应过程；稳态过程是指时间 t 趋近于无穷大时，系统的输出状态。系统的动态性能指标和稳态性能指标就是分别针对这两个阶段定义的。

1. 动态性能指标

系统动态性能是以系统阶跃响应为基础衡量的。一般认为阶跃输入对系统而言是比较严峻的工作状态，若系统在阶跃函数作用下的动态性能满足要求，那么系统在其他形式的输入作用下，其动态性能也应是令人满意的。

以单位阶跃响应为例，二阶系统的动态性能指标如图3.1所示。

延迟时间 t_{d}：阶跃响应第一次达到稳态值 $c(\infty)$ 的50%所需的时间。

上升时间 t_{r}：阶跃响应从稳态值的10%上升到稳态值的90%所需的时间；对有振荡的

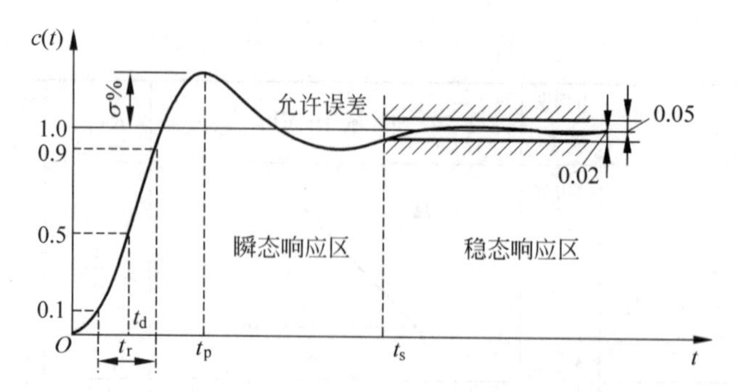

图 3.1 系统的典型阶跃响应及动态性能指标

系统,也可定义为从 0 到第一次达到稳态值所需的时间。

峰值时间 t_p:阶跃响应越过稳态值 $c(\infty)$达到第一个峰值所需的时间。

调整时间 t_s:阶跃响应到达并保持在稳态值 $c(\infty)\pm5\%$误差带或$\pm2\%$误差带内所需的最短时间。调整时间的大小,直接表征了系统对输入信号响应的快速性。

超调量 $\sigma\%$:峰值 $c(t_p)$超出稳态值 $c(\infty)$的百分比,即

$$\sigma\%=\frac{c(t_p)-c(\infty)}{c(\infty)}\times100\%$$

在上述动态性能指标中,工程上最常用的是调整时间 t_s(描述"快")、超调量 $\sigma\%$(描述"匀")以及峰值时间 t_p。

2. 稳态性能

稳态误差是时间趋于无穷时系统实际输出与理想输出之间的误差,是衡量系统控制准确度(稳态精度)或抗干扰能力的标志。稳态误差通常在典型输入下进行测定或计算。

应当指出,系统性能指标的确定应根据实际情况而有所侧重。例如,民航客机要求飞行平稳,不允许有超调;歼击机则要求机动灵活,响应迅速,允许有适当的超调;对于一些启动之后便需要长期运行的生产过程(如化工过程等),则往往更强调稳态精度。

3.3 一阶系统的时域分析

3.3.1 一阶系统传递函数

一阶系统结构图如图 3.2 所示,则一阶系统的闭环传递函数为

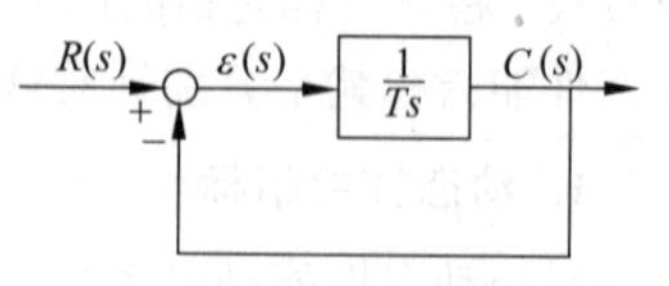

图 3.2 典型一阶系统结构图

$$G(s)=\frac{C(s)}{R(s)}=\frac{1}{Ts+1}$$

式中:T 为系统时间常数。

3.3.2 一阶系统的典型输入响应

令单位阶跃输入 $r(t)=1(t)$,则拉氏变换为

$$R(s)=\frac{1}{s}$$

于是

$$C(s)=G(s)\cdot R(s)=\frac{1}{Ts+1}\cdot\frac{1}{s}$$

展开成部分分式，得

$$C(s)=\frac{1}{s}-\frac{T}{Ts+1}$$

对上式进行拉氏反变换，得系统的单位阶跃响应为

$$c(t)=1-\mathrm{e}^{-t/T}=c_{\mathrm{ss}}+c_{\mathrm{tt}} \tag{3-1}$$

式中：$c_{\mathrm{ss}}=1$ 为稳态分量；$c_{\mathrm{tt}}=-\mathrm{e}^{-t/T}$ 为暂态分量。

一阶系统的单位阶跃响应如表 3.2 所示。

表 3.2　一阶系统的单位阶跃响应

t	0	T	$2T$	$3T$	$4T$	…	∞
$c(t)$	0	0.632	0.865	0.95	0.98	…	1

图 3.3 描述了系统在单位阶跃函数作用下的动态响应曲线为单调的指数上升曲线。

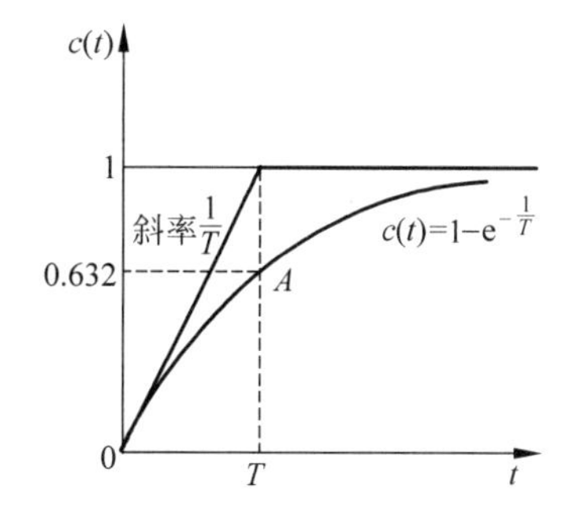

图 3.3　一阶系统的单位阶跃响应

由表 3.2 或图 3.3 可知：

(1) 一阶系统单位阶跃响应无振荡，最终稳态输出值与输入值(信号)趋于一致，误差为零。

(2) $t=T$ 时，$c(T)=0.632$，表征系统经历 $t=T$ 时间后，响应 $c(t)$ 上升到稳态值的 63.2%。可见，系统的时间常数 T 越小，响应就越快。

(3) 如果希望响应曲线保持在稳态值的 5%的允许范围内，则有

$$c(t_{\mathrm{s}})=1-\mathrm{e}^{-\frac{t_{\mathrm{s}}}{T}}=0.95$$

得

$$t_{\mathrm{s}}=3T$$

如果希望响应曲线保持在稳态值的 2%的允许范围内，则有

$$c(t_{\mathrm{s}})=1-\mathrm{e}^{-\frac{t_{\mathrm{s}}}{T}}=0.98$$

得

$$t_{\mathrm{s}}=4T$$

上述表明经过时间 3～4T 时，响应曲线已达到稳态值的 95%～98%，即认为过渡过程结束，且达到稳态值。时间常数 T 是一阶系统的重要特征参数。T 越小，过渡过程越快。图 3.4 给出一阶系统阶跃响应随时间常数 T 变化的趋势。

(4) 在 $t=0$ 时，响应曲线的切线斜率为$\frac{1}{T}$，即响应曲线以 0 时刻的初始速度变化，达到稳态值所需时间为 T。

同理，一阶系统的单位脉冲响应和单位斜坡响应如表 3.3 所示。

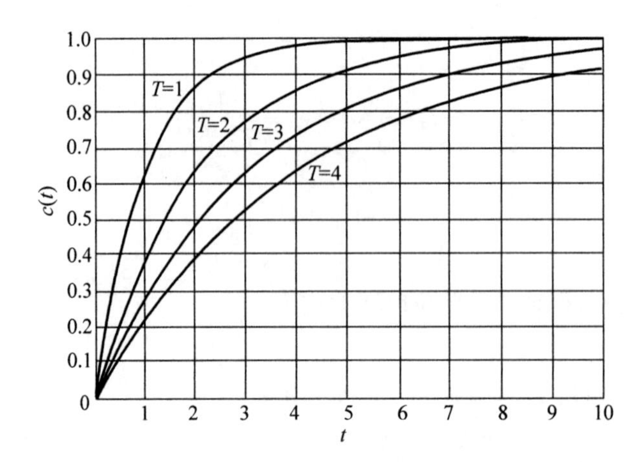

图 3.4 一阶系统阶跃响应随时间常数 T 变化的趋势

表 3.3 一阶系统典型输入响应

$r(t)$	$R(s)$	$C(s)=\Phi(s)R(s)$	$c(t)$	响应曲线
$\delta(t)$	1	$\dfrac{1}{Ts+1}=\dfrac{\frac{1}{T}}{s+\frac{1}{T}}$	$c(t)=\dfrac{1}{T}\mathrm{e}^{-\frac{1}{T}t}$，$t\geqslant 0$	$c(t)$；$\frac{1}{T}$；$0.368\frac{1}{T}$；0；T；t
$1(t)$	$\dfrac{1}{s}$	$\dfrac{1}{Ts+1}\dfrac{1}{s}=\dfrac{1}{s}-\dfrac{1}{s+\frac{1}{T}}$	$c(t)=1-\mathrm{e}^{-\frac{1}{T}t}$，$t\geqslant 0$	$c(t)$；1；0.632；0；T；t
t	$\dfrac{1}{s^2}$	$\dfrac{1}{Ts+1}\cdot\dfrac{1}{s^2}=\dfrac{1}{s^2}-T\left[\dfrac{1}{s}-\dfrac{1}{s+\frac{1}{T}}\right]$	$c(t)=t-T(1-\mathrm{e}^{-\frac{1}{T}t})$，$t\geqslant 0$	$c(t)$；T；O；t

从表 3.3 中比较一阶系统对阶跃、斜坡、脉冲输入信号的响应，发现输入信号之间有如下关系。

$$r_{脉冲}(t)=\frac{\mathrm{d}}{\mathrm{d}t}r_{阶跃}(t)=\frac{\mathrm{d}^2}{\mathrm{d}t^2}r_{斜坡}(t)$$

时间响应之间的关系与之对应：

$$c_{脉冲}(t)=\frac{\mathrm{d}}{\mathrm{d}t}c_{阶跃}(t)=\frac{\mathrm{d}^2}{\mathrm{d}t^2}c_{斜坡}(t)$$

这个对应关系说明,系统对某一输入信号的微分/积分的响应等于系统对该输入信号的响应的微分/积分。这是线性定常系统的重要性质,对任意阶线性定常系统均适用。但不适用于线性时变系统和非线性系统。

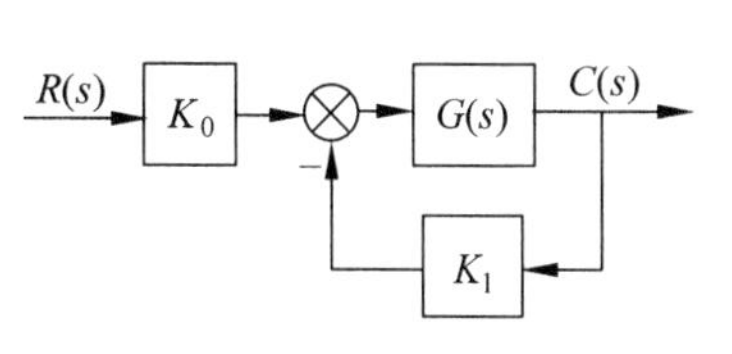

图 3.5 反馈系统方框图

[**例 3-1**] 原系统传递函数为

$$G(s)=\frac{10}{0.2s+1}$$

现采用如图 3.5 所示的负反馈方式,欲将反馈系统的调节时间减小为原来的 1/10,并且保证原放大倍数不变,试确定参数 K_0 和 K_1 的取值。

解:依题意,原系统时间常数 $T=0.2$,放大倍数 $K=10$,要求反馈后系统的时间常数 $T_\Phi=0.2\times 0.1=0.02$,放大倍数 $K_\Phi=K=10$。由结构图可知反馈系统传递函数为

$$\Phi(s)=\frac{K_0G(s)}{1+K_1G(s)}=\frac{10K_0}{0.2s+1+10K_1}=\frac{\dfrac{10K_0}{1+10K_1}}{\dfrac{0.2}{1+10K_1}s+1}=\frac{K_\Phi}{T_\Phi s+1}$$

应有

$$\begin{cases}K_\Phi=\dfrac{10K_0}{1+10K_1}=10\\[2ex] T_\Phi=\dfrac{0.2}{1+10K_1}=0.02\end{cases}$$

联立求解得

$$\begin{cases}K_1=0.9\\ K_0=10\end{cases}$$

3.4 二阶系统的时域分析

3.4.1 二阶系统传递函数

二阶系统结构图如图 3.6 所示,其闭环传递函数为

$$G(s)=\frac{K}{T_\mathrm{m}s^2+s+K}$$

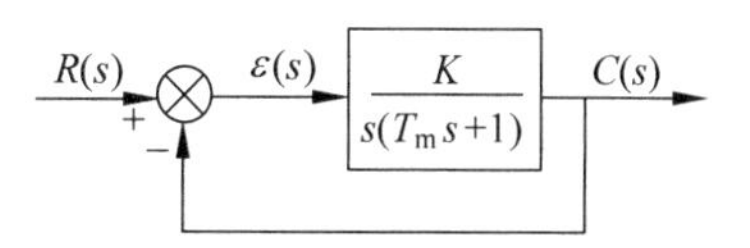

图 3.6 二阶系统结构图

式中:K 为系统开环放大倍数;T_m 为系统时间常数。写成标准形式,即

$$G(s)=\frac{\omega_\mathrm{n}^2}{s^2+2\zeta\omega_\mathrm{n}s+\omega_\mathrm{n}^2}\quad(首\ 1\ 型)\tag{3-2}$$

$$G(s)=\frac{1}{T^2s^2+2T\zeta s+1}\quad(尾\ 1\ 型)\tag{3-3}$$

式中:$\omega_\mathrm{n}=\sqrt{\dfrac{K}{T_\mathrm{m}}}$为系统无阻尼自然频率;$\zeta=\dfrac{1}{2\sqrt{KT_\mathrm{m}}}$为系统的阻尼比;$T=\sqrt{\dfrac{T_\mathrm{m}}{K}}$。

ζ 和 ω_n 是二阶系统重要的特征参数。二阶系统的首 1 标准型传递函数常用于时域分析中，频域分析时则常用尾 1 标准型。

二阶系统的特征方程为

$$s^2+2\zeta\omega_n s+\omega_n^2=0$$

其两个特征根(即闭环极点)为

$$s_{1,2}=-\zeta\omega_n\pm\omega_n\sqrt{\zeta^2-1}$$

可见，随着阻尼比 ζ 取值的不同，二阶系统的特征根也不相同，响应特性也不同，如图 3.7 所示。由此，可将二阶系统按阻尼比 ζ 分类，如表 3.4 所示。

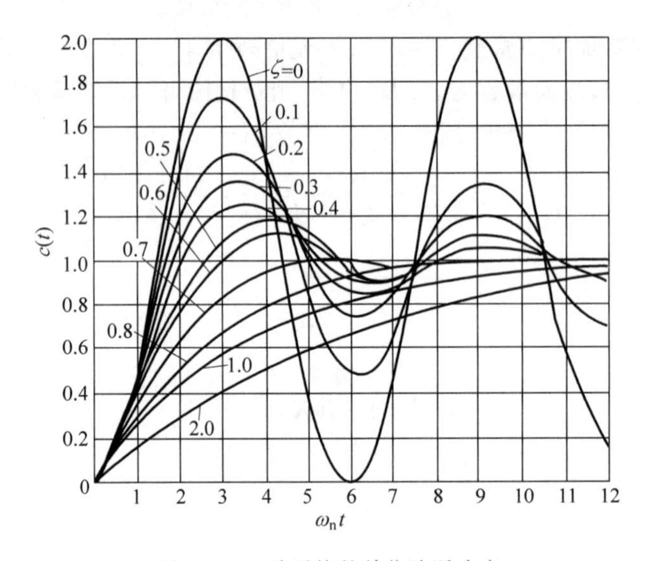

图 3.7　二阶系统的单位阶跃响应

表 3.4　二阶系统分类表(按阻尼比 ζ)

分类	ζ	特　征　根	特征根分布
过阻尼	$\zeta>1$	$s_{1,2}=-\zeta\omega_n\pm\omega_n\sqrt{\zeta^2-1}$	jω [s] s_1 s_2 0 σ $\zeta>1$
临界阻尼	$\zeta=1$	$s_{1,2}=-\omega_n$	jω [s] $s_1=s_2$ $\zeta\omega_n$ 0 σ $\zeta=1$

续表

分类	ζ	特 征 根	特征根分布
欠阻尼	$0<\zeta<1$	$s_{1,2}=-\zeta\omega_n\pm j\omega_n\sqrt{1-\zeta^2}$	jω [s] s_1 $\omega_n\sqrt{1-\zeta^2}$ $-\zeta\omega_n$ 0 σ s_2 $0<\zeta<1$
零阻尼	$\zeta=0$	$s_{1,2}=\pm j\omega_n$	jω s_1 [s] ω_n 0 σ s_2 $\zeta=0$

可以看到，当 $\zeta>1$ 时，系统闭环极点为两个不相等的负实根，系统可以看成两个不同的一阶环节（惯性）串联；当 $\zeta=1$ 时，系统闭环极点为两个相等的负实根，系统可以看成两个相同的一阶环节（惯性）串联。

3.4.2 二阶系统的典型输入响应

1. 过阻尼二阶系统

当阻尼比 $\zeta>1$ 时，二阶系统具有两个不同的负实根 $s_{1,2}=-\zeta\omega_n\pm\omega_n\sqrt{\zeta^2-1}$，系统单位阶跃响应的拉氏变换为

$$C(s)=s^{-1}+\left[2(\zeta^2-\zeta\sqrt{\zeta^2-1}-1)\right]^{-1}(s+\zeta\omega_n-\omega_n\sqrt{\zeta^2-1})^{-1}+\left[2(\zeta^2+\zeta\sqrt{\zeta^2-1}-1)\right]^{-1}(s+\zeta\omega_n+\omega_n\sqrt{\zeta^2-1})^{-1}$$

经拉氏反变换，得

$$c(t)=1+\frac{1}{2(\zeta^2-\zeta\sqrt{\zeta^2-1}-1)}e^{-(\zeta-\sqrt{\zeta^2-1})\omega_n t}+\frac{1}{2(\zeta^2+\zeta\sqrt{\zeta^2-1}-1)}e^{-(\zeta+\sqrt{\zeta^2-1})\omega_n t} \tag{3-4}$$

从图3.7可以看出，当阻尼比 $\zeta>1$ 时，二阶系统在单位阶跃信号的作用下的响应是一条无振荡的单调上升曲线。从式(3-4)可以看出，$c(t)$ 中包含着两个指数衰减项。由于两个闭环极点离虚轴的远近不一样，则两项衰减的快慢也不一样。当两者差别很大时，离虚轴太远的极点对动态响应过程的影响可以忽略不计，而近似处理成一阶系统。

2. 临界阻尼二阶系统

当阻尼比 $\zeta=1$ 时，二阶系统具有两个相同的负实根 $s_{1,2}=-\omega_n$，系统单位阶跃响应的拉氏变换为

$$C(s)=\frac{\omega_n^2}{s(s+\omega_n)^2}=\frac{1}{s}-\frac{\omega_n}{(s+\omega_n)^2}-\frac{1}{s+\omega_n}$$

拉氏反变换,得

$$c(t)=1-(\omega_n t+1)\mathrm{e}^{-\omega_n t}\quad(t\geqslant 0)\tag{3-5}$$

从图 3.7 可以看出,当阻尼比 $\zeta=1$ 时,二阶系统单位阶跃响应是一条单调上升的曲线。

3. 欠阻尼二阶系统

当阻尼比 $0<\zeta<1$ 时,二阶系统有一对共轭复根 $s_{1,2}=-\zeta\omega_n\pm \mathrm{j}\omega_n\sqrt{1-\zeta^2}$,系统单位阶跃响应的拉氏变换为

$$\begin{aligned}C(s)&=\frac{1}{s}-\frac{s+2\zeta\omega_n}{(s+\zeta\omega_n+\mathrm{j}\omega_d)(s+\zeta\omega_n-\mathrm{j}\omega_d)}\\&=\frac{1}{s}-\frac{s+\zeta\omega_n}{(s+\zeta\omega_n)^2+\omega_d^2}-\frac{\zeta\omega_n}{\omega_d}\frac{\omega_d}{(s+\zeta\omega_n)^2+\omega_d^2}\end{aligned}$$

式中:$\omega_d=\omega_n\sqrt{1-\zeta^2}$ 为系统的有阻尼自然频率。

拉氏反变换,得

$$c(t)=1-\mathrm{e}^{-\zeta\omega_n t}\left(\cos\omega_d t+\frac{\zeta}{\sqrt{1-\zeta^2}}\cdot\sin\omega_d t\right)=1-\frac{\mathrm{e}^{-\zeta\omega_n t}}{\sqrt{1-\zeta^2}}\cdot\sin(\omega_d t+\varphi)\quad(t\geqslant 0)\tag{3-6}$$

式中:

$$\varphi=\arctan\frac{\sqrt{1-\zeta^2}}{\zeta}$$

从图 3.8 可以看出,当阻尼比 $0<\zeta<1$ 时,在单位阶跃信号作用下的响应是一条衰减的正弦振荡曲线,响应曲线位于两条包络线 $1\pm\mathrm{e}^{-\zeta\omega_n t}/\sqrt{1-\zeta^2}$ 之间。

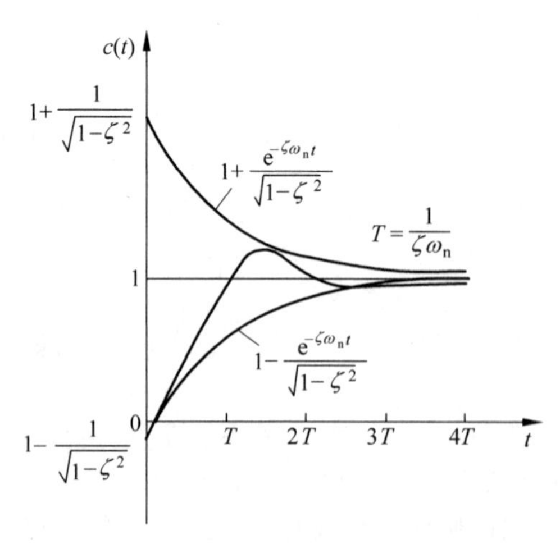

图 3.8 欠阻尼二阶系统响应曲线及包络线

包络线衰减速度取决于 $\zeta\omega_n$ 值的大小,衰减振荡的频率为有阻尼自然频率 ω_d,衰减振荡的周期为

$$T_{\mathrm{d}}=\frac{2\pi}{\omega_{\mathrm{d}}}=\frac{2\pi}{\omega_{\mathrm{n}}\sqrt{1-\zeta^{2}}}$$

（1）峰值时间 t_{p}。

令
$$\left.\frac{\mathrm{d}c(t)}{\mathrm{d}t}\right|_{t=t_{\mathrm{p}}}=0$$

可得

$$\frac{\omega_{\mathrm{n}}}{\sqrt{1-\zeta^{2}}}\mathrm{e}^{-\zeta\omega_{\mathrm{n}}t_{\mathrm{p}}}\sin\omega_{\mathrm{d}}t_{\mathrm{p}}=0$$

因为
$$\frac{\omega_{\mathrm{n}}}{\sqrt{1-\zeta^{2}}}\mathrm{e}^{-\zeta\omega_{\mathrm{n}}t_{\mathrm{p}}}\neq 0$$

所以有
$$\sin\omega_{\mathrm{d}}t_{\mathrm{p}}=0$$

得到
$$\omega_{\mathrm{d}}t_{\mathrm{p}}=0,\pi,2\pi,\cdots$$

由于峰值时间 t_{p} 是过渡过程 $c(t)$ 达到第一个峰值所对应的时间，取

$$\omega_{\mathrm{d}}t_{\mathrm{p}}=\pi$$

即

$$t_{\mathrm{p}}=\frac{\pi}{\omega_{\mathrm{d}}}=\frac{\pi}{\omega_{\mathrm{n}}\sqrt{1-\zeta^{2}}} \tag{3-7}$$

（2）超调量 $\sigma\%$。

考虑 $c(\infty)=1$，求得

$$\sigma\%=\frac{c(t_{\mathrm{p}})-c(\infty)}{c(\infty)}\times 100\%=-\mathrm{e}^{-\zeta\omega_{\mathrm{n}}t_{\mathrm{p}}}\left(\cos\omega_{\mathrm{d}}t_{\mathrm{p}}+\frac{\zeta}{\sqrt{1-\zeta^{2}}}\sin\omega_{\mathrm{d}}t_{\mathrm{p}}\right)\times 100\%$$
$$=-\mathrm{e}^{-\zeta\omega_{\mathrm{n}}t_{\mathrm{p}}}\left(\cos\pi+\frac{\zeta}{\sqrt{1-\zeta^{2}}}\sin\pi\right)\times 100\%=\mathrm{e}^{-\zeta\omega_{\mathrm{n}}t_{\mathrm{p}}}\times 100\%$$

所以

$$\sigma\%=\mathrm{e}^{-\zeta\pi/\sqrt{1-\zeta^{2}}}\times 100\% \tag{3-8}$$

（3）调整时间 t_{s}。

根据 t_{s} 的定义，可定义包络线衰减到 Δ 区域所需要的时间为 t_{s}

$$\frac{\mathrm{e}^{-\zeta\omega_{\mathrm{n}}t_{\mathrm{s}}}}{\sqrt{1-\zeta^{2}}}=\Delta\quad(c(\infty)=1)$$

解得
$$t_{\mathrm{s}}=\frac{1}{\zeta\omega_{\mathrm{n}}}\left(\ln\frac{1}{\Delta}+\ln\frac{1}{\sqrt{1-\zeta^{2}}}\right)$$

因一般有 $0<\zeta<0.9$，故可忽略 $\ln\frac{1}{\sqrt{1-\zeta^{2}}}$ 项。

若取 $\Delta=5\%$ 时，有

$$t_{\mathrm{s}}\approx\frac{3}{\zeta\omega_{\mathrm{n}}} \tag{3-9}$$

若取 $\Delta=2\%$ 时，有

$$t_s \approx \frac{4}{\zeta\omega_n} \tag{3-10}$$

(4) 上升时间 t_r。

令 $c(t_r)=1$,则根据输出响应曲线有

$$c(t_r)=1-e^{-\zeta\omega_n t_r}\left(\cos\omega_d t_r+\frac{\zeta}{\sqrt{1-\zeta^2}}\sin\omega_d t_r\right)=1$$

因为　$e^{-\zeta\omega_n t_r}\neq 0$

所以　$\cos\omega_d t_r+\frac{\zeta}{\sqrt{1-\zeta^2}}\sin\omega_d t_r=0$

或者　$\tan\omega_d t_r=\frac{-\sqrt{1-\zeta^2}}{\zeta}$

又由图 3.9 知　$\tan\varphi=\frac{\omega_n\sqrt{1-\zeta^2}}{\zeta\omega_n}=\frac{\sqrt{1-\zeta^2}}{\zeta}$

所以　$\tan\omega_d t_r=\tan(\pi-\varphi)$

则

$$t_r=\frac{\pi-\varphi}{\omega_d}=\frac{\pi-\varphi}{\omega_n\sqrt{1-\zeta^2}} \tag{3-11}$$

可见,典型欠阻尼二阶系统超调量 $\sigma\%$ 只取决于阻尼比 ζ,两者之间的关系如图 3.10 所示,而调节时间 t_s 则与阻尼比 ζ 和自然频率 ω_n 均有关。图 3.11 给出当 $T=1/\omega_n$ 时,调节时间 t_s 与阻尼比 ζ 之间的关系曲线。可以看出,当 $\zeta=0.707(\beta=45°)$时,$t_s\approx 2T$,实际调节时间最短,$\sigma\%=4.32\%\approx5\%$,超调量又不大,所以一般称 $\zeta=0.707$ 为"最佳阻尼比"。

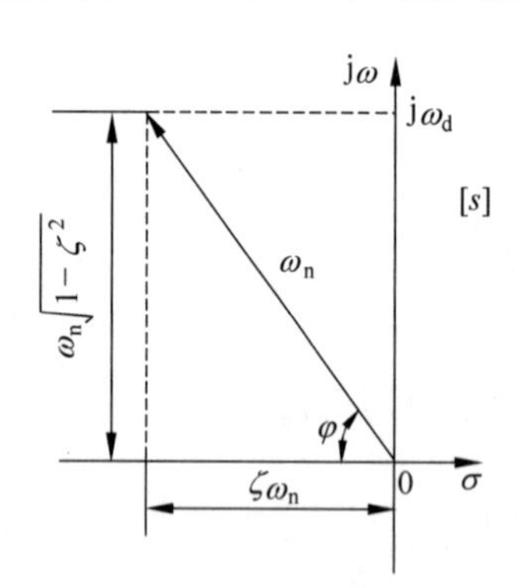

图 3.9　欠阻尼二阶系统的极点表示

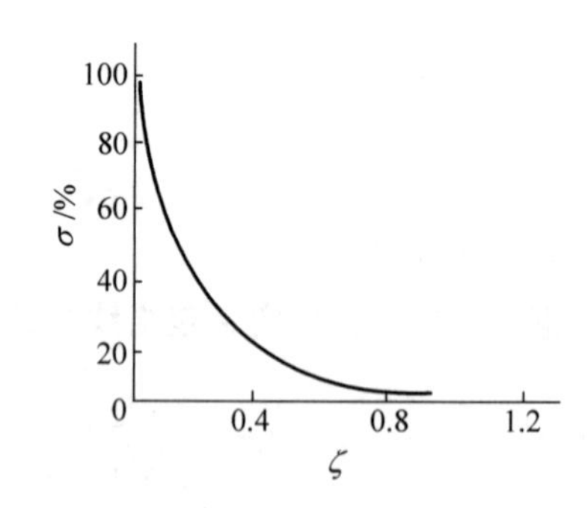

图 3.10　$\sigma\%$-ζ 关系曲线

4. 零阻尼二阶系统

将 $\zeta=0$ 代入式(3-6),得到

$$c(t)=1-\cos\omega_n t\quad(t\geqslant 0) \tag{3-12}$$

从图 3.7 可以看出,零阻尼($\zeta=0$)时,二阶系统的单位阶跃响应是等幅正弦振荡,振荡频率为 ω_n。

一般来讲,二阶系统工作在 $\zeta=0.4\sim0.8$ 的欠阻尼状态,将有一个振荡适度,且持续时

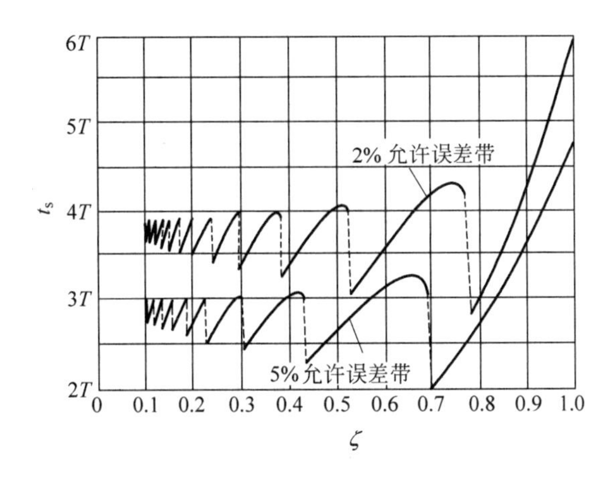

图 3.11 t_s-ζ 关系曲线

间较短的过渡过程。$\zeta<0.4$ 会造成系统瞬态响应的严重超调，而 $\zeta>0.8$ 将使系统的响应变得缓慢。

关于二阶系统的脉冲响应和斜坡响应的讨论，方法与一阶系统类似。表 3.5 中给出了不同阻尼比下二阶系统的典型输入响应公式及曲线。

［**例 3-2**］ 控制系统结构图如图 3.12 所示。

(1) 开环增益 $K=10$ 时，求系统的动态性能指标；

(2) 确定使系统阻尼比 $\zeta=0.707$ 的 K 值。

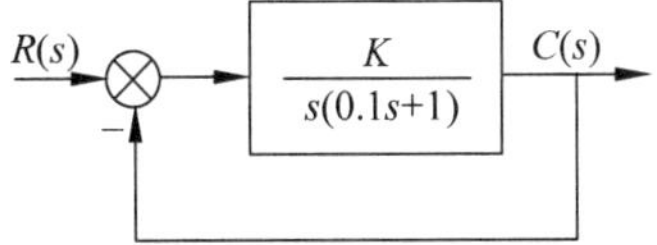

图 3.12 控制系统结构图

解：(1) $K=10$ 时，系统闭环传递函数为

$$\Phi(s)=\frac{G(s)}{1+G(s)}=\frac{100}{s^2+10s+100}$$

$$\omega_n=\sqrt{100}=10,\quad \zeta=\frac{10}{2\times 10}=0.5$$

$$t_p=\frac{\pi}{\sqrt{1-\zeta^2}\,\omega_n}=\frac{\pi}{\sqrt{1-0.5^2}\times 10}=0.363(\mathrm{s})$$

$$\sigma\%=\mathrm{e}^{-\zeta\pi/\sqrt{1-\zeta^2}}=\mathrm{e}^{-0.5\pi/\sqrt{1-0.5^2}}=16.3\%$$

$$t_s=\frac{3.5}{\zeta\omega_n}=\frac{3.5}{0.5\times 10}=0.7(\mathrm{s})$$

(2) $\Phi(s)=\dfrac{10K}{s^2+10s+10K}$

$$\begin{cases}\omega_n=\sqrt{10K}\\ \zeta=\dfrac{10}{2\sqrt{10K}}\end{cases}$$

令 $\zeta=0.707$，得

$$K=\frac{100\times 2}{4\times 10}=5$$

表 3.5　二阶系统典型响应一览表

输入 $r(t)$		输出 $c(t)$　$(t\geqslant 0)$	响应曲线
$\delta(t)$	$\zeta>1$	$c(t)=\dfrac{\omega_n}{2\sqrt{\zeta^2-1}}\left[e^{-(\zeta-\sqrt{\zeta^2-1})\omega_n t}-e^{-(\zeta+\sqrt{\zeta^2-1})\omega_n t}\right]$	$k(t)$; $\zeta=0.1$, $\zeta=0.3$, $\zeta=0.5$, $\zeta=0.7$, $\zeta=1$, $\zeta=2$; 0; $\omega_n t$
	$\zeta=1$	$c(t)=\omega_n^2 t e^{-\omega_n t}$	
	$0\leqslant\zeta<1$	$c(t)=\dfrac{\omega_n}{\sqrt{1-\zeta^2}}e^{-\zeta\omega_n t}\sin\sqrt{1-\zeta^2}\,\omega_n t$	
$1(t)$	$\zeta>1$	$c(t)=1+\dfrac{1}{2(\zeta^2-\zeta\sqrt{\zeta^2-1}-1)}e^{-(\zeta-\sqrt{\zeta^2-1})\omega_n t}+\dfrac{1}{2(\zeta^2+\zeta\sqrt{\zeta^2-1}-1)}e^{-(\zeta+\sqrt{\zeta^2-1})\omega_n t}$	$h(t)$; $\zeta=0.1$, $\zeta=0.3$, $\zeta=0.5$, $\zeta=0.7$, $\zeta=1$, $\zeta=2$; 1; 0; $\omega_n t$
	$\zeta=1$	$c(t)=1-e^{-\omega_n t}(1+\omega_n t)$	
	$0\leqslant\zeta<1$	$c(t)=1-\dfrac{e^{-\zeta\omega_n t}}{\sqrt{1-\zeta^2}}\sin\left(\sqrt{1-\zeta^2}\,\omega_n t+\arctan\dfrac{\sqrt{1-\zeta^2}}{\zeta}\right)$	
t	$\zeta>1$	$c(t)=t-\dfrac{2\zeta}{\omega_n}+\dfrac{2\zeta^2-1+2\zeta\sqrt{\zeta^2-1}}{2\omega_n\sqrt{\zeta^2-1}}e^{-(\zeta-\sqrt{\zeta^2-1})\omega_n t}-\dfrac{2\zeta^2-1-2\zeta\sqrt{\zeta^2-1}}{2\omega_n\sqrt{\zeta^2-1}}e^{-(\zeta+\sqrt{\zeta^2-1})\omega_n t}$	$c(t)$; $\zeta=0.1$, $\zeta=0.3$, $\zeta=0.5$, $\zeta=0.7$, $\zeta=1$, $\zeta=2$; 0; $\omega_n t$
	$\zeta=1$	$c(t)=t-\dfrac{2}{\omega_n}+\dfrac{2}{\omega_n}\left(1+\dfrac{1}{2}\omega_n t\right)e^{-\omega_n t}$	
	$0\leqslant\zeta<1$	$c(t)=t-\dfrac{2\zeta}{\omega_n}+\dfrac{1}{\omega_n\sqrt{1-\zeta^2}}e^{-\zeta\omega_n t}\sin\left(\sqrt{1-\zeta^2}\,\omega_n t+2\arctan\dfrac{\sqrt{1-\zeta^2}}{\zeta}\right)$	

［**例 3-3**］ 二阶系统的结构图及单位阶跃响应分别如图 3.13(a)和(b)所示。试确定系统参数 K_1, K_2, a 的值。

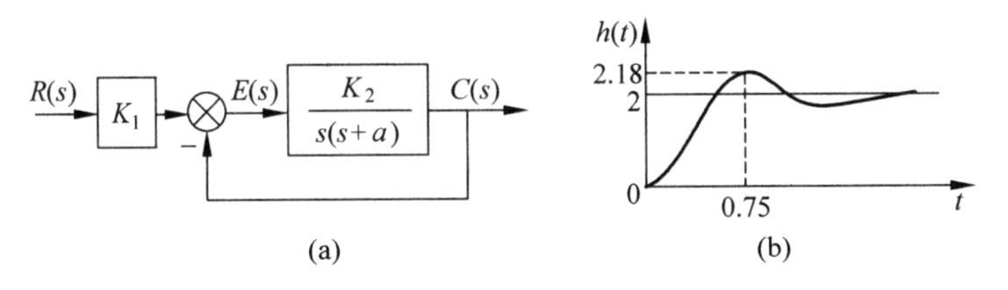

图 3.13　二阶系统的结构图及单位阶跃响应

解：由系统结构图可得

$$\Phi(s)=\frac{K_1K_2}{s^2+as+K_2}$$

$$\begin{cases}K_2=\omega_n^2\\ a=2\zeta\omega_n\end{cases}$$

由单位阶跃响应曲线有

$$h(\infty)=2=\lim_{s\to 0}s\Phi(s)R(s)=\lim_{s\to 0}\frac{K_1K_2}{s^2+as+K_2}=K_1$$

$$\begin{cases}t_p=\dfrac{\pi}{\sqrt{1-\zeta^2}\,\omega_n}=0.75\\ \sigma\%=\dfrac{2.18-2}{2}=0.09=e^{-\zeta\pi/\sqrt{1-\zeta^2}}\end{cases}$$

联立求解得

$$\begin{cases}\zeta=0.608\\ \omega_n=5.278\end{cases}$$

则

$$\begin{cases}K_2=5.278^2=27.85\\ a=2\times 0.608\times 5.278=6.42\end{cases}$$

因此有 $K_1=2, K_2=27.85, a=6.42$。

3.5　高阶系统的时域分析

3.5.1　高阶系统的单位阶跃响应

在控制工程中，三阶或三阶以上的系统称为高阶系统，高阶系统的分析较复杂。高阶系统直接求解微分方程或者利用传递函数求解响应的拉氏变换，再求解拉氏反变换时计算量都比较大。在工程应用中，精确求解和分析高阶系统有的时候是不必要的，通过忽略一些次要因素进行简单的分析求解即可满足要求，这个时候就可以将高阶系统简化成低阶系统来处理。

设高阶系统传递函数一般可以表示为

$$G(s)=\frac{C(s)}{R(s)}=\frac{b_m s^m+b_{m-1}s^{m-1}+\cdots+b_1 s+b_0}{a_n s^n+a_{n-1}s^{n-1}+\cdots+a_1 s+a_0}=\frac{K\prod_{i=1}^{m}(s-z_i)}{\prod_{j=1}^{n}(s-p_j)}$$

式中：$K=b_m/a_n$，令 $D(s)=a_n s^n+a_{n-1}s^{n-1}+\cdots+a_1 s+a_0$，由于 $D(s)$均为实系数多项式，故闭环极点 p_j 只能是实根或共轭复数。故系统单位阶跃响应的拉氏变换可表示为

$$C(s)=G(s)\cdot\frac{1}{s}=\frac{K\prod_{i=1}^{m}(s-z_i)}{s\prod_{j=1}^{n}(s-p_j)}=\frac{A_0}{s}+\sum_{j=1}^{q}\frac{A_j}{s-p_j}+\sum_{k=1}^{r}\frac{B_k s+C_k}{s^2+2\zeta_k\omega_k s+\omega_k^2}$$

对上式进行拉氏反变换可得

$$c(t)=A_0+\sum_{j=1}^{q}A_j e^{p_j t}+\sum_{k=1}^{r}B_k e^{-\zeta_k\omega_k t}\cos\left(\omega_k\sqrt{1-\zeta_k^2}\right)t+\sum_{k=1}^{r}\frac{C_k-B_k\zeta_k\omega_k}{\omega_k\sqrt{1-\zeta_k^2}}e^{-\zeta_k\omega_k t}\sin\left(\omega_k\sqrt{1-\zeta_k^2}\right)t\quad(t\geqslant 0)$$

由上式可以看出，高阶系统的单位阶跃响应是由一些简单的函数组成的，这些函数包括与一阶系统和二阶系统的响应表达中相同的衰减分量，可以认为响应中的衰减分量是与闭环极点对应的。如果所有的闭环极点都具有负实部，即所有的闭环极点位于左半 s 平面时，随时间 t 的增加，上式中的指数项和阻尼正弦(余弦)项均趋于零(对应瞬态分量)，系统的单位阶跃响应最终稳定在 A_0。很明显，所有衰减分量的衰减系数都与闭环极点距离虚轴的远近程度有关，闭环极点负实部的绝对值越大，距离虚轴越远，相应的响应分量衰减得越快。

3.5.2 闭环主导极点

所谓闭环主导极点是指在稳定的高阶系统中，对于时间响应特性起主要作用的闭环极点。闭环极点成为主导极点必须满足以下条件：

(1) 距离虚轴最近且附近又没有其他零点和极点；

(2) 其实部与其他极点实部的比值大于 5。

一般规定，若某极点的实部大于主导极点实部的 5～6 倍以上时，则可以忽略相应分量对动态响应过程的影响；若两相邻零、极点间的距离比它们本身的模值小一个数量级时，则称该零、极点对为“偶极子”，其作用近似抵消，可以忽略相应分量的影响。因此，一个稳定的高阶系统，如果存在闭环主导极点，应用闭环主导极点的概念，可把此高阶系统看成具有一对共轭复数极点的二阶系统或一阶系统。

因此，控制系统动态响应的类型取决于闭环极点，而过渡过程的具体形状由闭环极点、闭环零点共同决定。

[**例 3-4**] 已知某系统的闭环传递函数为

$$G(s)=\frac{C(s)}{R(s)}=\frac{1}{(0.67s+1)(0.005s^2+0.08s+1)}$$

试分析系统的阶跃响应特性。

解：本系统为三阶系统，其闭环极点分别为

$$p_1=-1.5,\quad p_{2,3}=-8\pm j11.67$$

极点 p_2 和 p_3 离虚轴的距离是极点 p_1 的 5.3 倍，故极点 p_2 和 p_3 对系统的影响可以忽略。极点 p_1 主导系统的响应，则系统可以近似看成一阶系统，其传递函数为

$$G(s)=\frac{C(s)}{R(s)}=\frac{1}{0.67s+1}$$

该一阶系统的时间常数 $T=0.67$，取 $\Delta=5\%$，调整时间 $t_s=3T=3\times0.67\text{s}\approx2\text{s}$。

3.6　控制系统的稳定性

3.6.1　稳定性的基本概念

自动控制系统的稳定性是指系统能够抵抗使它偏离稳定状态的扰动作用，重新返回原来稳态的能力，即在去掉作用于系统上的扰动之后，系统能够以足够精确的程度恢复初始平衡状态。凡是具有上述特性的系统称为稳定的系统。若系统承受扰动后，不能再恢复初始平衡状态，这种系统称为不稳定系统。

只有稳定的自动控制系统，才能完成自动控制的任务。因而如何分析系统的稳定性，并提出保证系统稳定的措施，是自动控制理论的基本任务之一。

3.6.2　稳定的充要条件

线性系统是否稳定，是系统本身的一种动态特性，与系统输入量无关。分析稳定性从闭环传递函数的极点出发。若所有极点都分布在复平面的左侧，则系统暂态分量逐渐衰减为零，系统稳定；若有一对共轭复数极点分布在复平面的虚轴上，则系统的暂态分量作等幅正弦振荡，系统处于临界稳定状态，自动控制中认为系统不稳定；若有闭环极点分布在复平面的右侧，则系统具有发散的暂态分量，系统不稳定。

因此，系统稳定的充分必要条件是：系统特征方程的根(闭环极点)全部具有负实部。或者说，闭环传递函数的极点全部位于 s 平面的左半面。

所以线性系统是否稳定，只与传递函数有关，是系统本身的一种特性，与系统输入量无关。分析稳定性可以解出特征方程式全部根，再根据上述原则判断系统是否稳定。但是，对于高阶系统，求特征方程式的根是很麻烦的工作，因此，一般都采用间接方法来判断特征方程式的全部根是否都在复平面虚轴的左面。

3.6.3　劳斯稳定判据

劳斯稳定判据，亦称代数稳定判据，判断系统的稳定性只需判定一个多项式方程中是否存在位于复平面右半部的正根，而不必求解方程。

设系统特征方程为

$$D(s)=a_n s^n + a_{n-1}s^{n-1}+\cdots+a_1 s+a_0=0 \quad (a_n>0)$$

系统稳定的必要条件是

$$a_i>0 \quad (i=0,1,2,\cdots,n-1)$$

满足必要条件的一、二阶系统一定稳定,满足必要条件的高阶系统未必稳定,因此高阶系统的稳定性还需要用劳斯判据来判断。

劳斯判据的准则是:若系统特征方程式中的系数都具有相同的符号,且都不为0,按系统特征方程式排出的劳斯表格中,如果第一列元素具有相同的符号,系统稳定;如果第一列元素的符号不全相同,系统不稳定,该列元素符号变化的次数就是含有正实根的数目。

按特征方程式排列劳斯表如下:

$$\begin{array}{c|cccccc}
s^n & a_n & a_{n-2} & a_{n-4} & a_{n-6} & \cdots \\
s^{n-1} & a_{n-1} & a_{n-3} & a_{n-5} & a_{n-7} & \cdots \\
s^{n-2} & b_1 & b_2 & b_3 & \cdots \\
s^{n-3} & c_1 & c_2 & c_3 & \cdots \\
s^{n-4} & d_1 & d_2 & d_3 & \cdots \\
\vdots & \vdots & \vdots & \vdots & \vdots & \vdots \\
s^2 & e_1 & e_2 \\
s^1 & f_1 & f_2 \\
s^0 & g_1=a_0
\end{array}$$

其中,系数 $b_1,b_2,b_3,\cdots$,根据下列公式进行计算:

$$b_1=\frac{a_{n-1}a_{n-2}-a_n a_{n-3}}{a_{n-1}}, \quad b_2=\frac{a_{n-1}a_{n-4}-a_n a_{n-5}}{a_{n-1}}$$

$$b_3=\frac{a_{n-1}a_{n-6}-a_n a_{n-7}}{a_{n-1}}, \quad \cdots$$

用同样的前两行系数交叉相乘的方法,可以计算 c、d 等各行系数,即

$$c_1=\frac{b_1 a_{n-3}-a_{n-1}b_2}{b_1}, \quad c_2=\frac{b_1 a_{n-5}-a_{n-1}b_3}{b_1}, \quad \cdots$$

$$d_1=\frac{c_1 b_2-b_1 c_2}{c_1}, \quad d_2=\frac{c_1 b_3-b_1 c_3}{c_1}, \quad \cdots$$

说明:劳斯表第一行,由特征方程第1,3,5,…项系数组成;第二行由第2,4,6,…项系数组成;一共有 $n+1$ 行,第 $n+1$ 行仅第一列有值,且等于系数 a_0;表中系数排列呈三角形(每一行的元素计算等于零为止)。

[**例3-5**] 设控制系统的特征方程式为

$$s^4+2s^3+3s^2+4s+5=0$$

试用劳斯判据判别该系统的稳定性。

解:由给出的特征方程可知,方程中所有项系数均为正值,且都不为0,满足稳定的必要条件。

排出劳斯表：

s^4	1	3	5
s^3	2	4	
s^2	1	5	
s^1	-6		
s^0	5		

由劳斯表的第一列看出，第一列中系数符号不全为正值，所以系统不稳定。另外，改变符号两次(从+1 到−6 再到+5)，说明闭环系统有两个正实部的根，即在 s 右半面内有两个闭环极点。

［**例 3-6**］ 已知控制系统的结构图如图 3.14 所示，其中 $G(s)=\dfrac{K}{s(s^2+s+1)(s+2)}$。试确定欲使系统稳定时 K 值的取值范围。

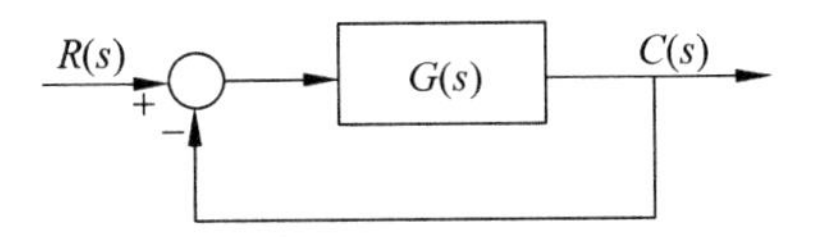

图 3.14　例 3-6 控制系统结构图

解：系统的闭环传递函数为

$$\Phi(s)=\frac{C(s)}{R(s)}=\frac{K}{s(s^2+s+1)(s+2)+K}$$

所以，系统的特征方程为

$$s^4+3s^3+3s^2+2s+K=0$$

欲满足稳定的必要条件，必须使 $K>0$。

再看劳斯表：

s^4	1	3	K
s^3	3	2	0
s^2	7/3	K	
s^1	$2-(9/7)K$		
s^0	K		

由第一列知，要满足稳定的充分条件，必须使

$$K>0$$

及

$$2-\frac{9}{7}K>0$$

因此，满足系统稳定的充分必要条件，其 K 值的取值范围为

$$0<K<\frac{14}{9}$$

在运用劳斯稳定判据时，劳斯表有时会遇到下列两种特殊情况：

(1) 某行第一列的元素等于零，而另外有元素不等于零；

(2) 某行所有元素均为零。这种情况表明在 s 平面内存在一些大小相等、符号相反的

根(实根、共轭虚根或实部符号相异虚部数值相同的共轭复根)。

［**例 3-7**］ 设某系统的特征方程式为

$$s^4+2s^3+s^2+2s+1=0$$

判定系统的稳定性。

解：排出劳斯表为

$$\begin{array}{c|ccc} s^4 & 1 & 1 & 1 \\ s^3 & 2 & 2 & 0 \\ s^2 & 0(\approx \varepsilon) & 1 & \\ s^1 & 2-2/\varepsilon & & \\ s^0 & 1 & & \end{array}$$

由表中看出,第三行第一列的元素等于零,这时用一个有限小的正数值 ε 来代替零,然后按通常方法计算。若零(ε)上面的系数符号与零(ε)下面的系数符号相反,则表明这里有一次符号变化。

本例中,当 $\varepsilon \to 0$ 时,$2-\dfrac{2}{\varepsilon}$ 的值是一个很大的负值,因此可以认为第一列中的各项符号改变了两次。由此得出结论,该系统特征方程式有两个根具有正实部,系统是不稳定的。

［**例 3-8**］ 设有特征方程式为

$$s^6+2s^5+8s^4+12s^3+20s^2+16s+16=0$$

判定系统的稳定性。

解：劳斯表为

$$\begin{array}{c|cccc} s^6 & 1 & 8 & 20 & 16 \\ s^5 & 2 & 12 & 16 & 0 \\ s^4 & 2 & 12 & 16 & \\ s^3 & 0 & 0 & 0 & \end{array}$$

由此看出,s^3 行的各项全部为零。为了继续求以下各行,将 s^4 行组成辅助方程：

$$D(s)=2s^4+12s^2+16=0$$

再求导数得
$$\frac{\mathrm{d}D(s)}{\mathrm{d}s}=4s^3+12s=0$$

取相应系数作为 s^3 行的各项系数,代替全零行,继续计算劳斯表如下：

$$\begin{array}{c|cccc} s^6 & 1 & 8 & 20 & 16 \\ s^5 & 2 & 12 & 16 & 0 \\ s^4 & 2 & 12 & 16 & \\ s^3 & 4 & 12 & & \\ s^2 & 6 & 16 & & \\ s^1 & 4/3 & & & \\ s^0 & 16 & & & \end{array}$$

从劳斯表的第一列可以看出,各项符号没有改变,可以确定除了造成 s^3 行为全零的根之外，特征方程在 s 右半平面内没有根。s^3 行的各项皆为零，这表示有共轭虚根。这些根可由辅助方程求出，辅助方程即为劳斯表里全零行的上一行系数构建的方程。

令
$$D(s)=2s^4+12s^2+16=0$$
解之，求得系统特征方程式的大小相等、符号相反的虚根为
$$s_{1,2}=\pm j\sqrt{2},\quad s_{3,4}=\pm j2$$

由于系统有两对虚根，系统的暂态分量为等幅振荡，所以系统不稳定。

3.7　控制系统的误差分析

3.7.1　稳态误差的基本概念

控制系统的动态响应表征了系统的动态性能，它是控制系统的重要特性之一。控制系统的另一个重要特性是稳态性能。稳态误差的大小是衡量系统稳态性能的重要指标，是衡量系统控制准确度（稳态精度）或抗干扰能力的标志。

所谓稳态误差是时间趋于无穷时，系统实际输出与理想输出之间的误差。稳态误差通常在典型输入下进行测定或计算。应当指出，系统性能指标的确定应根据实际情况而有所侧重。例如，民航客机要求飞行平稳，不允许有超调；歼击机则要求机动灵活，响应迅速，允许有适当的超调；对于一些启动之后便需要长期运行的生产过程（如化工过程等）则往往更强调稳态精度。

控制系统结构图一般以如图 3.15(a)的形式表示，经过等效变换可以转换成图 3.15(b)的形式。系统的误差通常有两种不同的定义方法：按输入端定义和按输出端定义。

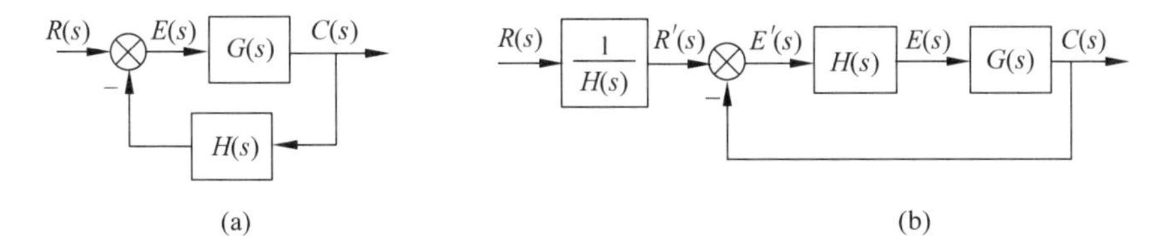

图 3.15　控制系统结构图及误差

(1) 按输入端定义的误差，即把偏差定义为误差：
$$E(s)=R(s)-H(s)C(s) \tag{3-13}$$

(2) 按输出端定义的误差为
$$E'(s)=\frac{R(s)}{H(s)}-C(s) \tag{3-14}$$

按输入端定义的误差 $E(s)$（即偏差）通常是可测量的，有一定的物理意义，但其误差的理论含义不十分明显；按输出端定义的误差 $E'(s)$ 是“希望输出”$R'(s)$ 与实际输出 $C(s)$ 之差，比较接近误差的理论意义，但它通常不可测量，只有数学意义。两种误差定义之间存在如下关系：
$$E'(s)=E(s)/H(s) \tag{3-15}$$

对单位反馈系统而言,上述两种定义是一致的。除特别说明外,本书以后讨论的误差都是指按输入端定义的误差(即偏差)。

稳态误差定义为误差 $e(t)$ 中的稳态分量 $e_{ss}(\infty)$,即

$$e_{ss}=\lim_{t\to\infty}e(t)$$

3.7.2 稳态误差的计算

1. 终值定理法

终值定理法适用于各种情况下的稳态误差计算,既可以用于求输入作用下的稳态误差,也可以用于求干扰作用下的稳态误差。

终值定理法的具体步骤如下:

(1) 判定系统的稳定性。稳定是系统正常工作的前提条件,系统不稳定时,求稳态误差没有意义。

(2) 求误差传递函数:

$$\Phi_e(s)=\frac{E(s)}{R(s)},\quad \Phi_{en}(s)=\frac{E(s)}{N(s)}。$$

(3) 用终值定理求稳态误差:

$$e_{ss}=\lim_{s\to 0}s\left[\Phi_e(s)R(s)+\Phi_{en}(s)N(s)\right]$$

[**例 3-9**] 系统结构图如图 3.16 所示。将开环增益和积分环节分布在回路的不同位置,讨论其分别对控制输入 $r(t)=t^2/2$ 和干扰 $n(t)=At$ 作用下产生的稳态误差的作用,并求系统的稳态误差。

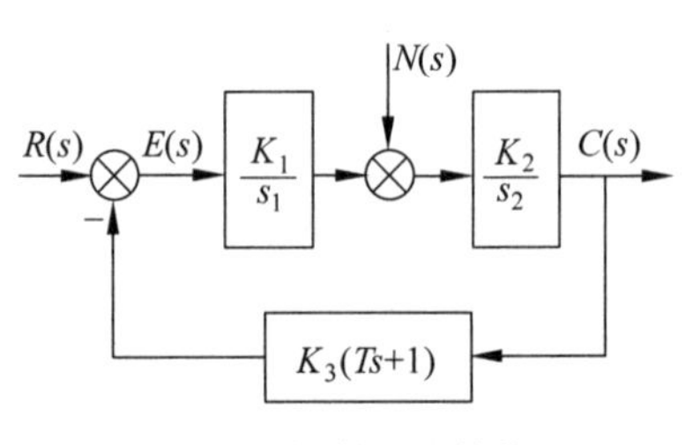

图 3.16　控制系统结构图

解:系统开环传递函数为

$$G(s)=\frac{K_1K_2K_3(Ts+1)}{s_1s_2},\quad \begin{cases}K=K_1K_2K_3\\ v=2\end{cases}$$

(1) $r(t)$ 作用下系统的误差传递函数为

$$\Phi_e(s)=\frac{E(s)}{R(s)}=\frac{s_1s_2}{s_1s_2+K_1K_2K_3(Ts+1)}$$

系统特征多项式为

$$D(s)=s_1s_2+K_1K_2K_3Ts+K_1K_2K_3$$

当 $\begin{cases}K_1K_2K_3>0\\ T>0\end{cases}$ 时,系统稳定。

当 $r(t)=t^2/2$ 时,系统稳态误差为

$$e_{ssr}=\lim_{s\to 0}s\Phi_e(s)\frac{1}{s^3}=\lim_{s\to 0}\frac{1}{s^2}\frac{s_1s_2}{s_1s_2+K_1K_2K_3Ts+K_1K_2K_3}=\frac{1}{K_1K_2K_3}$$

可见,开环增益和积分环节分布在回路的任何位置,对于减小或消除 $r(t)$ 作用下的稳态误差均有效。

(2) $n(t)=At$ 作用下系统的误差传递函数为

$$\Phi_{en}(s)=\frac{E(s)}{N(s)}=\frac{-K_2K_3s_1(Ts+1)}{s_1s_2+K_1K_2K_3Ts+K_1K_2K_3}$$

$$e_{ssn}=\lim_{s\to 0}s\cdot\Phi_{en}(s)N(s)=-A/K_1$$

可见,分布在前向通道的主反馈口到干扰作用点之间的增益和积分环节才对减小或消除干扰作用下的稳态误差有效。

(3) 由叠加原理得

$$e_{ss}=e_{ssr}+e_{ssn}=\frac{1}{K_1K_2K_3}+\frac{-A}{K_1}=\frac{1-AK_2K}{K_1K_2K_3}$$

因此,设计系统时,应尽量在前向通道的主反馈口到干扰作用点之间提高增益,设置积分环节,减小或消除控制输入和干扰作用下产生的稳态误差。此外,如果干扰信号可测量,按干扰补偿的顺馈校正方法也可以有效减小干扰作用下的稳态误差。

2. 静态误差系数法

在系统分析中经常遇到计算控制输入作用下稳态误差的问题。分析研究典型输入作用下引起的稳态误差与系统结构参数及输入形式的关系,找出其中的规律性,是十分必要的。

设系统开环传递函数为

$$G(s)H(s)=\frac{K(\tau_1s+1)\cdots(\tau_ms+1)}{s^v(T_1s+1)\cdots(T_{n-v}s+1)}=\frac{K}{s^v}G_0(s)$$

式中: $G_0(s)=\dfrac{(\tau_1s+1)\cdots(\tau_ms+1)}{(T_1s+1)\cdots(T_{n-v}s+1)}$ 有 $\lim\limits_{s\to 0}G_0(s)=1$

K 是开环增益; v 是系统开环传递函数中纯积分环节的个数,称为系统型别,当 $v=0,1,2$ 时,则分别称相应闭环系统为 0 型系统、Ⅰ型系统和Ⅱ型系统。

设控制输入 $r(t)$ 作用下的误差传递函数为

$$\Phi_e(s)=\frac{E(s)}{R(s)}=\frac{1}{1+G(s)H(s)}=\frac{1}{1+\dfrac{K}{s^v}G_0(s)}$$

(1) 单位阶跃输入时的稳态误差及位置误差系数 K_p。

令 $r(t)=1(t)(t\geqslant 0)$,则 $R(s)=\dfrac{1}{s}$。稳态误差为

$$e_{ss}(\infty)=\lim_{s\to 0}s\cdot\frac{1}{1+G(s)H(s)}\cdot\frac{1}{s}=\lim_{s\to 0}\frac{1}{1+G(s)H(s)}=\frac{1}{1+\lim\limits_{s\to 0}G(s)H(s)}=\frac{1}{1+K_p}$$

式中: $K_p=\lim\limits_{s\to 0}G(s)H(s)=\lim\limits_{s\to 0}\dfrac{K}{s^v}$ 为静态位置误差系数。

(2) 单位斜坡输入时的稳态误差及速度误差系数 K_v。

令 $r(t)=t(t\geqslant 0)$, $R(s)=\dfrac{1}{s^2}$。这时系统的稳态误差为

$$e_{ss}(\infty)=\lim_{s\to 0}sE(s)=\lim_{s\to 0}s\cdot\frac{1}{1+G(s)H(s)}\cdot\frac{1}{s^2}$$

$$=\lim_{s\to 0}\frac{1}{s+sG(s)H(s)}=\frac{1}{\lim\limits_{s\to 0}sG(s)H(s)}=\frac{1}{K_v}$$

式中：$K_v=\lim\limits_{s\to 0}sG(s)H(s)=\lim\limits_{s\to 0}\frac{K}{s^{v-1}}$为静态速度误差系数。

(3) 单位抛物线输入时的稳态误差及加速度误差系数 K_a。

令 $r(t)=\frac{1}{2}t^2(t\geqslant 0)$，$R(s)=\frac{1}{s^3}$，这时，系统的稳态误差为

$$e_{ss}(\infty)=\lim_{s\to 0}sE(s)=\lim_{s\to 0}s\frac{1}{1+G(s)H(s)}\cdot\frac{1}{s^3}$$

$$=\lim_{s\to 0}\frac{1}{s^2+s^2G(s)H(s)}=\frac{1}{\lim\limits_{s\to 0}s^2G(s)H(s)}=\frac{1}{K_a}$$

式中：$K_a=\lim\limits_{s\to 0}s^2G(s)H(s)=\lim\limits_{s\to 0}\frac{K}{s^{v-2}}$为静态加速度误差系数。

各型系统在不同输入情况下的静态误差系数和稳态误差如表3.6所示。表3.6揭示了控制输入作用下系统稳态误差随系统结构、参数及输入形式变化的规律。例如，在输入一定时，增大开环增益 K，可以减小稳态误差；增加开环传递函数中的积分环节数，可以消除稳态误差。系统型别反映了系统响应达到稳态时，输出跟踪输入信号的一种能力。系统回路中的积分环节越多，系统稳态输出跟踪输入信号的能力似乎越强，但积分环节越多，系统越不容易稳定，所以实际系统Ⅱ型以上的很少。

表3.6　典型输入信号作用下的稳态误差

系统型别	静态误差系数			阶跃输入 $r(t)=A\cdot 1(t)$	斜坡输入 $r(t)=A\cdot t$	加速度输入 $r(t)=\frac{A\cdot t^2}{2}$
	K_p	K_v	K_a	位置误差 $e_{ss}=\frac{A}{1+K_p}$	速度误差 $e_{ss}=\frac{A}{K_v}$	加速度误差 $e_{ss}=\frac{A}{K_a}$
0	K	0	0	$\frac{A}{1+K}$	∞	∞
Ⅰ	∞	K	0	0	$\frac{A}{K}$	∞
Ⅱ	∞	∞	K	0	0	$\frac{A}{K}$

[**例3-10**]　系统结构图如图3.17所示。已知输入 $r(t)=2t+4t^2$，求系统的稳态误差。

解：系统开环传递函数为

$$G(s)=\frac{K_1(Ts+1)}{s^2(s+a)}$$

开环增益 $K=\frac{K_1}{a}$，系统型别 $v=2$。

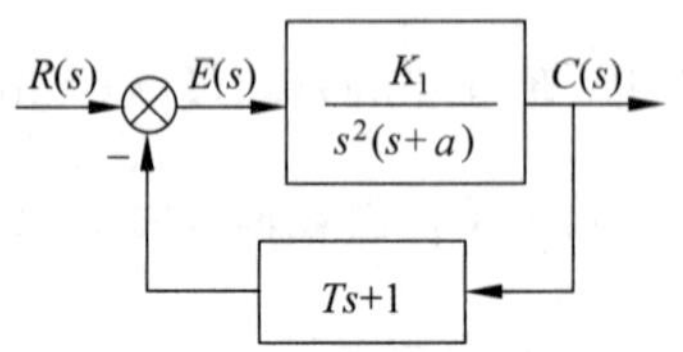

图3.17　控制系统结构图

系统闭环传递函数为

$$\Phi(s)=\frac{K_1}{s^2(s+a)+K_1(Ts+1)}$$

特征方程为

$$D(s)=s^3+as^2+K_1Ts+K_1=0$$

列劳斯表判定系统稳定性：

$$\begin{array}{c|ccc} s^3 & 1 & K_1T & \\ s^2 & a & K_1 & a>0 \\ s^1 & \dfrac{(aT-1)K_1}{a} & 0 & aT>1 \\ s^0 & K_1 & & K_1>0 \end{array}$$

设参数满足稳定性要求，利用表 3.6 计算系统的稳态误差。

当 $r_1(t)=2t$ 时 $\qquad e_{ss1}=0$

当 $r_2(t)=4t^2=8\times\frac{1}{2}t^2$ 时 $\qquad e_{ss2}=\frac{A}{K}=\frac{8a}{K_1}$

故得 $\qquad e_{ss}=e_{ss1}+e_{ss2}=\frac{8a}{K_1}$

为了减小系统的给定或扰动稳态误差，一般经常采用的方法是：

(1) 提高开环传递函数中串联积分环节的阶次(实受系统稳定性限制，实际中，一般 $v\leqslant 2$)；

(2) 增大系统的开环放大系数 K(但受系统稳定性限制)；

(3) 采用补偿的方法(见第 6 章)。

3.7.3 动态误差系数

系统的稳态误差 e_{ss} 不能反映其随时间的变化规律。动态误差则反映了误差的稳态分量随时间变化的规律。

将系统的误差传递函数 $\Phi_e(s)=E(s)/R(s)$在 $s=0$ 处展开成如下的泰勒级数：

$$\Phi_e(s)=\Phi_e(0)+\frac{1}{1!}\Phi'_e(0)\cdot s+\frac{1}{2!}\Phi''_e(0)\cdot s^2+\cdots+\frac{1}{l!}\Phi_e^{(l)}(0)\cdot s^l+\cdots$$

定义动态误差系数为

$$C_i=\frac{1}{i!}\Phi_e^{(i)}(0)\quad(i=0,1,2,\cdots)$$

则有

$$\Phi_e(s)=C_0+C_1\cdot s+C_2\cdot s^2+\cdots$$

$$E(s)=\Phi_e(s)\cdot R(s)=C_0\cdot R(s)+C_1s\cdot R(s)+C_2s^2\cdot R(s)+\cdots$$

$$e_s(t)=C_0r(t)+C_1r'(t)+C_2r''(t)+\cdots=\sum_{i=0}^{\infty}C_ir^{(i)}(t)$$

静态误差系数和动态误差系数之间在一定条件下存在如下关系：

0 型系统 $C_0=\frac{1}{1+K_p}$， Ⅰ 型系统 $C_1=\frac{1}{K_v}$， Ⅱ 型系统 $C_2=\frac{1}{K_a}$

［**例 3-11**］ 有两个单位反馈系统，其开环传递函数分别为

$$G_1(s)=\frac{10}{s+1},\quad G_2(s)=\frac{10}{5s+1}$$

试分析稳态误差。

解：按静态误差系数分析时，两个系统的静态误差系数是相同的，即

$$K_p=\lim_{s\to 0}G(s)=10$$

$$K_v=\lim_{s\to 0}sG(s)=0$$

$$K_a=\lim_{s\to 0}s^2G(s)=0$$

因此，当 $t\to\infty$ 时，两个系统在单位阶跃信号、单位斜坡信号、单位加速度信号下的稳态误差分别为

$$e_{ss}(\infty)=\frac{1}{1+K_p}=\frac{1}{1+10}=\frac{1}{11}$$

$$e_{ss}(\infty)=\frac{1}{K_v}=\infty$$

$$e_{ss}(\infty)=\frac{1}{K_a}=\infty$$

按动态误差系数来分析，首先看 $G_1(s)=\frac{10}{s+1}$。其误差传递函数为

$$\frac{E(s)}{R(s)}=\frac{1}{1+G_1(s)}=\frac{s+1}{s+11}=\frac{1}{11}+\frac{10}{11^2}s+\frac{-10}{11^3}s^2+\cdots$$

所以，动态误差系数为

$$K_1=11,\quad K_2=\frac{11^2}{10},\quad K_3=-\frac{11^3}{10},\quad \cdots$$

这样，系统的稳态误差为

$$e_{ss}(\infty)=\lim_{t\to\infty}\left[\frac{1}{11}r(t)+\frac{10}{11^2}r'(t)+\frac{-10}{11^3}r''(t)+\cdots\right]$$

当输入信号 $r(t)=1(t)$ 时，$r'(t)=0$，$r''(t)=0$，…

稳态误差为 $$e_{ss}(\infty)=\frac{1}{11}r(t)\Big|_{t\to\infty}=\frac{1}{11}$$

当输入信号 $r(t)=t$ 时，$r'(t)=1$，$r''(t)=0$，…

稳态误差为 $$e_{ss}(\infty)=\left(\frac{1}{11}t+\frac{10}{11^2}\right)\Big|_{t\to\infty}=\infty$$

当输入信号 $r(t)=\frac{1}{2}t^2$ 时，$r'(t)=t$，$r''(t)=1$，…

稳态误差为 $$e_{ss}(\infty)=\left(\frac{1}{11}\cdot\frac{1}{2}t^2+\frac{10}{11^2}t-\frac{10}{11^3}\right)\Big|_{t\to\infty}=\infty$$

因此，对于 0 型系统，当系统的输入为速度或加速度信号时，稳态误差是随着时间的增加而增加的。当 $t\to\infty$ 时，这与利用静态误差系数计算的结果是相同的。

对于

$$G_2(s)=\frac{10}{5s+1}$$

同理，系统的误差传递函数为

$$\Phi_e(s)=\frac{E(s)}{R(s)}=\frac{1}{1+G_2(s)}=\frac{1+5s}{11+5s}=\frac{1}{11}+\frac{50}{11^2}s+\frac{-5\times 50}{11^3}s^2+\cdots$$

其动态误差系数分别为

$$K_1=11,\quad K_2=\frac{11^2}{50},\quad K_3=\frac{-11^3}{5\times 50},\quad \cdots$$

$G_2(s)$也是 0 型系统，仿照上面的方法，不难求出系统在单位阶跃信号、单位斜坡信号、单位加速度信号下的稳态误差值。

比较一下可知，两个系统 $G_1(s)$和 $G_2(s)$的动态误差系数是不相同的。K_2、K_3 不同，分别表示当系统在斜坡输入和加速度输入时，这两个系统的稳态误差的表达式(或者说，它们随时间的变化情况)将是不相同的，而静态误差系数表明的稳态误差却看不出随时间的变化情况。

3.8 控制系统时域分析的 MATLAB 方法

［**例 3-12**］ 已知系统的闭环传递函数为

$$G(s)=\frac{16}{s^2+8\zeta s+16}$$

$\zeta=0.707$，求二阶系统的单位脉冲响应、单位阶跃响应和单位斜坡响应。

解：MATLAB 程序如下：

```
zeta=0.707; num= [16]; den= [1 8 * zeta 16];
sys=tf(num, den);                    %建立闭环传递函数模型
p=roots(den)                         %计算系统特征根判定系统稳定性
t=0:0.01:3;                          %设定仿真时间 3s
figure(1); impulse(sys, t); grid%求取系统的单位脉冲响应
xlabel('t'); ylabel('c(t)'); title ('impulse response');
figure(2); step(sys, t); grid;  %求取系统的单位阶跃响应
xlabel('t'); ylabel('c(t)'); title ('step response');
figure(3); u=t; lsim(sys, u, t,0); grid%求取系统的单位斜坡响应
xlabel('t'); ylabel('c(t)'); title ('ramp response');
```

运行结果如下：

```
p =
-2.8280 + 2.8289i
-2.8280 - 2.8289i
```

系统稳定。单位脉冲响应、单位阶跃响应和单位斜坡响应如图 3.18 所示。

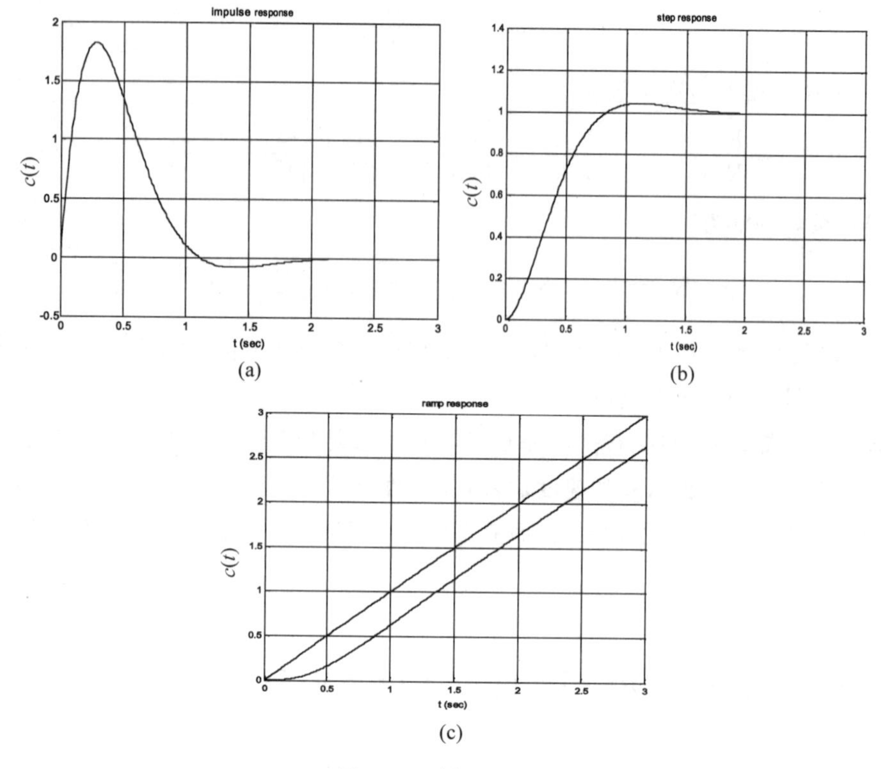

图 3.18　例 3-12 图

3.9　设计实例：漫游车转向控制系统

1997 年 7 月 4 日，以太阳能作为动力的“逗留者号”漫游车在火星上着陆，其外观如图 3.19 所示，漫游车全重 10.4kg，可由地球发出的路径控制信号实施遥控。漫游车的两组车轮以不同速度运行实现整个装置的转向，其转向控制结构图如图 3.20 所示。

图 3.19　“逗留者号”漫游车

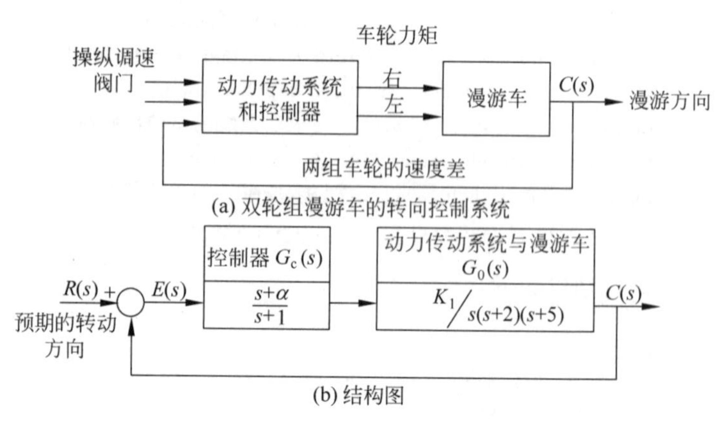

图 3.20　漫游车转向控制系统

漫游车设计目标：选择参数 K_1 与 a，确保系统稳定，并使系统对斜坡输入的稳态误差小于或等于输入指令幅度的 24%。

由图 3.20 可知，系统的闭环特征方程为

$$1+G_c(s)G_0(s)=0$$

即
$$1+\frac{K_1(s+a)}{s(s+1)(s+2)(s+5)}=0$$

则有
$$s^4+8s^3+17s^2+(10+K_1)s+aK_1=0$$

为确定 K_1 与 a 的稳定区域，建立劳斯表如下：

$$\begin{array}{c|ccc}
s^4 & 1 & 17 & aK_1 \\
s^3 & 8 & 10+K_1 & \\
s^2 & \dfrac{126-K_1}{8} & aK_1 & \\
s^1 & \dfrac{1260+(116-64a)K_1-K_1^2}{126-K_1} & & \\
s^0 & aK_1 & &
\end{array}$$

由劳斯判据可知，火星漫游车闭环稳定的充要条件为

$$K_1<126$$
$$aK_1>0$$
$$1260+(116-64a)K_1-K_1^2>0$$

当 $K_1>0$ 时，系统的稳定区域如图 3.21 所示。

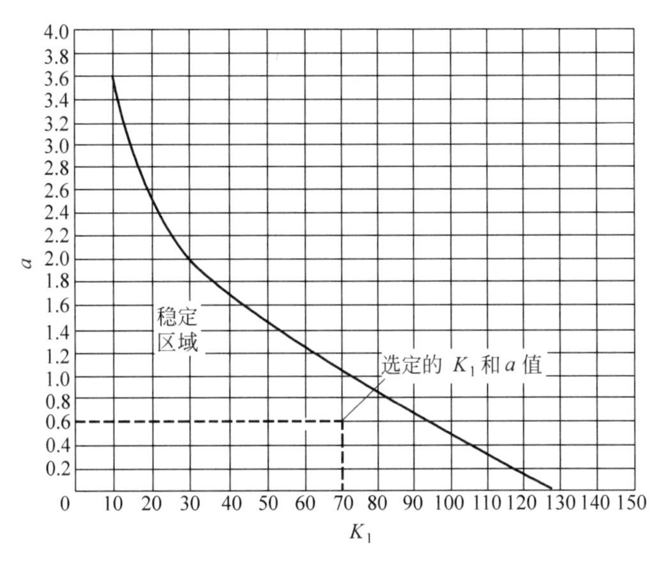

图 3.21　系统的稳定区域

由于系统对斜坡输入的稳态误差小于或等于输入指令幅度的 24%，令 $r(t)=At(t\geqslant 0)$，系统的稳态误差为

$$e_{ss}(\infty)=\frac{A}{K_v}$$

静态速度误差系数为

$$K_v = \lim_{s \to 0} sG_c(s)G_0(s) = \frac{aK_1}{10}$$

若取 $aK_1 = 42$，则 $e_{ss}(\infty) = 23.8\% A$，满足指标要求。因此，在稳定区域中，在 $K_1 < 126$ 的限制条件下，可任取满足 $aK_1 = 42$ 的 K_1 与 a。

小结

时域分析法是在典型输入信号的作用下，求解系统时域响应以分析系统的时域特性，如分析系统的稳定性、瞬态和稳态性能。由于时域分析是直接在时间域中对系统进行分析的方法，所以时域分析具有直观、准确、物理概念清楚、易于理解的优点。

从时间轴上来看，系统的输入可以分为两个部分：瞬态响应(暂态响应)和稳态响应。系统输出表达式也可以分为瞬态分量和稳态分量两个部分，稳态分量实际是微分方程求解过程中得到的特解，瞬态分量是求解得到的通解。

要得到控制系统的时间响应，在得到系统的微分方程的基础上，可以代入输入信号通过求解微分方程的方式得到系统输出的时域表达，但当系统复杂程度增加时，微分方程阶次提高，微分方程的求解尤为困难，因此在求解系统时域响应时，不直接求解微分方程，而采用间接方法更为实用。

图 3.22 为使用传递函数间接求解时域输出响应的流程图。

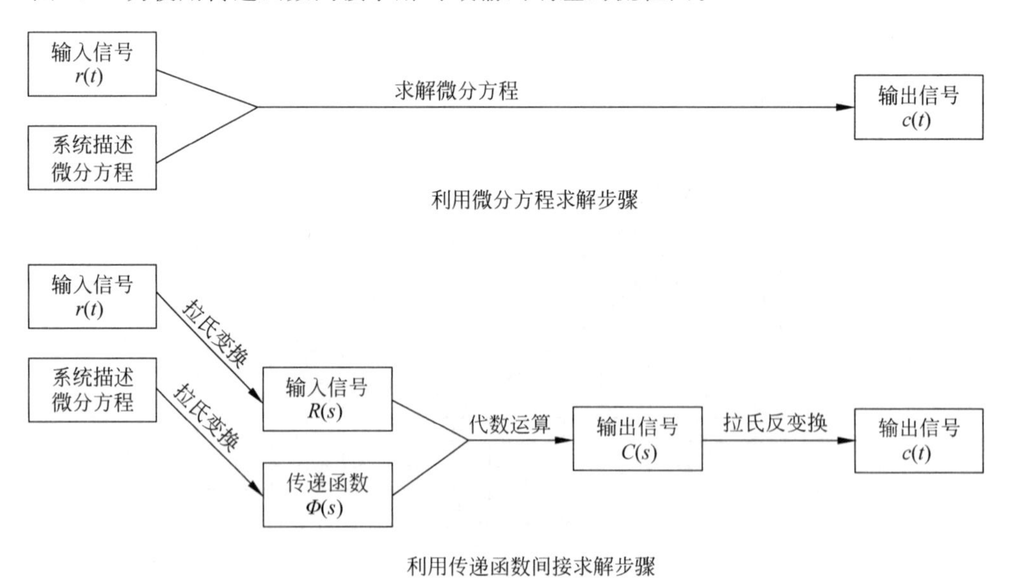

图 3.22　获取时间响应的两种途径

自动控制系统的动态性能指标主要是指系统阶跃响应的峰值时间 t_p、超调量 $\sigma\%$ 和调节时间 t_s。典型一、二阶系统的动态性能指标 $\sigma\%$ 和 t_s 与系统参数有严格的对应关系。

高阶系统的时间响应分析是根据系统闭环主导极点，作降阶处理，并以此估算高阶系统的动态性能。

稳定性是自动控制系统能否正常工作的首要条件。系统的稳定性取决于系统自身的结构和参数，与外作用的大小和形式无关。线性系统稳定的充要条件是其特征方程的根均位于 s 左半平面(即系统的特征根全部具有负实部)。利用劳斯判据可以通过系统特征多项式的系数，间接判定系统是否稳定。

稳态误差是控制系统的稳态性能指标，与系统的结构、参数以及外作用的形式、类型有关。系统的型别 v 决定了系统对典型输入信号的跟踪能力。计算稳态误差可用终值定理法和静态误差系数法获得。

习题

3-1　一阶系统结构图如图 3.23 所示。要求系统闭环增益 $K_{\Phi}=2$，调节时间 $t_s \leqslant 0.4\mathrm{s}$，试确定参数 K_1，K_2 的值。

3-2　设角速度指示随动系统结构图如图 3.24 所示。若要求系统单位阶跃响应无超调，且调节时间尽可能短，问开环增益 K 应取何值，调节时间 t_s 是多少？

3-3　给定典型二阶系统的设计指标：超调量 $\sigma\% \leqslant 5\%$，调节时间 $t_s<3\mathrm{s}$，峰值时间 $t_p<1\mathrm{s}$，试确定系统极点配置的区域，以获得预期的响应特性。

3-4　系统结构图如图 3.25 所示。求开环增益 K 分别为 10，0.5，0.09 时系统的动态性能指标。

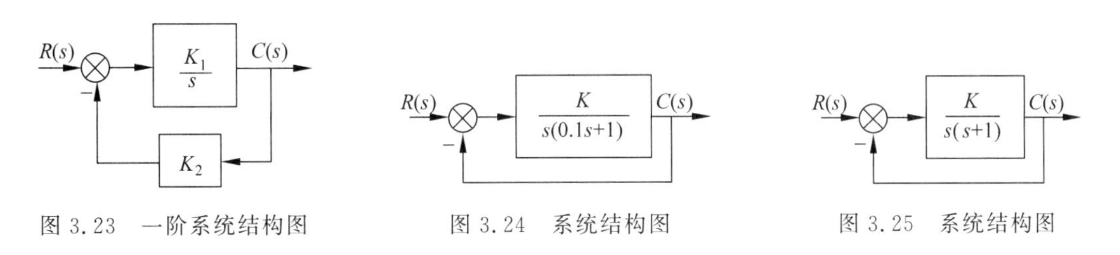

图 3.23　一阶系统结构图　　图 3.24　系统结构图　　图 3.25　系统结构图

3-5　某单位反馈系统的开环零、极点分布如图 3.26 所示，判定系统是否可以稳定。若可以稳定，请确定相应的开环增益范围；若不可以，请说明理由。

3-6　控制系统结构图如图 3.27 所示。

(1) 确定使系统稳定的开环增益 K 与阻尼比 ζ 的取值范围，并画出相应区域；

(2) 当 $\zeta=2$ 时，确定使系统极点全部落在直线 $s=-1$ 左边的 K 值范围。

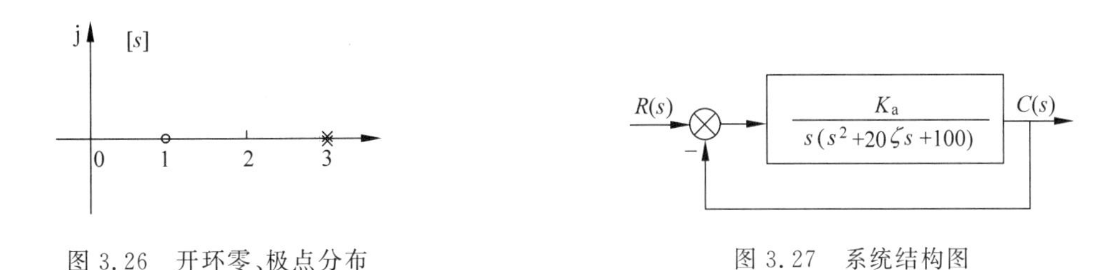

图 3.26　开环零、极点分布　　图 3.27　系统结构图

3-7 控制系统结构图如图 3.28 所示。已知 $r(t)=n(t)=t$,求系统的稳态误差。

3-8 设图 3.29(a)所示系统的单位阶跃响应如图 3.29(b)所示。试确定系统参数 K_1,K_2 和 a。

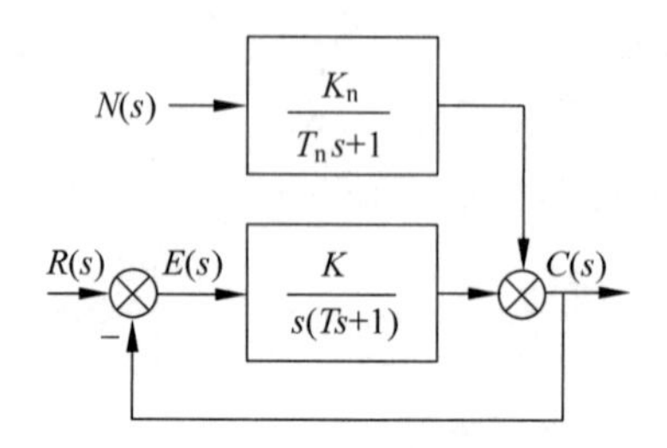

图 3.28 控制系统结构图

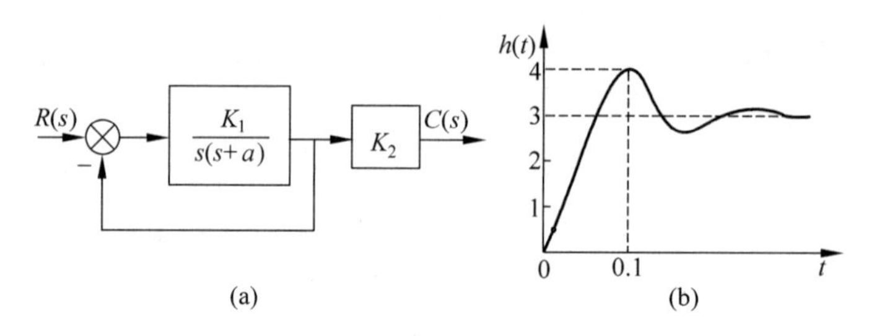

图 3.29 题 3-8 控制结构图和单位阶跃响应

3-9 图 3.30 所示是电压测量系统,输入电压 $e_t(t)$V,输出位移 $y(t)$cm,放大器增益 $K=10$,丝杠每转螺距 1mm,电位计滑臂每移动 1cm 电压增量为 0.4V。当对电机加 10V 阶跃电压时(带负载)稳态转速为 1000r/min,达到该值 63.2%需要 0.5s。画出系统方框图,求出传递函数 $Y(s)/E(s)$,并求系统单位阶跃响应的峰值时间 t_p、超调量 $\sigma\%$、调节时间 t_s 和稳态值 $h(\infty)$。

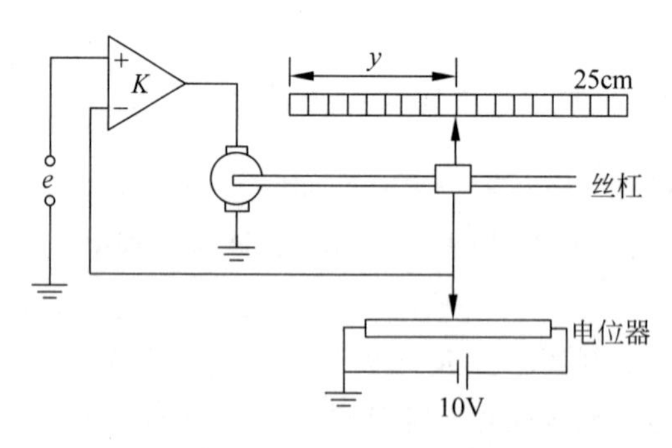

图 3.30 电压测量系统

3-10 设某温度计的动态特性可用 $1/(Ts+1)$ 来描述。用该温度计测量容器内的水温,发现 1min 后温度计的示值为实际水温的 98%。若给容器加热,使水温以 10℃/min 的速度线性上升,试计算该温度计的稳态指示误差。

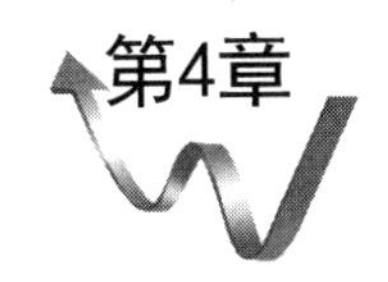

第4章

控制系统的根轨迹分析

4.1 根轨迹的基本概念

4.1.1 根轨迹

1948年伊文思提出直接由开环传递函数确定闭环特征根的图解方法，这种方法称为根轨迹法。该方法是以系统的传递函数为基础，只适用于线性系统。

所谓根轨迹是指控制系统开环传递函数的某一参数(如开环增益 K 或根轨迹增益 K^*)从 $0\to\infty$ 时，闭环特征根在 s 平面上移动的轨迹。根轨迹增益 K^* 是“首1形式”开环传递函数对应的系数。

控制系统结构图如图4.1所示，其闭环传递函数为

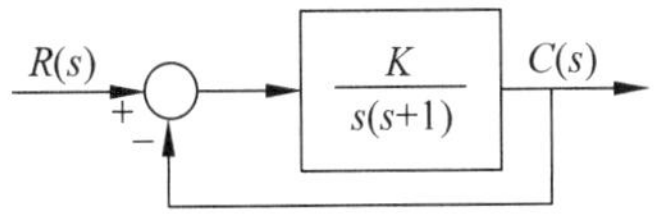

$$\Phi(s)=\frac{C(s)}{R(s)}=\frac{K}{s^2+s+K}$$

图4.1 控制系统结构图

闭环特征方程为 $\quad s^2+s+K=0$

特征根为

$$s_1=-\frac{1}{2}+\frac{1}{2}\sqrt{1-4K},\quad s_2=-\frac{1}{2}-\frac{1}{2}\sqrt{1-4K}$$

当系统参数 K 从 $0\to\infty$ 时，闭环极点的变化情况如表4.1所示。

表4.1 $K=0\sim\infty$ 时系统的特征根

K	s_1	s_2
0	0	−1
0.25	−0.5	−0.5
0.5	−0.5+j0.5	−0.5−j0.5
2.5	−0.5+j1.5	−0.5−j1.5
∞	−0.5+j∞	−0.5−j∞

利用计算结果在 s 平面上描点并用平滑曲线进行连接,从而得到当 K 由 $0\to\infty$ 时,闭环特征根(即闭环极点)在 s 平面上移动的轨迹图如图 4.2 所示(图中根轨迹用粗实线表示,箭头表示随着 K 值的增加,根轨迹的变化趋势)。

根轨迹图直观地表示了参数 K 变化时,闭环极点变化的情况,全面地描述了参数 K 对闭环极点分布的影响。

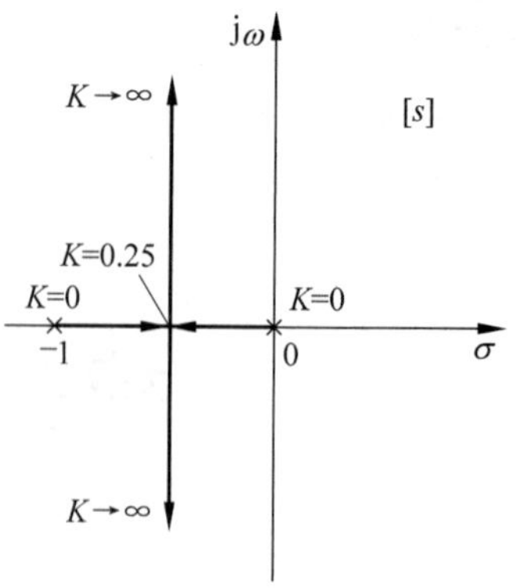

图 4.2　二阶系统根轨迹图

1. 稳定性

根轨迹全部位于 s 平面的左半部,故闭环系统对所有 K 值都是稳定的。

2. 稳态性能

开环传递函数有一个极点位于 s 平面原点(图 4.2 中用×号表示),所以系统为Ⅰ型系统,阶跃信号作用下的稳态误差为零,静态速度误差系数 K_v 即为根轨迹上对应的 K 值。

3. 动态性能

(1) 当 $0<K<0.25$ 时,闭环特征根为两个实根,系统呈过阻尼状态,阶跃响应为非周期过程。

(2) 当 $K=0.25$ 时,闭环特征根为两个相等的实根,系统处于临界阻尼状态。

(3) 当 $K>0.25$ 时,闭环特征根变为一对共轭复数,系统呈欠阻尼状态,阶跃响应变为衰减振荡过程,有超调量出现。

上述分析表明,根轨迹与系统性能之间有着密切的联系,利用根轨迹不仅能够分析闭环系统的动态性能以及参数变化对系统动态性能的影响,而且还可以根据对系统暂态特性的要求确定可变参数和调整开环零、极点位置以及改变它们的个数。因此,根据开环传递函数与闭环传递函数的关系,以及开环传递函数零点和极点的分布,可迅速地绘出闭环系统的根轨迹。

4.1.2　根轨迹方程

所谓根轨迹方程是指绘制闭环系统的根轨迹所依据的关系式,其实质就是闭环的特征方程式。

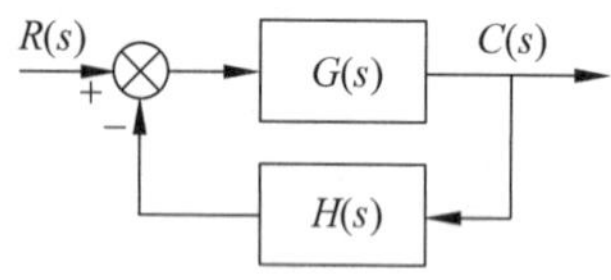

图 4.3　控制系统结构图

设控制系统的一般结构图如图 4.3 所示。其闭环传递函数为

$$\Phi(s)=\frac{G(s)}{1+G(s)H(s)} \tag{4-1}$$

闭环特征方程为

$$1+G(s)H(s)=0 \tag{4-2}$$

即

$$G(s)H(s)=\frac{K^*(s-z_1)(s-z_2)\cdots(s-z_m)}{(s-p_1)(s-p_2)\cdots(s-p_n)}=\frac{K^*\prod_{i=1}^{m}(s-z_i)}{\prod_{j=1}^{n}(s-p_j)}=-1 \tag{4-3}$$

式中：K^* 为根轨迹增益；$z_i(i=1,2,\cdots,m)$为系统开环传递函数零点；$p_j(j=1,2,\cdots,n)$为系统开环传递函数极点。

显然，在 s 平面上凡是满足式(4-3)的点，都是根轨迹上的点。式(4-3)称为根轨迹方程。因此，绘制根轨迹实质上是用图解法求系统特征方程 $1+G(s)H(s)=0$ 的根。

式(4-3)可以用幅值条件和相角条件来表示，即

幅值条件

$$\frac{\prod_{i=1}^{m}|s-z_i|}{\prod_{j=1}^{n}|s-p_j|}=\frac{1}{K^*} \tag{4-4}$$

相角条件

$$\sum_{i=1}^{m}\angle(s-z_i)-\sum_{j=1}^{n}\angle(s-p_j)=(2h+1)180^\circ \tag{4-5}$$

式中：$h=0,\pm1,\pm2,\cdots$；$\angle(s-z_i)$为从开环有限零点 z_i 到点 s 的矢量相角；$\angle(s-p_j)$为从开环极点 p_j 到点 s 的矢量相角。在测量相角时规定以逆时针方向为正。

比较式(4-4)和式(4-5)可以看出，幅值条件与根轨迹增益 K^* 有关，相角条件与 K^* 无关。所以，s 平面上的某个点，只要满足相角条件，则该点必在根轨迹上。至于该点所对应的 K^* 值，可由幅值条件得出。这意味着：在 s 平面上满足相角条件的点，必定也同时满足幅值条件。因此，相角条件是确定根轨迹 s 平面上一点是否在根轨迹上的充分必要条件。

［**例 4-1**］　图 4.1 所示系统的开环传递函数为

$$G(s)=\frac{K^*}{s(s+1)}$$

判断点 $s_1(-1,\mathrm{j}1)$和 $s_2(-0.5,-\mathrm{j}1)$是否在其根轨迹上。

解：将开环零、极点表示在图 4.4 上(无开环零点)，其中 $p_1=0,p_2=-1$。作 p_1、p_2 引向 s_1 的矢量(s_1-p_1)、(s_1-p_2)。

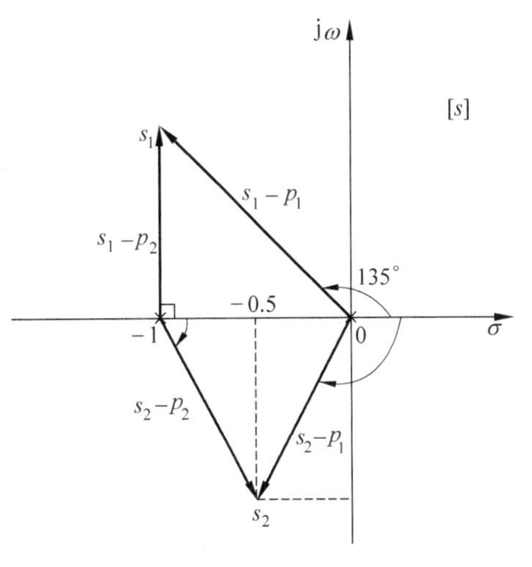

图 4.4　例 4-1 矢量图

用量角器量得(也可通过计算得到)

$$\angle(s_1-p_1)=135^\circ;\quad \angle(s_1-p_2)=90^\circ$$

$$\sum_{i=1}^{m}\angle(s_1-z_i)-\sum_{j=1}^{n}\angle(s_1-p_j)=-\angle(s_1-p_1)-\angle(s_1-p_2)=-225^\circ$$

不满足相角条件，所以 s_1 不在根轨迹上，即 s_1 不是该系统的闭环极点。

同样作 p_1、p_2 引向 s_2 的矢量，并用量角器量得该两矢量的相角：

$$\angle(s_2-p_1)=-116.5^\circ;\quad \angle(s_2-p_2)=-63.5^\circ$$

$$\sum_{i=1}^{m}\angle(s_2-z_i)-\sum_{j=1}^{n}\angle(s_2-p_j)=-\angle(s_2-p_1)-\angle(s_2-p_2)=+180^\circ$$

满足相角条件，说明 s_2 是该系统的闭环极点，在根轨迹上。该点对应的根轨迹增益 K^* 可根据幅值条件计算如下：

$$\begin{aligned}K^* &= \frac{|s-p_1|\cdot|s-p_2|\cdots|s-p_n|}{|s-z_1|\cdot|s-z_2|\cdots|s-z_m|} = |s_2-p_1|\cdot|s_2-p_2| \\ &= |-0.5-\mathrm{j}-0|\cdot|-0.5-\mathrm{j}+1| \\ &= 1.118\times1.118 = 1.25\end{aligned}$$

此例说明，通过选择若干次试验点，检查这些点是否满足相角条件，由那些满足相角条件的点可连成根轨迹，这就是绘制根轨迹的试探法。但这种方法并不实用。实际绘制根轨迹是应用以根轨迹方程为基础建立起来的相应法则进行的。

4.2　常规根轨迹

当系统根轨迹以负反馈系统中根轨迹增益 K^*（或开环增益 K）为参变量时，称为常规根轨迹或 180°根轨迹。绘制根轨迹的基本规则如表 4.2 所示（相关证明从略）。

表 4.2　绘制根轨迹的基本法则

序号	内　容	法　则
1	根轨迹的起点和终点	根轨迹起始于开环极点，终止于开环零点。如果 $n\neq m$，则有 $n-m$ 条根轨迹终止于无穷远处
2	根轨迹的分支数、对称性和连续性	根轨迹在 s 平面上的分支数等于 $n(m<n)$，或 $m(m>n)$。 根轨迹是连续的，并且对称于实轴
3	实轴上的根轨迹	实轴上的某一区域右端开环实数零、极点个数之和为奇数，则该区域必是 180°根轨迹。 * 实轴上的某一区域右端开环实数零、极点个数之和为偶数，则该区域必是 0°根轨迹
4	根轨迹的渐近线	渐近线与实轴的交点　$\sigma_a = \dfrac{\sum_{j=1}^{n} p_j - \sum_{i=1}^{m} z_i}{n-m}$ 渐近线与实轴夹角　$\begin{cases}\varphi_a = \dfrac{(2k+1)\pi}{n-m} & (180°\text{根轨迹}) \\ *\varphi_a = \dfrac{2k\pi}{n-m} & (0°\text{根轨迹})\end{cases}$ 其中 $k=0,\pm1,\pm2,\cdots$
5	根轨迹的分离点和分离角	l 条根轨迹分支相遇，分离点的坐标 d 由 $\sum_{j=1}^{n}\dfrac{1}{d-p_j} = \sum_{i=1}^{m}\dfrac{1}{d-z_i}$ 确定； 分离角等于 $(2k+1)\pi/l$
6	根轨迹与虚轴的交点	根轨迹与虚轴交点坐标 ω 及其对应的 K^* 值用劳斯稳定判据确定，也可令闭环特征方程中 $s=\mathrm{j}\omega$，然后分别令其实部和虚部为零求得

续表

序号	内　　容	法　　则
7	根轨迹的起始角和终止角	起始角：$\theta_{p_i}=(2k+1)\pi+\left(\sum_{j=1}^{m}\varphi_{z_jp_i}-\sum_{\substack{j=1\\j\neq i}}^{n}\theta_{p_jp_i}\right)$ 终止角：$\varphi_{z_i}=(2k+1)\pi+\left(-\sum_{\substack{j=1\\j\neq i}}^{m}\varphi_{z_jz_i}+\sum_{j=1}^{n}\theta_{p_jz_i}\right)$ $*\ \sum_{i=1}^{m}\varphi_i-\sum_{j=1}^{n}\theta_j=2k\pi\quad(k=0,\pm1,\pm2,\cdots)$
8	根之和	$\sum_{i=1}^{n}s_i=\sum_{i=1}^{n}p_i\quad(n-m\geqslant 2)$

注：表中，以"*"标明的法则是绘制0°根轨迹的规则（与绘制常规根轨迹的规则不同），其余规则不变。m 为系统开环传递函数的零点数；n 为极点数。

关于表4.2中的有关术语及说明如下：

分离点（或会合点）：是指两条或两条以上根轨迹分支在 s 平面上的某点相遇，然后又立即分开的点。

分离点对应于特征方程中的二重根。由于根轨迹具有共轭对称性，分离点与会合点必须是实数或共轭复数对。在一般情况下，分离点（或会合点）位于实轴上。如果根轨迹位于实轴上两相邻开环极点之间，则这两极点之间至少存在一个分离点。如果根轨迹位于两相邻开环零点之间（其中一个零点可位于无穷远处），那么，这两个零点之间至少存在一个会合点。

起始角：是指根轨迹离开开环复数极点处的切线与水平线正方向的夹角。

终止角：是指根轨迹进入开环复数零点处的切线与水平线正方向的夹角。

［**例4-2**］　已知控制系统的开环传递函数为

$$G(s)=\frac{K^*(s+1.5)(s+2+\mathrm{j})(s+2-\mathrm{j})}{s(s+2.5)(s+0.5+\mathrm{j}1.5)(s+0.5-\mathrm{j}1.5)}$$

试绘制系统的根轨迹。

解：开环极点 $p_1=0, p_{2,3}=-0.5\pm\mathrm{j}1.5, p_4=-2.5$

开环零点 $z_1=-1.5, z_{2,3}=-2\pm\mathrm{j}$

(1) 实轴上 $(0,-1.5)$ 和 $(-2.5,-\infty)$ 为根轨迹段

(2) 渐近线

$$\varphi_a=\frac{2h+1}{n-m}\pi=\frac{2h+1}{4-3}\pi=180^\circ\quad(\text{取 } h=0)$$

$$\sigma_a=\frac{\sum_{j=1}^{4}p_j-\sum_{i=1}^{3}z_i}{4-3}=2$$

(3) 根轨迹起始角和终止角

$$\theta_{p_2}=(2h+1)\pi+\sum_{i=1}^{3}\angle(p_2-z_i)-\sum_{\substack{j=1\\j\neq 2}}^{4}\angle(p_2-p_j)$$

$$
\begin{aligned}
&=(2h+1)\pi+56.5^\circ+19^\circ+59^\circ-108.5^\circ-90^\circ-37^\circ \\
&=(2h+1)\pi-101^\circ \\
&=79^\circ \quad (\text{取 } h=0)
\end{aligned}
$$

$$
\begin{aligned}
\theta_{z_2} &=(2h+1)\pi+\sum_{j=1}^{4}\angle(z_2-p_j)-\sum_{\substack{i=1\\ i\neq 2}}^{3}\angle(z_2-z_i) \\
&=(2h+1)\pi+153^\circ+199^\circ+121^\circ+63.5^\circ-117^\circ-90^\circ \\
&=(2h+1)\pi+329.5^\circ \\
&=149.5^\circ \quad (h=-1)
\end{aligned}
$$

由根轨迹对称性,有

$$\theta_{p_3}=-79^\circ;\quad \theta_{z_3}=-149.5^\circ$$

该系统的起始角、终止角及根轨迹图如图 4.5 所示。

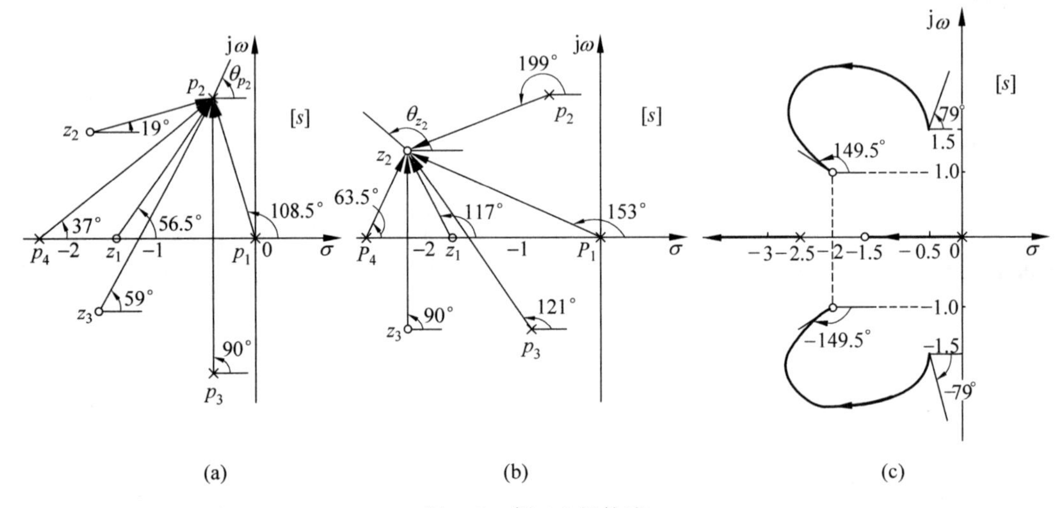

图 4.5 例 4-2 根轨迹

[**例 4-3**] 某单位反馈系统开环传递函数为

$$G(s)=\frac{K^*}{s(s+1)(s+5)}$$

试概略绘制系统根轨迹。

解:根轨迹绘制如下。

(1) 实轴上的根轨迹:$(-\infty,-5]$,$[-1,0]$

(2) 渐近线:
$$
\begin{cases}
\sigma_a=\dfrac{-1-5}{3}=-2 \\
\varphi_a=\dfrac{(2k+1)\pi}{3}=\pm\dfrac{\pi}{3},\pi
\end{cases}
$$

(3) 分离点:
$$\frac{1}{d}+\frac{1}{d+1}+\frac{1}{d+5}=0$$

经整理得

$$3d^2+12d+5=0$$

解出　　$d_1=-3.5,\quad d_2=-0.47$

显然分离点位于实轴上[−1,0]间,故取 $d=-0.47$。

(4) 与虚轴交点:

方法1　系统闭环特征方程为

$$D(s)=s^3+6s^2+5s+K^*=0$$

令 $s=\mathrm{j}\omega$,则

$$D(\mathrm{j}\omega)=(\mathrm{j}\omega)^3+6(\mathrm{j}\omega)^2+5(\mathrm{j}\omega)+K^*=-\mathrm{j}\omega^3-6\omega^2+\mathrm{j}5\omega+K^*=0$$

令实部、虚部分别为零,有

$$\begin{cases}K^*-6\omega^2=0\\5\omega-\omega^3=0\end{cases}$$

解得

$$\begin{cases}\omega=0\\K^*=0\end{cases},\quad\begin{cases}\omega=\pm\sqrt{5}\\K^*=30\end{cases}$$

显然第一组解是根轨迹的起点,故舍去。根轨迹与虚轴的交点为 $s=\pm\mathrm{j}\sqrt{5}$,对应的根轨迹增益 $K^*=30$。

方法2　用劳斯稳定判据求根轨迹与虚轴的交点。列劳斯表为

s^3	1	5
s^2	6	K^*
s^1	$(30-K^*)/6$	0
s^0	K^*	

当 $K^*=30$ 时,s^1 行元素全为零,系统存在共轭虚根。共轭虚根可由 s^2 行的辅助方程求得

$$F(s)=6s^2+K^*\big|_{K^*=30}=0$$

得 $s=\pm\mathrm{j}\sqrt{5}$ 为根轨迹与虚轴的交点。根据上述讨论,可绘制出系统根轨迹如图 4.6 所示。

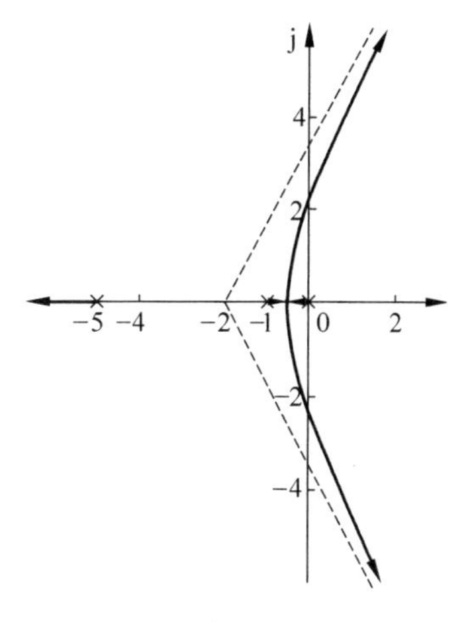

图 4.6　例 4-3 根轨迹

[**例 4-4**]　某单位反馈系统开环传递函数为

$$G(s)H(s)=\frac{K^*}{s(s+1)(s+2)}$$

试概略绘制系统根轨迹,并求临界根轨迹增益及该增益对应的三个闭环极点。

解:系统有 3 条根轨迹分支,且有 $n-m=3$ 条根轨迹趋于无穷远处。绘制根轨迹步骤如下。

(1) 轴上的根轨迹:$(-\infty,-2]$,$[-1,0]$

(2) 渐近线:

$$\begin{cases}\sigma_a=\dfrac{-1-2}{3}=-1\\[2mm]\varphi_a=\dfrac{(2k+1)\pi}{3}=\pm\dfrac{\pi}{3},\pi\end{cases}$$

(3) 分离点：

$$\frac{1}{d}+\frac{1}{d+1}+\frac{1}{d+2}=0$$

经整理得

$$3d^2+6d+2=0$$

故

$$d_1=-1.577,\quad d_2=-0.423$$

显然分离点位于实轴上[−1,0]间，故取 $d=-0.423$。

由于满足 $n-m\geqslant 2$，闭环根之和为常数，当 K^* 增大时，两支根轨迹向右移动的速度慢于一支向左的根轨迹速度，因此分离点 $|d|<0.5$ 是合理的。

(4) 与虚轴的交点：

系统闭环特征方程为

$$D(s)=s^3+3s^2+2s+K^*=0$$

令 $s=\mathrm{j}\omega$，则

$$D(\mathrm{j}\omega)=(\mathrm{j}\omega)^3+3(\mathrm{j}\omega)^2+2(\mathrm{j}\omega)+K^*=-\mathrm{j}\omega^3-3\omega^2+\mathrm{j}2\omega+K^*=0$$

令实部、虚部分别为零，有

$$\begin{cases}K^*-3\omega^2=0\\2\omega-\omega^3=0\end{cases}$$

解得

$$\begin{cases}\omega=0\\K^*=0\end{cases},\quad\begin{cases}\omega=\pm\sqrt{2}\\K^*=6\end{cases}$$

显然第一组解是根轨迹的起点，故舍去。根轨迹与虚轴的交点为 $\lambda_{1,2}=\pm\mathrm{j}\sqrt{2}$，对应的根轨迹增益为 $K^*=6$，因为当 $0<K^*<6$ 时系统稳定，故 $K^*=6$ 为临界根轨迹增益，根轨迹与虚轴的交点为对应的两个闭环极点，第三个闭环极点可由根之和法则求得

$$0-1-2=\lambda_1+\lambda_2+\lambda_3=\lambda_1+\mathrm{j}\sqrt{2}-\mathrm{j}\sqrt{2}$$

$$\lambda_3=-3$$

系统根轨迹如图 4.7 所示。

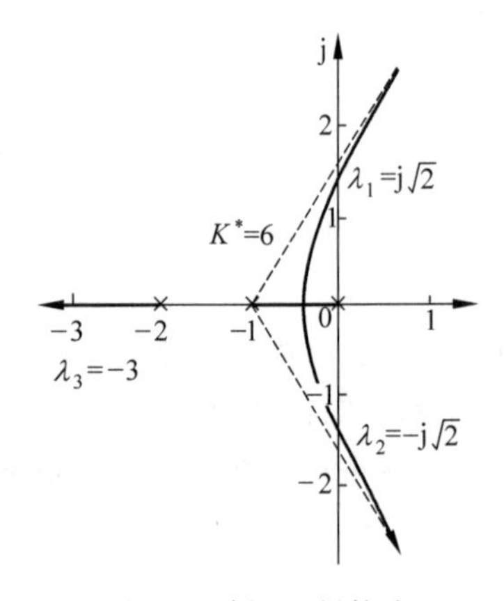

图 4.7　例 4-4 根轨迹

根据以上绘制根轨迹的法则，不难绘出系统的根轨迹。具体绘制某一根轨迹时，这 8 条法则并不一定全部用到，要根据具体情况确定应选用的法则。

4.3　广义根轨迹

在控制系统中，除根轨迹增益 K^*（或开环增益 K）之外，其他情况下的根轨迹统称为广义根轨迹，如参数根轨迹、0°根轨迹等。

4.3.1 参数根轨迹

除根轨迹增益 K^*（或开环增益 K）以外的其他参量从零变化到无穷大时绘制的根轨迹称为参数根轨迹。

绘制参数根轨迹的规则与绘制常规根轨迹的规则完全相同。只是在绘制参数根轨迹之前，引入“等效开环传递函数”，将绘制参数根轨迹的问题化为绘制 K^* 变化时根轨迹的形式来处理。

［**例 4-5**］ 控制系统的开环传递函数为

$$G(s)H(s)=\frac{K}{s(\tau s+1)(Ts+1)}$$

其中参数 K、T 已确定，而参数 τ(时间常数)为待定。试绘制以待定参数 τ 为可变参数的参数根轨迹。

解：该系统的特征方程式为

$$s(\tau s+1)(Ts+1)+K=0$$

或

$$\tau\frac{s^2(Ts+1)}{Ts^2+s+K}=-1$$

构造等效开环传递函数，把含有可变参数的项放在分子上，即

$$G^*(s)H^*(s)=\tau\frac{s^2(Ts+1)}{Ts^2+s+K}$$

由于等效开环传递函数对应的闭环特征方程与原系统闭环特征方程相同，所以称 $G^*(s)H^*(s)$ 为等效开环传递函数，而借助于 $G^*(s)H^*(s)$ 的形式，可以利用常规根轨迹的绘制方法绘制系统的根轨迹。但必须明确，等效开环传递函数 $G^*(s)H^*(s)$ 对应的闭环零点与原系统的闭环零点并不一致。在确定系统闭环零点，估算系统动态性能时，必须回到原系统开环传递函数进行分析。

该等效系统有：三个零点 $z_1=z_2=0, z_3=-\frac{1}{T}$；两个极点 $p_{1,2}=-\frac{1}{2T}\pm j\sqrt{\frac{K}{T}-\left(\frac{1}{2T}\right)^2}$。

很明显，由于该系统 $m=3, n=2$，所以根轨迹中将有一个分支起始于无限极点 $p_3=-\infty$。按照前述的 8 个规则，绘制出根轨迹，如图 4.8 所示。

根据规则求根轨迹与虚轴交点：

由

$$\tau Ts^3+(\tau+T)s^2+s+K=0$$

将 $s\rightarrow j\omega$，有

$$K-(\tau+T)\omega^2+j[\omega-\tau T\omega^3]=0$$

得联立方程

$$\begin{cases}K-(\tau+T)\omega^2=0\\ \omega-\tau T\omega^3=0\end{cases}$$

解得

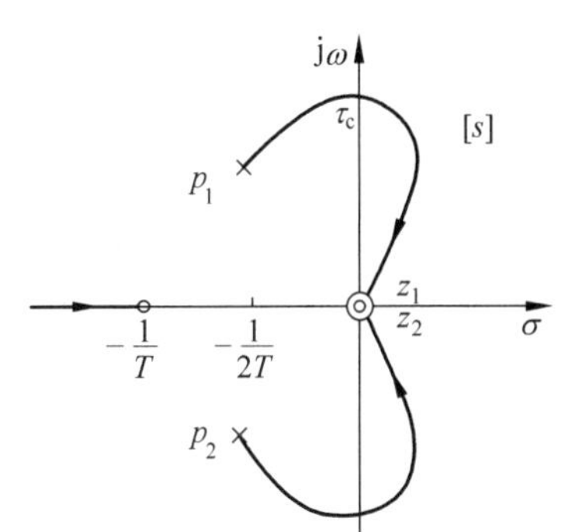

图 4.8　例 4-5 参数根轨迹

$$\omega=\frac{1}{\sqrt{\tau T}};\quad \tau_c=\frac{T}{KT-1}$$

当待定参数 τ 的值大于 τ_c 时，控制系统不稳定。所以待定参数 τ 的取值范围是 $0<\tau<\frac{T}{KT-1}$。

［**例 4-6**］ 控制系统的开环传递函数为

$$G(s)H(s)=\frac{K(\tau s+1)}{s(s+1)(s+2)}$$

试绘制 K 与 τ 同时变化时系统的根轨迹族。

解：系统的闭环特征方程式为

$$s(s+1)(s+2)+K(\tau s+1)=0$$

先令 $\tau=0$，画出 K 由 $0\to\infty$ 的根轨迹。

当 $\tau=0$ 时，系统的特征方程式变成

$$s(s+1)(s+2)+K=0$$

即

$$\frac{K}{s(s+1)(s+2)}=-1$$

这属于常规根轨迹，当 K 由 $0\to\infty$ 时的根轨迹如图 4.9 所示。

当 $\tau\neq0$ 时，再作 τ 由 $0\to\infty$ 时的根轨迹。需要将闭环特征方程进行等效变换，即

$$\frac{K\tau s}{s(s+1)(s+2)+K}=-1$$

根轨迹如图 4.10 所示。

图 4.10 表示当 K 和 τ 同时变化时的根轨迹族。当 τ 增大时，系统的微分作用加强，使系统的特征根向 s 平面左半部移动，从而改善了系统的稳定性和动态性能。例如当 $K=20$ 时，$\tau>0.233$，系统是稳定的。

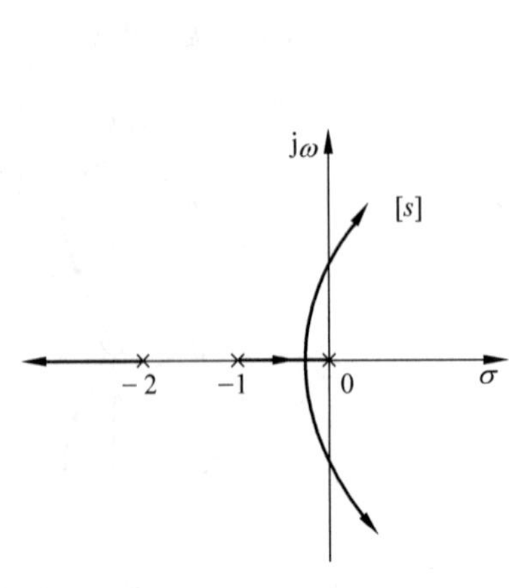

图 4.9　例 4-6 $\tau=0$ 时的根轨迹

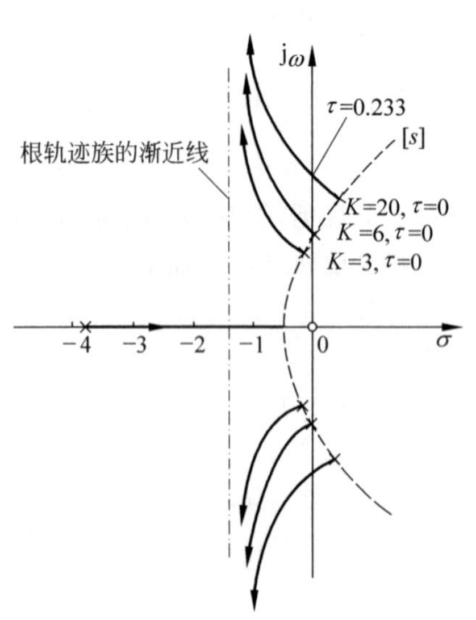

图 4.10　例 4-6 参数根轨迹族

4.3.2 零度根轨迹

在正反馈条件下，当系统特征方程为 $D(s)=1-G(s)H(s)=0$ 时，此时根轨迹方程为 $G(s)H(s)=1$，相角条件为 $\angle G(s)H(s)=2k\pi, k=0,\pm1,\pm2,\cdots$，相应绘制的根轨迹称为零度(或 0°)根轨迹。其绘制根轨迹的基本规则如表 4.2 所示。

［**例 4-7**］ 设正反馈系统结构如图 4.11 所示，其中

$$G(s)=\frac{K^*(s+2)}{(s+3)(s^2+2s+2)},\quad H(s)=1$$

试绘制该系统的根轨迹图。

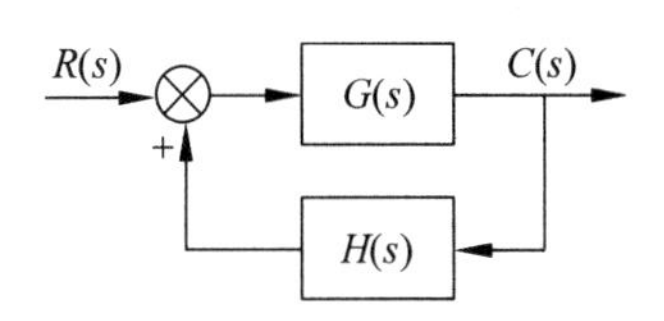

图 4.11 系统结构图

解：系统为正反馈，应绘制 0°根轨迹。系统开环传递函数为

$$G(s)H(s)=\frac{K^*(s+2)}{(s+3)(s^2+2s+2)}$$

根轨迹绘制如下。

(1) 实轴上的根轨迹： $(-\infty,-3],[-2,\infty)$

(2) 渐近线：

$$\begin{cases}\sigma_a=\dfrac{-3-1+j1-1-j1+2}{3-1}=-1\\ \varphi_a=\dfrac{2k\pi}{3-1}=0°,180°\end{cases}$$

(3) 分离点：

$$\frac{1}{d+3}+\frac{1}{d+1-j}+\frac{1}{d+1+j}=\frac{1}{d+2}$$

经整理得

$$(d+0.8)(d^2+4.7d+6.24)=0$$

显然分离点位于实轴上，故取 $d=-0.8$。

(4) 起始角：根据绘制零度根轨迹的法则 7，对应极点 $p_1=-1+j$，根轨迹的起始角为

$$\theta_{p_1}=0°+45°-(90°+26.6°)=-71.6°$$

根据对称性，根轨迹从 $p_2=-1-j$ 的起始角为 $\theta_{p_2}=71.6°$。系统根轨迹如图 4.12 所示。

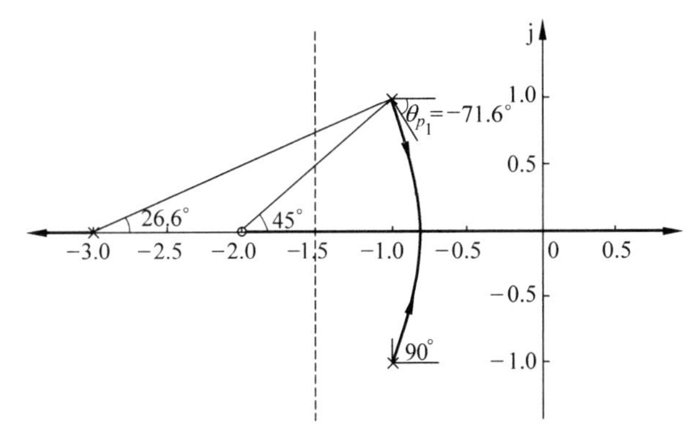

图 4.12 例 4-7 根轨迹图

(5) 临界开环增益：由图 4.12 可见，坐标原点对应的根轨迹增益为临界值，可由模值条件求得

$$K_c^* = \frac{|0-(-1+j)|\cdot|0-(-1-j)|\cdot|0-(-3)|}{|0-(-2)|} = 3$$

由于 $K=K^*/3$，于是临界开环增益 $K_c=1$。因此，为了使该正反馈系统稳定，开环增益应小于 1。

4.4 控制系统根轨迹分析

4.4.1 开环零、极点分布对系统性能影响

1. 开环零点对根轨迹的影响

［**例 4-8**］ 三个单位反馈系统的开环传递函数分别为

$$G_1(s)=\frac{K^*}{s(s^2+2s+2)},\quad G_2(s)=\frac{K^*(s+3)}{s(s^2+2s+2)},\quad G_3(s)=\frac{K^*(s+2)}{s(s^2+2s+2)}$$

试分别绘制三个系统的根轨迹。

解：三个系统的零、极点分布及根轨迹分别如图 4.13(a)、(b)、(c)所示。

从图 4.13 可以看出，增加一个开环零点使系统的根轨迹向左偏移，提高了系统的稳定度，有利于改善系统的动态性能，而且，开环负实零点离虚轴越近，这种作用越显著；若增加的开环零点和某个极点重合或距离很近时，构成偶极子，则二者作用相互抵消。因此，可以通过加入开环零点的方法，抵消有损于系统性能的极点。

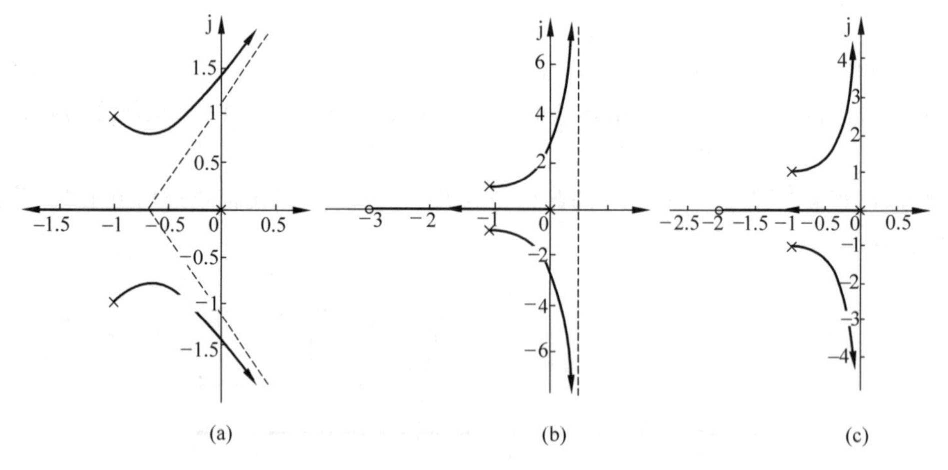

图 4.13 例 4-8 根轨迹图

2. 开环极点对根轨迹的影响

［**例 4-9**］ 三个单位反馈系统的开环传递函数分别为

$$G_1(s)=\frac{K^*}{s(s+1)},\quad G_2(s)=\frac{K^*}{s(s+1)(s+2)},\quad G_3(s)=\frac{K^*}{s^2(s+1)}$$

试分别绘制三个系统的根轨迹。

解：三个系统的零、极点分布及根轨迹分别如图 4.14(a)、(b)、(c)所示。

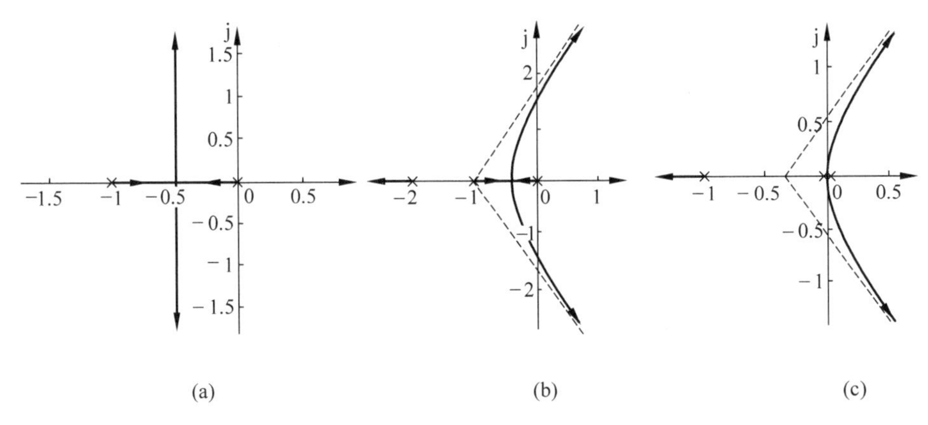

图 4.14 例 4-9 根轨迹图

从图 4.14 可以看出，增加一个开环极点使系统的根轨迹向右偏移。这样，降低了系统的稳定度，不利于改善系统的动态性能，而且，开环负实极点离虚轴越近，这种作用越显著。

4.4.2 利用主导极点估算系统的性能指标

由于主导极点在动态过程中起主要作用，因此，计算性能指标时，在一定的条件下，就可以只考虑主导极点所对应的暂态分量，忽略其余的暂态分量。

［**例 4-10**］ 已知单位反馈系统的开环传递函数为

$$G(s)=\frac{K}{s(s+1)(0.5s+1)}$$

试用根轨迹法确定系统在稳定欠阻尼状态下的开环增益 K 的范围，并计算阻尼比 $\zeta=0.5$ 的 K 值以及相应的闭环极点，估算此时系统的动态性能指标。

解：将开环传递函数写成零、极点形式，得

$$G(s)=\frac{2K}{s(s+1)(s+2)}=\frac{K^*}{s(s+1)(s+2)}$$

式中，$K^*=2K$ 为根轨迹增益。

(1) 将开环零、极点在 s 平面上标出；

(2) $n=3$，有三条根轨迹分支，三条根轨迹均趋向于无穷远处；

(3) 实轴上的根轨迹区段：$(-\infty,-2]$，$[-1,0]$；

(4) 渐近线：
$$\begin{cases}\sigma_a=\dfrac{-1-2}{3}=-1\\[2mm] \varphi_a=\dfrac{(2k+1)\pi}{3}=\pm\dfrac{\pi}{3},\pi\end{cases}$$

(5) 分离点：
$$\frac{1}{d}+\frac{1}{d+1}+\frac{1}{d+2}=0$$

整理得
$$3d^2+6d+2=0$$

解得
$$d_1=-1.577,\quad d_2=-0.432$$

显然分离点为 $d=-0.432$，由幅值条件可求得分离点处的 K^* 值：
$$K_d^*=|d|\cdot|d+1|\cdot|d+2|=0.4$$

（6）与虚轴的交点：

闭环特征方程式为
$$D(s)=s^3+3s^2+2s+K^*=0$$

令
$$\begin{cases}\mathrm{Re}[D(\mathrm{j}\omega)]=-3\omega^2+K^*=0\\ \mathrm{Im}[D(\mathrm{j}\omega)]=-\omega^3+2\omega=0\end{cases}$$

解得
$$\begin{cases}\omega=\pm\sqrt{2}\\ K^*=6\end{cases}$$

系统根轨迹如图 4.15 所示。

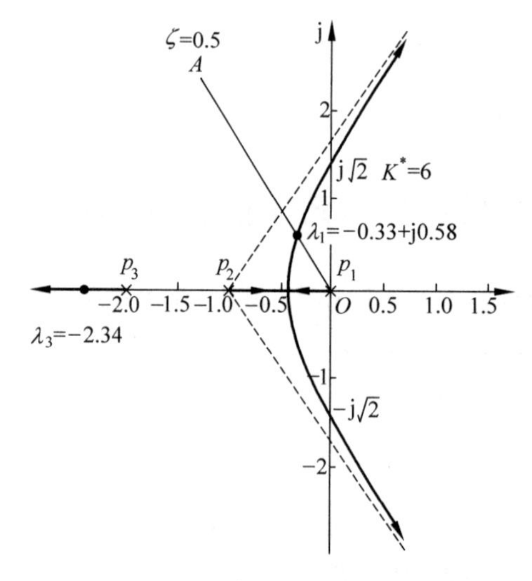

图 4.15　例 4-10 根轨迹图

从根轨迹图可以看出稳定欠阻尼状态的根轨迹增益的范围为 $0.4<K^*<6$，相应开环增益范围为 $0.2<K<3$。

为了确定满足阻尼比 $\zeta=0.5$ 条件时系统的 3 个闭环极点，首先作出 $\zeta=0.5$ 的等阻尼线 OA，它与负实轴夹角为
$$\beta=\arccos\zeta=60^\circ$$
如图 4.15 所示，等阻尼线 OA 与根轨迹的交点即为相应的闭环极点，可设相应两个复数闭环极点分别为
$$\lambda_1=-\zeta\omega_n+\mathrm{j}\omega_n\sqrt{1-\zeta^2}=-0.5\omega_n+\mathrm{j}0.866\omega_n$$
$$\lambda_2=-\zeta\omega_n-\mathrm{j}\omega_n\sqrt{1-\zeta^2}=-0.5\omega_n-\mathrm{j}0.866\omega_n$$
闭环特征方程式为
$$\begin{aligned}D(s)&=(s-\lambda_1)(s-\lambda_2)(s-\lambda_3)=s^3+(\omega_n-\lambda_3)s^2+(\omega_n^2-\lambda_3\omega_n)s-\lambda_3\omega_n^2\\&=s^3+3s^2+2s+K^*=0\end{aligned}$$

比较系数有 $\begin{cases}\omega_n-\lambda_3=3\\ \omega_n^2-\lambda_3\omega_n=2\\ -\lambda_3\omega_n^2=K^*\end{cases}$ 得 $\begin{cases}\omega_n=\dfrac{2}{3}\\ \lambda_3=-2.33\\ K^*=1.04\end{cases}$

故 $\zeta=0.5$ 时的 K 值以及相应的闭环极点为

$$K=K^*/2=0.52$$

$$\lambda_1=-0.33+\mathrm{j}0.58,\quad \lambda_2=-0.33-\mathrm{j}0.58,\quad \lambda_3=-2.33$$

在所求得的 3 个闭环极点中,λ_3 至虚轴的距离与 λ_1(或 λ_2)至虚轴的距离之比为

$$\frac{2.34}{0.33}\approx 7(\text{倍})$$

可见,λ_1、λ_2 是系统的主导闭环极点。于是,可由 λ_1、λ_2 所构成的二阶系统来估算原三阶系统的动态性能指标。原系统闭环增益为 1,因此相应的二阶系统闭环传递函数为

$$\Phi_2(s)=\frac{0.33^2+0.58^2}{(s+0.33-\mathrm{j}0.58)(s+0.33+\mathrm{j}0.58)}=\frac{0.667^2}{s^2+0.667s+0.667^2}$$

将 $\begin{cases}\omega_n=0.667\\ \zeta=0.5\end{cases}$ 代入公式得

$$\sigma=\mathrm{e}^{-\zeta\pi/\sqrt{1-\zeta^2}}=\mathrm{e}^{-0.5\times 3.14/\sqrt{1-0.5^2}}=16.3\%$$

$$t_s=\frac{3.5}{\zeta\omega_n}=\frac{3.5}{0.5\times 0.667}=10.5(\mathrm{s})$$

原系统为Ⅰ型系统,系统的静态速度误差系数计算为

$$K_v=\lim_{s\to 0}sG(s)=\lim_{s\to 0}s\cdot\frac{K}{s(s+1)(0.5s+1)}=K=0.525$$

系统在单位斜坡信号作用下的稳态误差为

$$e_{ss}=\frac{1}{K_v}=\frac{1}{K}=1.9$$

4.5 控制系统根轨迹分析的 MATLAB 方法

[**例 4-11**] 已知单位反馈系统的开环传递函数为

$$G(s)=\frac{K}{s(0.25s+1)(0.5s+1)}$$

试用 MATLAB 绘制系统的根轨迹。

解:将系统的开环传递函数整理为

$$G(s)=\frac{K}{s(0.25s+1)(0.5s+1)}=\frac{K}{0.125s^3+0.75s^2+s+0}$$

MATLAB 程序如下:

```
num=[1]; den=[0.125  0.75  1  0];
```

```
rlocus(num, den);                %绘制根轨迹
grid on;
title('Root Locus'); xlabel('Real Axis'); ylabel('Image Axis');
```

运行结果如图 4.16 所示。

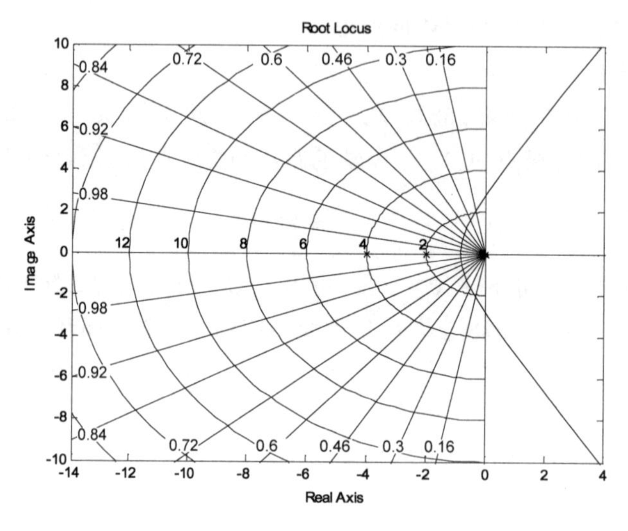

图 4.16 例 4-11 根轨迹图

4.6 设计实例：激光操纵控制系统

图 4.17 为激光操纵控制系统,可用于外科手术时在人体内钻孔。手术要求激光操纵控制系统必须有高度精确的位置和速度响应,因此直流电机参数的选择为：激磁时间常数为 $T_1=0.1\text{s}$,电机和载荷组合的机电时间常数为 $T_2=0.2\text{s}$,要求调整放大器增益 K_a,使系统在斜坡输入 $r(t)=At(A=1\text{mm/s})$时,系统的稳态误差 $e_{ss}(\infty)\leqslant 0.1\text{mm}$。

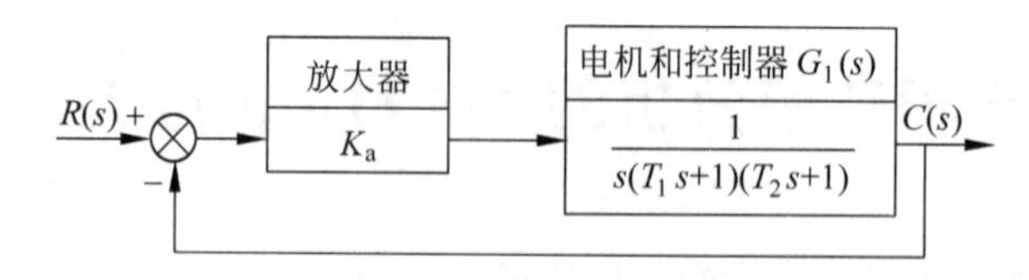

图 4.17 激光操纵控制系统

由图 4.17,系统的开环传递函数为

$$G(s)=\frac{K_a}{s(T_1s+1)(T_2s+1)}=\frac{50K_a}{s^3+15s^2+50s}$$

系统特征方程为

$$s^3+15s^2+50s+50K_a=0$$

对应的劳斯判定表为

$$
\begin{array}{c|cc}
s^3 & 1 & \\
s^2 & 15 & 50 \\
s^1 & \dfrac{750-50K_a}{15} & 50K_a \\
s^0 & 50 &
\end{array}
$$

则系统稳定条件为 $0\leqslant K_a\leqslant 15$。

当输入信号为斜坡输入 $r(t)=At(A=1\text{mm/s})$时，系统的稳态误差 $e_{ss}=\dfrac{A}{K_a}\leqslant 0.1$，则有

$$K_a\geqslant 10$$

取 $K_a=10$，系统既能满足稳态误差要求，又能使系统稳定。系统的根轨迹图如图 4.18 所示。系统对斜坡信号的响应如图 4.19 所示。

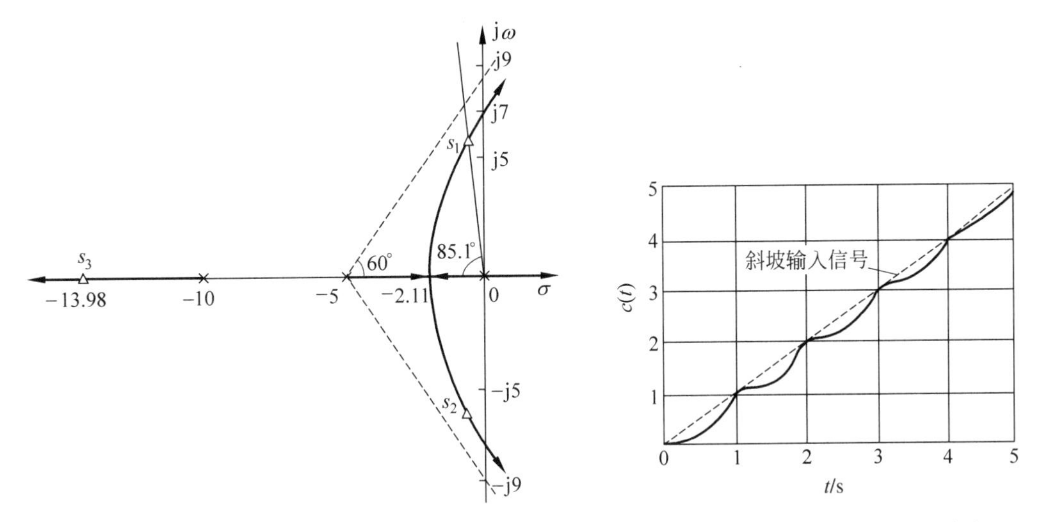

图 4.18　根轨迹图

图 4.19　系统对斜坡信号的响应

小结

本章详细介绍了根轨迹的基本概念、根轨迹的绘制方法以及根轨迹法在控制系统性能分析中的应用。根轨迹法是一种图解方法，该方法直观，特别适用于分析当某个参数变化时，系统性能的变化趋势，避免繁重的计算工作，在工程实践中获得了广泛的应用。

根轨迹是系统某个参量从 $0\to\infty$ 变化时闭环特征根相应在 s 平面上移动描绘出的轨迹。

根轨迹法的基本思路是：在已知系统开环零、极点分布及根轨迹增益的情况下，依据绘制根轨迹的基本法则绘出系统的根轨迹；分析系统性能随参数的变化趋势；在根轨迹上确定满足系统要求的闭环极点位置，补充闭环零点；再利用闭环主导极点的概念，对系统控制

性能进行定性分析和定量估算。

系统根轨迹的形状、位置取决于系统的开环传递函数的零、极点，在控制系统中适当增加一些开环零、极点，可以改变根轨迹的形状，从而达到改善系统性能的目的。一般情况下，增加开环零点可使根轨迹左移，有利于改善系统的相对稳定性和动态性能；相反地，单纯加入开环极点，则根轨迹右移，不利于系统的相对稳定性及动态性能。

习题

4-1　系统的开环传递函数为

$$G(s)H(s)=\frac{K^*}{(s+1)(s+2)(s+4)}$$

试证明点 $s_1=-1+\mathrm{j}\sqrt{3}$ 在根轨迹上，并求出相应的根轨迹增益 K^* 和开环增益 K。

4-2　设开环传递函数极点、零点如图 4.20 所示，试画出其根轨迹图。

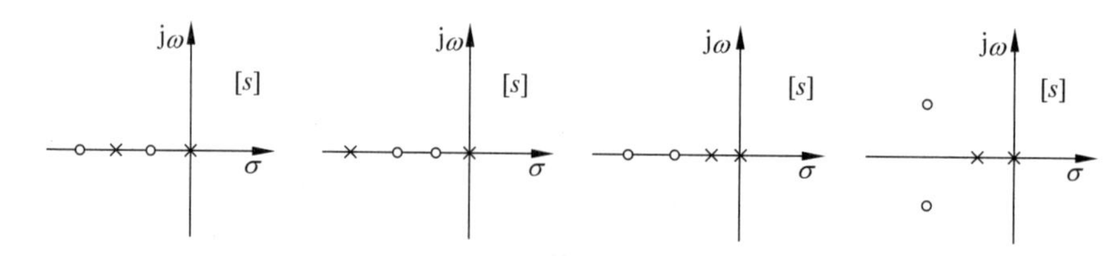

图 4.20　系统零、极点图

4-3　已知单位反馈系统的开环传递函数为

(1) $G(s)=\dfrac{K}{s(0.2s+1)(0.5s+1)}$；　　(2) $G(s)=\dfrac{K^*(s+2)}{(s+1+\mathrm{j}2)(s+1-\mathrm{j}2)}$

试绘制根轨迹图。

4-4　单位反馈系统的开环传递函数为

$$G(s)=\frac{K^*(s^2-2s+5)}{(s+2)(s-0.5)}$$

试绘制系统根轨迹，确定使系统稳定的 K 值范围。

4-5　单位反馈系统开环传递函数为

$$G(s)=\frac{K^*}{(s+3)(s^2+2s+2)}$$

要求闭环系统的最大超调量 $\sigma\%\leqslant 25\%$，调节时间 $t_s\leqslant 10\mathrm{s}$，试选择 K^* 值。

4-6　实系数特征方程为

$$A(s)=s^3+5s^2+(6+a)s+a=0$$

要使其根全为实数，试确定参数 a 的范围。

4-7　设单位反馈系统的开环传递函数为

$$G(s)=\frac{K^*(1-s)}{s(s+2)}$$

试绘制其根轨迹，并求出使系统产生重实根和纯虚根的 K^* 值。

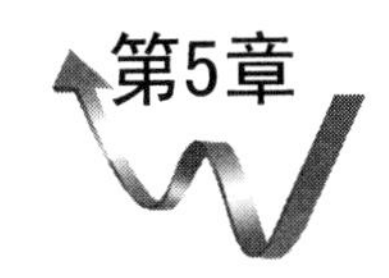

控制系统的频域分析

控制系统的时域分析法以传递函数为基础，在典型输入信号的条件下，寻求控制系统的时域解。该方法直观、准确。但工程实际问题的复杂性和理论分析的确定性常常是矛盾的，这使得时域分析在实际应用中受到一定的限制。

本章介绍的频域分析法，又称为频率响应法，是一种基于频率特性或频率响应的控制系统分析和设计的图解方法。与其他方法相比，频域分析法有如下优点：

(1) 不必求解系统的特征根，利用开环频率特性对系统进行分析，具有形象直观和计算量少的特点。

(2) 频率特性具有明确的物理意义，既可由微分方程或传递函数求得，也可以用实验方法确定。这对于难以列写微分方程式的元部件或系统来说，具有重要的实际意义。

(3) 系统的频域性能指标与时域性能指标之间存在着一定的对应关系，因而根据频率特性曲线的形状选择系统的结构和参数，使之满足时域指标的要求。

(4) 频率响应法不仅适用于线性定常系统，而且适用于传递函数中含有延迟环节的系统和部分非线性系统的分析。

由于上述特点，频率法得到了广泛的应用，成为经典控制理论中的重点内容。

5.1 频率特性概述

5.1.1 频率特性的基本概念

为了说明频率特性的基本概念，以 RC 电路为例，如图 5.1 所示。设电路的输入、输出电压分别为 $u_i(t)$ 和 $u_o(t)$，则该电路的传递函数为

$$G(s)=\frac{U_o(s)}{U_i(s)}=\frac{1}{Ts+1} \tag{5-1}$$

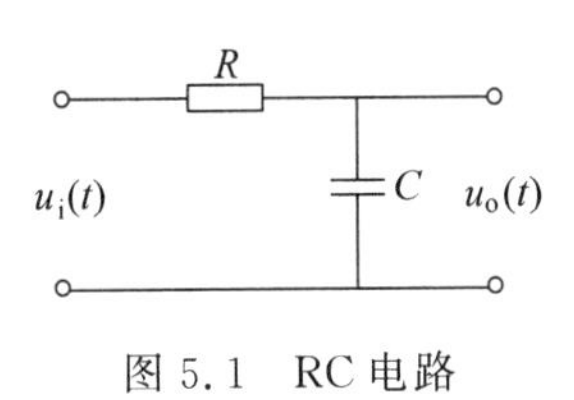

图 5.1 RC 电路

式中，$T=RC$ 为电路的时间常数。

设输入电压为正弦信号 $u_i(t)=A\sin\omega t$，则输出电压 $u_o(t)$ 的拉氏变换为

$$U_o(s)=\frac{1}{Ts+1}U_i(s)=\frac{1}{Ts+1}\cdot\frac{A\omega}{s^2+\omega^2}$$

对上式进行拉氏反变换，电容两端的输出电压为

$$u_o(t)=\frac{AT\omega}{1+T^2\omega^2}e^{-\frac{t}{T}}+\frac{A}{\sqrt{1+T^2\omega^2}}\sin(\omega t-\arctan T\omega)$$

上式右端第一项为输出电压的瞬态分量，第二项为稳态分量。当 $t\to\infty$ 时，第一项趋于0，则电路稳态输出为

$$u_{os}(t)=\frac{A}{\sqrt{1+T^2\omega^2}}\sin(\omega t-\arctan T\omega)=u_o(\omega)\sin(\omega t+\varphi(\omega)) \tag{5-2}$$

式中：$u_o(\omega)=\dfrac{A}{\sqrt{1+T^2\omega^2}}$，$\varphi(\omega)=-\arctan T\omega$，分别反映 RC 电路在正弦信号作用下，输出稳态分量的幅值和相位随 ω 的变化规律。

式(5-2)表明：RC 电路在正弦信号 $u_i(t)$ 作用下，输出的稳态响应仍是一个与输入信号同频率的正弦信号，只是幅值变为输入正弦信号幅值的 $1/\sqrt{1+T^2\omega^2}$ 倍，相位则滞后了 $\arctan T\omega$。

事实上，一般线性系统(或元件)输入正弦信号 $x(t)=X\sin\omega t$ 的情况下，系统的稳态输出 $y(t)=Y\sin(\omega t+\varphi)$ 也一定是同频率的正弦信号，只是幅值和相角不一样，如图 5.2 所示。

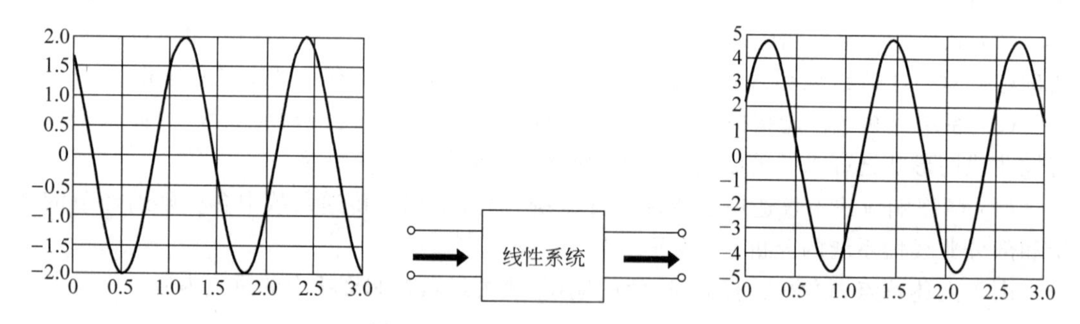

图 5.2 线性系统的输入输出信号

在式(5-1)中，令 $s=j\omega$，则有

$$G(j\omega)=G(s)\big|_{s=j\omega}=\frac{1}{jT\omega+1}=\frac{1}{\sqrt{1+T^2\omega^2}}e^{-j\arctan T\omega}=|G(j\omega)|e^{j\angle G(j\omega)} \tag{5-3}$$

比较式(5-2)和式(5-3)，可知

$$A(\omega)=|G(j\omega)| \tag{5-4}$$

$$\varphi(\omega)=\angle G(j\omega) \tag{5-5}$$

式中：$A(\omega)$ 称为幅频特性，它表示系统在稳态时，输出正弦信号与输入正弦信号的幅值之比，即描述了系统(或部件)对不同频率的正弦输入信号在稳态情况下的放大(或衰减)特性；$\varphi(\omega)$ 称为相频特性，它表示系统在稳态时，输出正弦信号与输入正弦信号的相位差，即描述

了系统对不同频率的正弦输入信号在相位上产生的相角滞后或超前的特性。幅频特性和相频特性总称为系统的频率特性。

综上所述,频率特性定义如下:线性定常系统(或元件)稳态输出正弦信号与输入正弦信号的复数比,即

$$G(\mathrm{j}\omega)=A(\omega)\mathrm{e}^{\mathrm{j}\varphi(\omega)} \tag{5-6}$$

显然,如式(5-6)所示,频率特性反映了系统的内在性质,与外界因素无关,即当系统结构参数给定,频率特性随 ω 变换的规律也随之确定。频率特性描述了在不同频率下系统(或元件)传递正弦信号的能力。

除了用式(5-6)的指数型或辐角型形式描述以外,频率特性 $G(\mathrm{j}\omega)$ 还可用实部和虚部形式来描述,即

$$G(\mathrm{j}\omega)=U(\omega)+\mathrm{j}V(\omega) \tag{5-7}$$

式中:$U(\omega)$称为实频特性;$V(\omega)$称为虚频特性。

在复平面 Q 上,$G(\mathrm{j}\omega)$用一个矢量表示,$A(\omega)$为矢量的长度,$\varphi(\omega)$为矢量的方向角度,如图 5.3 所示。由图 5.3 的几何关系知,幅频、相频特性与实频、虚频特性之间的关系为

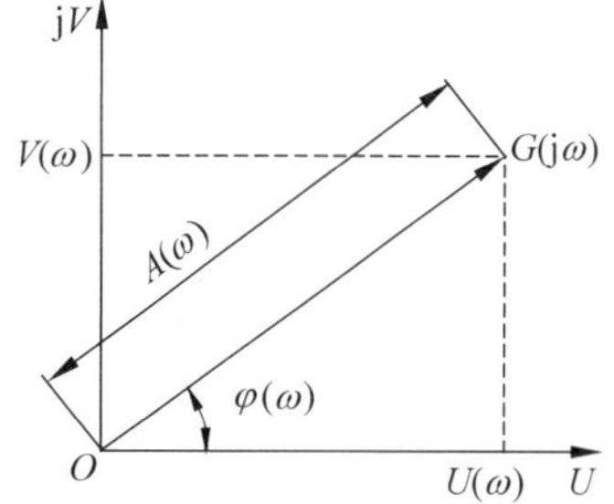

图 5.3 $G(\mathrm{j}\omega)$在复平面上的表示

$$U(\omega)=A(\omega)\cos\varphi(\omega),\quad V(\omega)=A(\omega)\sin\varphi(\omega)$$

$$A(\omega)=\sqrt{U^2(\omega)+V^2(\omega)},\quad \varphi(\omega)=\arctan\frac{V(\omega)}{U(\omega)}$$

于是有

$$G(\mathrm{j}\omega)=A(\omega)[\cos\varphi(\omega)+\mathrm{j}\sin\varphi(\omega)]$$

5.1.2 频率特性的计算方法

由于传递函数是由系统的微分方程得出的,频率特性 $G(\mathrm{j}\omega)$又可从传递函数 $G(s)$中得出,故三者之间的关系如图 5.4 所示。由三者之间的关系可以得出,三种不同形式的数学模型所表达的系统的运动关系的本质是一样的,它们从不同角度揭示的系统的内在运动规律和动态特性也是统一的。

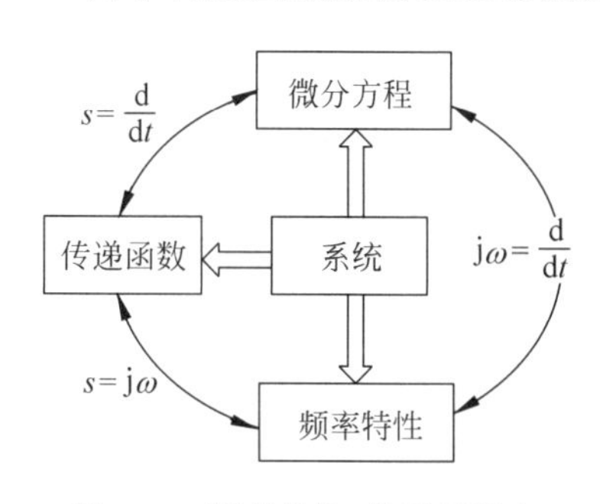

图 5.4 频率特性、传递函数与微分方程三者间关系

频率特性一般可以通过如下三种方法得到:

(1) 根据系统的微分方程计算。将输入量以正弦函数代入,求其稳态解,即取输出稳态分量和输入正弦的复数之比即得。

(2) 根据系统的传递函数 $G(s)$计算。将 $s=\mathrm{j}\omega$ 代入传递函数 $G(s)$中,即得到系统的频率特性 $G(\mathrm{j}\omega)$。

(3) 实验法。对线性定常系统输入正弦信号,不断改变输入信号的频率,得到对应的一系列输出的稳态振幅和相角,分别将它们与相应的输入正弦信号的幅值相比和相角相减,得到频率特性。该方法通常在难以建立系统的数学模型时使用,也可用于对解析研究的验证。

[**例 5-1**] 已知系统的传递函数为 $G(s)=\dfrac{1}{s+1}$，求其频率特性。

解：令 $s=\mathrm{j}\omega$，代入 $G(s)$，则有

$$G(\mathrm{j}\omega)=G(s)\Big|_{s=\mathrm{j}\omega}=\frac{1}{\mathrm{j}\omega+1}=\frac{1-\mathrm{j}\omega}{1+\omega^2}$$

取 $G(\mathrm{j}\omega)$的模，得

$$A(\omega)=|G(\mathrm{j}\omega)|=\frac{1}{\sqrt{1+\omega^2}}$$

取 $G(\mathrm{j}\omega)$的辐角，得

$$\varphi(\omega)=\angle G(\mathrm{j}\omega)=-\arctan\omega$$

[**例 5-2**] 某单位负反馈系统的开环传递函数为 $G(s)H(s)=\dfrac{1}{s+1}$，若输入信号 $r(t)=2\sin 2t$，试求系统的稳态输出。

解：控制系统的闭环传递函数为

$$\Phi(s)=\frac{1}{s+2}$$

令 $s=\mathrm{j}\omega$，则有

$$\Phi(\mathrm{j}\omega)=\Phi(s)\Big|_{s=\mathrm{j}\omega}=\frac{1}{\mathrm{j}\omega+2}=\frac{1}{\sqrt{2^2+\omega^2}}\angle-\arctan\frac{\omega}{2}$$

由于输入正弦信号的频率为 $\omega=2\mathrm{s}^{-1}$，则

$$\Phi(\mathrm{j}2)=\frac{1}{\sqrt{2^2+2^2}}\angle-\arctan\frac{2}{2}=0.35\angle-45^\circ$$

系统的稳态输出为

$$c(t)=0.35\times 2\sin(2t-45^\circ)=0.7\sin(2t-45^\circ)$$

5.1.3 频率特性的表示方法

用频率法分析设计控制系统时，除了频率特性的函数表达式外，通常将频率特性绘制成曲线对系统进行图解分析。通过这些曲线了解幅值比和相位差随频率变化的情况，判断系统的品质，以便对系统进行综合和分析。控制工程中常见的四种频率特性图示法如表 5.1 所示。

表 5.1 常用频率特性曲线及其坐标

序号	名　　称	图形常用名	坐　标　系
1	幅频特性曲线 相频特性曲线	频率特性图	直角坐标
2	幅相频率特性曲线	极坐标图、奈奎斯特图	极坐标
3	对数幅频特性曲线 对数相频特性曲线	对数坐标图、伯德图	半对数坐标
4	对数幅相频率特性曲线	对数幅相图、尼柯尔斯图	对数幅相坐标

1. 频率特性图

频率特性图是指在直角坐标系中分别绘制幅频特性曲线和相频特性曲线，其中横坐标表示频率 ω，纵坐标分别表示幅频特性 $A(\omega)$和相频特性 $\varphi(\omega)$。

以图 5.1 所示的 RC 电路为例，表 5.2 列出了 RC 电路的幅频特性和相频特性的计算数据，根据表 5.2 绘制的频率特性图如图 5.5 所示。

表 5.2　幅频特性和相频特性数据

ω	0	$1/(2T)$	$1/T$	$2/T$	$3/T$	$4/T$	$5/T$	∞
$A(\omega)$	1	0.89	0.71	0.45	0.32	0.24	0.20	0
$\varphi(\omega)$	0°	−26.6°	−45°	−63.5°	−71.5°	−76°	−78.7°	−90°

2. 奈奎斯特图

设系统的频率特性为

$$G(j\omega)=A(\omega)\cdot e^{j\varphi(\omega)}$$

当 $\omega=0\to\infty$变化时，$G(j\omega)$的端点在复平面 G 上描绘出来的轨迹称为幅相频率特性曲线，也称为奈奎斯特(Nyquist)曲线，简称奈氏曲线。

图 5.6 为图 5.1 所示 RC 电路的奈奎斯特图，某些特征点数据如表 5.3 所示。图中把 ω 作为参变量标在曲线相应点的旁边，实轴正方向为相角的零度线，逆时针转过的角度为正角度，顺时针转过的角度为负角度，曲线上箭头方向表示 ω 增加方向。

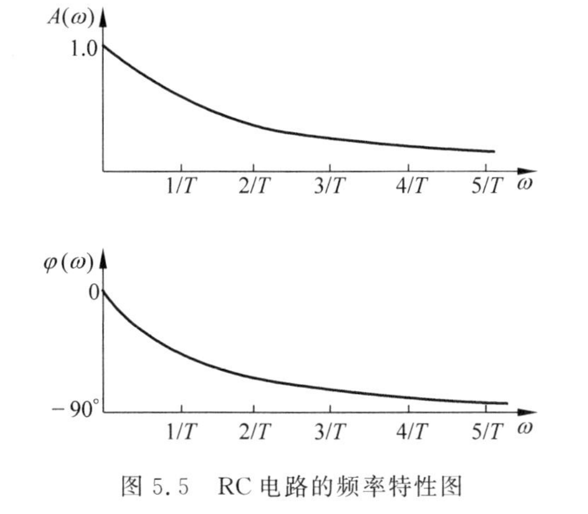

图 5.5　RC 电路的频率特性图

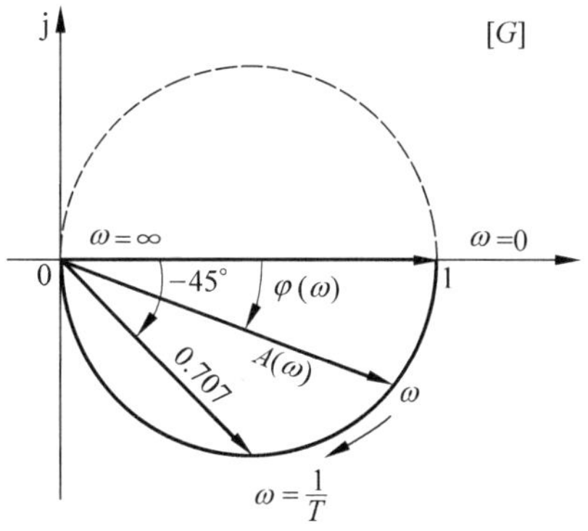

图 5.6　RC 电路的奈奎斯特图

表 5.3　幅相频率特性特征点数据

ω	$A(\omega)$	$\varphi(\omega)$
0	1	0°
$1/T$	0.707	−45°
∞	0	−90°

3. 伯德图

伯德(Bode)图由对数幅频特性和对数相频特性两条曲线组成，伯德图中横坐标采用对数分度，纵坐标为线性分度。对数幅频特性曲线的纵坐标是以对数幅值 $L(\omega)=20\lg A(\omega)$ 作为纵坐标值，单位为 dB(分贝)。对数相频特性曲线的纵坐标为相角 $\varphi(\omega)$，单位为(°)。例如 RC 电路的伯德图如图 5.7 所示。

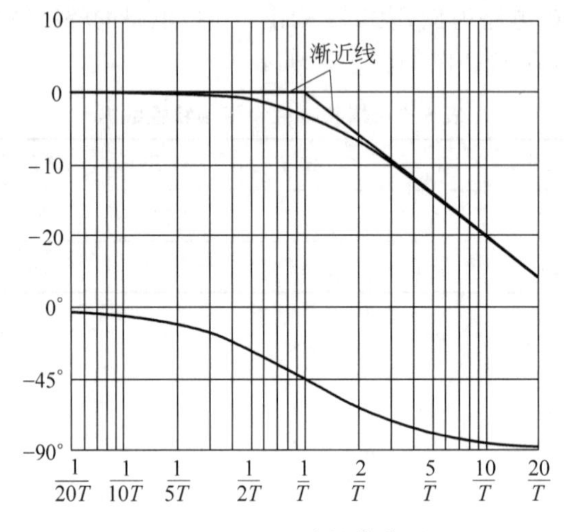

图 5.7　RC 电路的伯德图

所谓对数分度，是指横坐标以 $\lg\omega$ 进行均匀分度，如图 5.8 所示。频率 ω 每变化十倍，称为一个“十倍频程”，记作 dec。每个 dec 沿横坐标走过的间隔为一个单位长度。

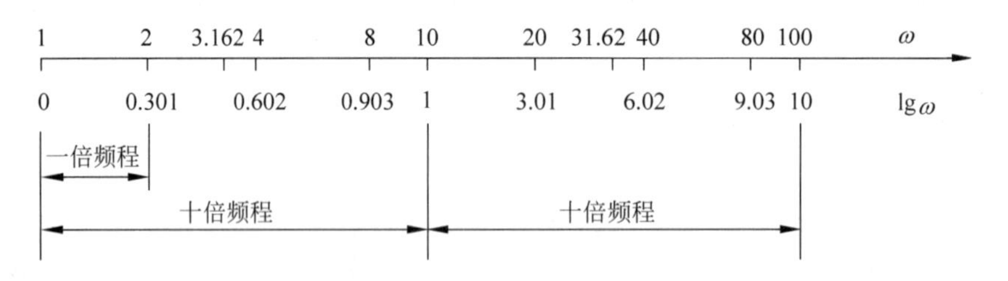

图 5.8　对数分度示意图

在伯德图中，横坐标虽采用对数分度，但以 ω 的实际值标定，单位为 rad/s(弧度/秒)。一般情况下，不标出 $\omega=0$ 的点(因为此时 $\lg\omega$ 不存在)。尽管在 ω 坐标轴上标明的数值是实际的 ω 值，但坐标上的距离是按 $\lg\omega$ 来刻度的。坐标轴上任何两点 ω_1 和 ω_2(设 $\omega_2>\omega_1$)之间的距离为 $\lg\omega_2-\lg\omega_1$，而不是 $\omega_2-\omega_1$。例如，若 ω_2 位于 ω_1 和 ω_3 的几何中点，此时应有 $\lg\omega_2-\lg\omega_1=\lg\omega_3-\lg\omega_2$，即 $\omega_2{}^2=\omega_1\omega_3$。

使用对数频率特性表示法，其优点为：

(1) 横坐标采用对数分度，便于对较宽频率范围内的频率特性进行研究。低频段清晰可见，而高频段压缩很紧，有利于控制系统的分析，这是线性分度无法做到的。

(2) 由于对数可将幅值的相乘转化为幅值的相加，即当绘制由多个环节串联而成的系统的对数坐标图时，只需将各环节对数坐标图的纵坐标相加减，简化了画图的过程。

(3) 用分段的直线(渐近线)近似表示所有典型环节的对数幅频特性。若对分段直线进行修正，可得到精确的特性曲线。

(4) 将实验所得的频率特性数据整理并用分段直线画出对数频率特性，很容易写出实验对象的频率特性表达式或传递函数。

4. 尼柯尔斯图

尼柯尔斯(Nichols)图是由对数幅频特性和对数相频特性合并而成的，以频率 ω 则作为图形的参变量，其横坐标为 $\varphi(\omega)$，单位为(°)；纵坐标 $L(\omega)$，单位为 dB。横坐标和纵坐标均是线性刻度，如图 5.9 所示。利用尼柯尔斯图分析闭环系统的特性以及对系统进行校正和设计，比较方便。限于篇幅，不详细介绍，请参看有关资料。

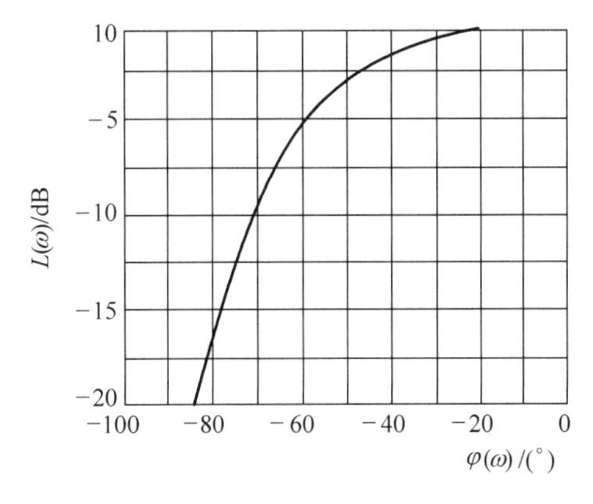

图 5.9　RC 电路的尼柯尔斯图

比较这几种图形的作图过程，可以看出，伯德图作图最为方便，不仅利用对数频率特性可以将幅值的乘、除转变为加、减运算，而且可以利用渐近线作图。若将实验所获得的频率特性数据画成对数频率特性曲线，能比较方便地确定频率特性的表达式，当然其对应的传递函数式也就可获得。

5.2　开环系统奈奎斯特图的绘制

5.2.1　典型环节的奈奎斯特图

1. 放大环节(比例环节)

放大环节的频率特性为

$$G(\mathrm{j}\omega)=K=K+\mathrm{j}0$$

$$|G(\mathrm{j}\omega)|=\sqrt{K^2+0^2}=K$$

$$\angle G(\mathrm{j}\omega)=\arctan\frac{0}{K}=0^\circ$$

放大环节的幅相频率特性是 G 平面实轴上一个点，表明比例环节稳态正弦响应的振幅是输入信号的 K 倍，且响应与输入同相位，如图 5.10 所示。

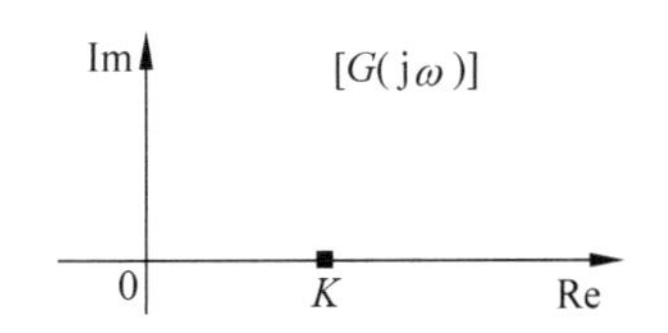

图 5.10　放大环节奈奎斯特图

2. 积分环节

积分环节的频率特性为

$$G(\mathrm{j}\omega)=\frac{1}{\mathrm{j}\omega}=0-\mathrm{j}\,\frac{1}{\omega}$$

$$|G(\mathrm{j}\omega)|=\frac{1}{\omega}$$

$$\angle G(\mathrm{j}\omega)=\arctan\frac{-1/\omega}{0}=-90^\circ$$

积分环节的幅值与 ω 成反比,$\angle G(\mathrm{j}\omega)=-90^\circ$为常数。当 $\omega=0\to\infty$时,幅相特性从虚轴$-\mathrm{j}\infty$处出发,沿负虚轴逐渐趋于坐标原点,如图 5.11 所示。

3. 纯微分环节

纯微分环节的频率特性为

$$G(\mathrm{j}\omega)=\mathrm{j}\omega$$

$$|G(\mathrm{j}\omega)|=\omega$$

$$\angle G(\mathrm{j}\omega)=\arctan\frac{\omega}{0}=90^\circ$$

纯微分环节的幅值与 ω 成正比,相角恒为 90°。当 $\omega=0\to\infty$时,幅相特性从 G 平面的原点起始,一直沿虚轴趋于$+\mathrm{j}\infty$处,如图 5.12 所示。

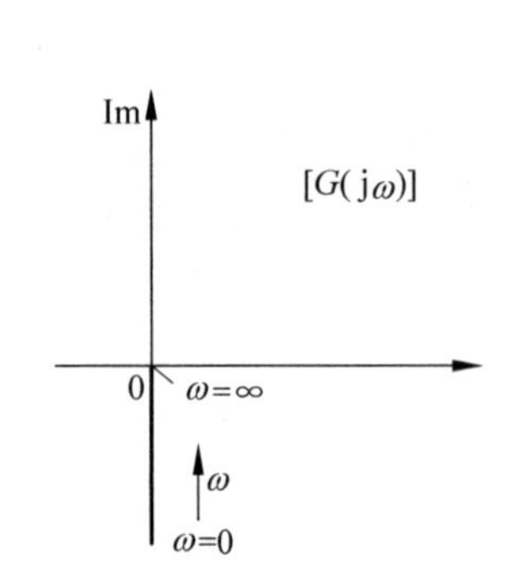

图 5.11 积分环节奈奎斯特图

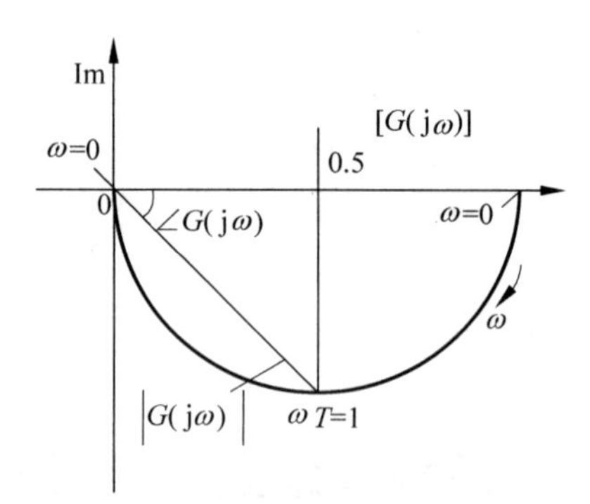

图 5.12 纯微分环节奈奎斯特图

4. 惯性环节

惯性环节的频率特性为

$$G(\mathrm{j}\omega)=\frac{1}{T\mathrm{j}\omega+1}=\frac{1}{T^2\omega^2+1}-\mathrm{j}\,\frac{\omega T}{T^2\omega^2+1}$$

$$|G(\mathrm{j}\omega)|=\frac{1}{\sqrt{1+T^2\omega^2}}$$

$$\angle G(\mathrm{j}\omega)=-\arctan T\omega$$

当 $\omega=0$ 时,$|G(\mathrm{j}\omega)|=1$,$\angle G(\mathrm{j}\omega)=0^\circ$;当 $\omega=\infty$时,$|G(\mathrm{j}\omega)|=0$,$\angle G(\mathrm{j}\omega)=-90^\circ$,即当 ω 由 $0\to\infty$时,惯性环节的奈奎斯特图为一个以$(1/2,\mathrm{j}0)$为圆心、1/2 为半径的圆,如图 5.13 所示(证明从略)。

5. 一阶微分环节

一阶微分环节的频率特性为

$$G(\mathrm{j}\omega)=1+\mathrm{j}\omega T$$

$$G\mid(\mathrm{j}\omega)\mid=\sqrt{1+T^{2}\omega^{2}}$$

$$\angle G(\mathrm{j}\omega)=\arctan T\omega$$

可见，一阶微分环节幅相频率特性是在复平面上通过(1,0)点，且平行于虚轴的一条上半直线，如图 5.14 所示。

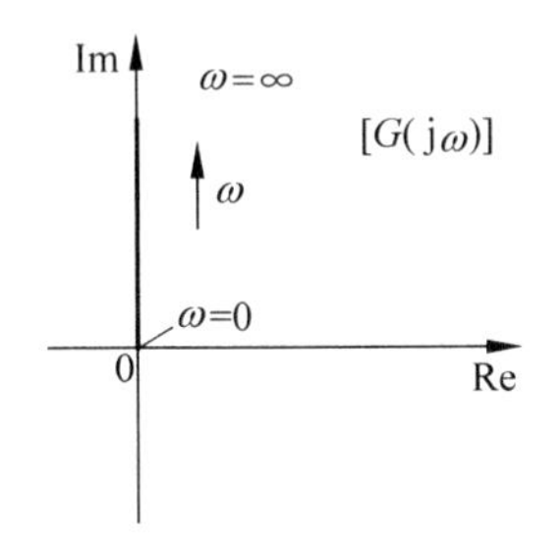

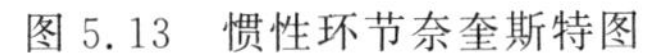
图 5.13　惯性环节奈奎斯特图

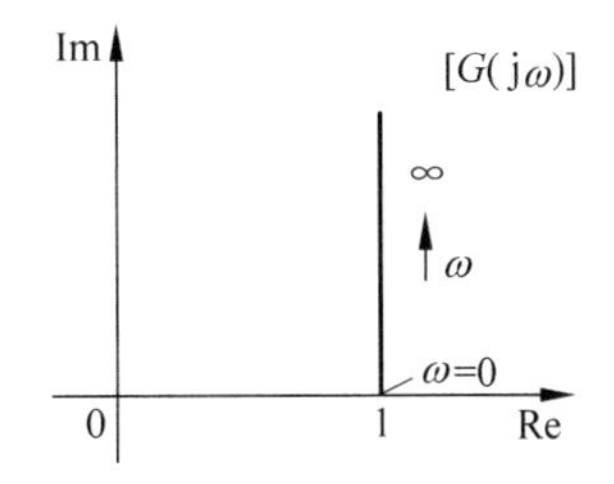

图 5.14　一阶微分环节奈奎斯特图

6. 振荡环节

振荡环节的频率特性为

$$G(\mathrm{j}\omega)=\frac{1}{T^{2}(\mathrm{j}\omega)^{2}+2\zeta T(\mathrm{j}\omega)+1}$$

$$\mid G(\mathrm{j}\omega)\mid=\frac{1}{\sqrt{(1-T^{2}\omega^{2})^{2}+(2\zeta T\omega)^{2}}}$$

$$\angle G(\mathrm{j}\omega)=\arctan\frac{-2\zeta T\omega}{1-T^{2}\omega^{2}}$$

当 $\omega=0$ 时，$|G(\mathrm{j}\omega)|=1$，$\angle G(\mathrm{j}\omega)=0°$，频率特性在正实轴上；当 $\omega=\frac{1}{T}$ 时，$|G(\mathrm{j}\omega)|=\frac{1}{2\zeta}$，$\angle G(\mathrm{j}\omega)=-90°$，频率特性与负虚轴相交，并且 ζ 值越小，虚轴上的交点离原点越远；当 $\omega\to\infty$，$|G(\mathrm{j}\omega)|=0$，$\angle G(\mathrm{j}\omega)=-180°$，即频率特性沿负实轴方向趋向原点。振荡环节的奈奎斯特图如图 5.15(a)所示。

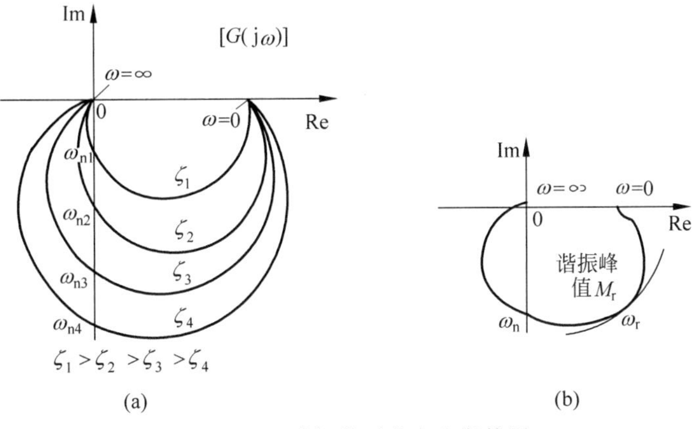

图 5.15　二阶振荡环节奈奎斯特图

由图 5.15 可见,随 $\omega=0\to\infty$ 变化,$|G(\mathrm{j}\omega)|$ 先增加,然后再逐渐衰减直至 0。振荡环节的幅频特性不仅与 ω 有关,而且随着 ζ 的不同而变化。ζ 值越小,幅频特性的峰值越明显。$|G(\mathrm{j}\omega)|$ 达到极大值时对应的幅值称为谐振峰值,记为 M_r,对应的频率称为谐振频率,记为 ω_r。

令 $\dfrac{\mathrm{d}|G(\mathrm{j}\omega)|}{\mathrm{d}\omega}=0$,得:

谐振频率为
$$\omega_r=\frac{1}{T}\sqrt{1-2\zeta^2}=\omega_n\sqrt{1-2\zeta^2}\quad(0<\zeta<0.707)$$

谐振峰值为
$$M_r=|G(\mathrm{j}\omega_r)|=\frac{1}{2\zeta\sqrt{1-\zeta^2}}$$

当 $\zeta>0.707$ 时,幅频特性不出现峰值,$|G(\mathrm{j}\omega)|$ 单调衰减;当 $\zeta=0.707$ 时,$|G(\mathrm{j}\omega)|=1$,$\omega_r=0$,这正是幅频特性曲线的初始点频率;当 $\zeta<0.707$ 时,则 $|G(\mathrm{j}\omega)|=M_r>1$,$\omega_r>0$,幅频特性出现峰值,而且 ζ 越小,峰值 M_r 越大,频率 ω_r 越高;当 $\zeta=0$ 时,$M_r=\infty$,峰值频率 ω_r 趋于 ω_n;这表明外加正弦信号的角频率等于振荡环节的自然振荡频率时,引起环节的共振,环节处于临界稳定状态。一般要求 $M_r<1.5$,ζ 取最佳值 0.707,阶跃响应既快又稳,比较理想。

7. 二阶微分环节

二阶微分环节的频率特性为

$$G(\mathrm{j}\omega)=T^2(\mathrm{j}\omega)^2+2\zeta T(\mathrm{j}\omega)+1$$
$$|G(\mathrm{j}\omega)|=\sqrt{(1-T^2\omega^2)^2+4\zeta^2\omega^2T^2}$$
$$\angle G(\mathrm{j}\omega)=\arctan\frac{2\zeta T\omega}{1-T^2\omega^2}$$

当 $\omega\to0$ 时,$|G(\mathrm{j}\omega)|=1$,$\angle G(\mathrm{j}\omega)=0°$;当 $\omega\to\infty$ 时,$|G(\mathrm{j}\omega)|=\infty$,$\angle G(\mathrm{j}\omega)=180°$,二阶微分环节的幅相特性曲线如图 5.16 所示。

8. 延迟环节

延迟环节频率特性为
$$G(\mathrm{j}\omega)=1\cdot \mathrm{e}^{\mathrm{j}(-\tau\omega)}$$
$$|G(\mathrm{j}\omega)|=1,\quad \angle G(\mathrm{j}\omega)=-\tau\omega$$

式中:τ 为滞后时间常数。

延迟环节的幅相特性曲线是以原点为中心、半径为 1 的圆,如图 5.17 所示。

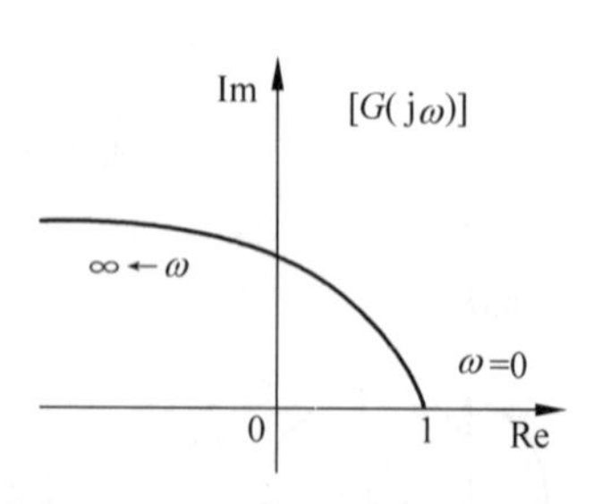

图 5.16　二阶微分环节奈奎斯特图

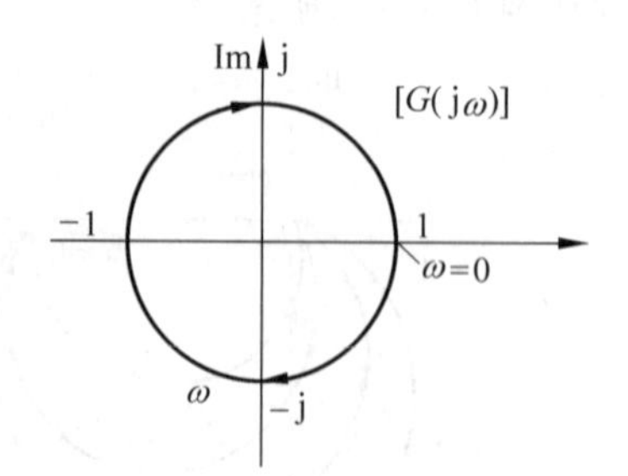

图 5.17　延迟环节奈奎斯特图

[**例 5-3**]　已知某环节的幅相特性曲线如图 5.18 所示,当输入频率 $\omega=1$ 的正弦信号时,该环节稳态响应的相位滞后 30°,试确定环节的传递函数。

解:根据幅相特性曲线的形状,可以断定该环节传递函数形式为

$$G(\mathrm{j}\omega)=\frac{K}{Ts+1}$$

依题意有 $A(0)=|G(\mathrm{j}0)|=K=10$，$\varphi(1)=-\arctan T=-30°$，因此得

$$K=10,\quad T=\sqrt{3}/3$$

所以

$$G(s)=\frac{10}{\frac{\sqrt{3}}{3}s+1}$$

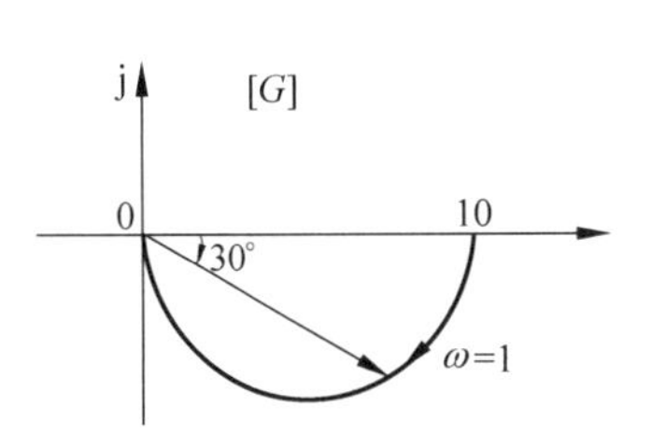

图 5.18 某环节幅相特性曲线

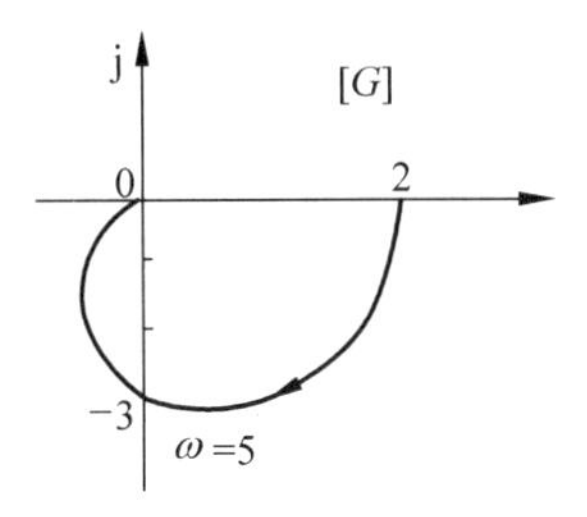

图 5.19 幅相特性曲线图

［**例 5-4**］ 由实验得到某环节的幅相特性曲线如图 5.19 所示，试确定环节的传递函数 $G(s)$，并确定其 ω_r、M_r。

解：根据幅相特性曲线的形状可以确定 $G(s)$ 的形式

$$G(s)=\frac{K\omega_n^2}{s^2+2\zeta\omega_n s+\omega_n^2}$$

其频率特性为

$$A(\omega)=\frac{K}{\sqrt{\left[1-\frac{\omega^2}{\omega_n^2}\right]^2+4\zeta^2\frac{\omega^2}{\omega_n^2}}},\quad \varphi(\omega)=-\arctan\frac{2\zeta\frac{\omega}{\omega_n}}{1-\frac{\omega^2}{\omega_n^2}}$$

根据图 5.19，$A(0)=2$，得 $K=2$

$\varphi(5)=-90°$，得 $\omega_n=5$

$A(\omega_n)=3$，有 $\frac{K}{2\zeta}=3$，得

$$\zeta=\frac{K}{2\times3}=\frac{2}{2\times3}=\frac{1}{3}$$

$$G(s)=\frac{2\times5^2}{s^2+2\times\frac{1}{3}\times5s+5^2}=\frac{50}{s^2+3.33s+25}$$

$$\omega_r=\omega_n\sqrt{1-2\zeta^2}=5\sqrt{1-2\times\left(\frac{1}{3}\right)^2}=\frac{5}{3}\sqrt{7}$$

$$M_r=\frac{1}{2\zeta\sqrt{1-\zeta^2}}=\frac{1}{2\times\frac{1}{3}\sqrt{1-\left(\frac{1}{3}\right)^2}}=\frac{9}{8}\sqrt{2}$$

5.2.2 开环系统的奈奎斯特图绘制

绘制奈奎斯特图的具体步骤如下：

(1) 写出开环$|G(\mathrm{j}\omega)|$以及$\angle G(\mathrm{j}\omega)$的表达式。

(2) 求出开环系统 $\omega=0$ 和 $\omega=\infty$的 $G(\mathrm{j}\omega)$。

(3) 必要时绘制奈奎斯特图中间若干点。

(4) 勾画出大致曲线。

[**例 5-5**]　已知系统的开环传递函数为$G(s)=\dfrac{K}{(1+T_1 s)(1+T_2 s)}$,试绘制系统的开环幅相特性。

解:该系统为 0 型系统,系统开环频率特性为

$$G(\mathrm{j}\omega)=\frac{K}{(1+\mathrm{j}T_1\omega)(1+\mathrm{j}T_2\omega)}=\frac{K(1-T_1T_2\omega^2)-\mathrm{j}K\omega(T_1+T_2)}{(1+T_1^2\omega^2)(1+T_2^2\omega^2)}$$

幅频特性为

$$|G(\mathrm{j}\omega)|=\frac{K}{\sqrt{(T_1\omega)^2+1}\cdot\sqrt{(T_2\omega)^2+1}}$$

相频特性为

$$\varphi(\omega)=-\arctan T_1\omega-\arctan T_2\omega$$

当 $\omega=0$ 时,$|G(\mathrm{j}\omega)|=K,\varphi(\omega)=0°$;

当 $\omega=\infty$时,$|G(\mathrm{j}\omega)|=0,\varphi(\omega)=-180°$。

因此,该系统的幅相特性图始于正实轴上的一个有限点$(K,0)$,随着 ω 增大,当 $\omega=\infty$时,$G(\mathrm{j}\omega)$以$-180°$相位趋于坐标原点。系统的幅相特性如图 5.20 所示。

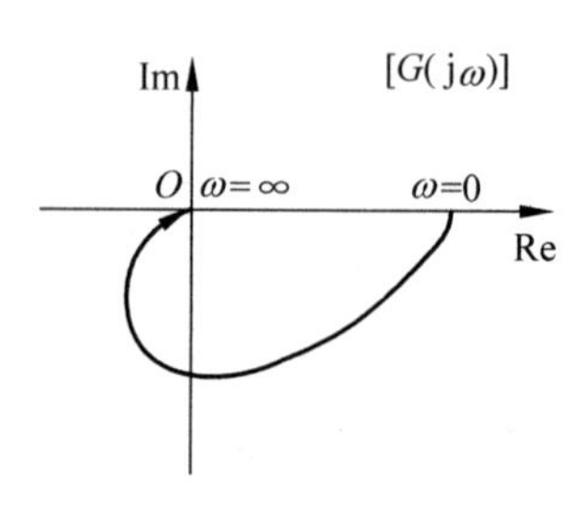

图 5.20　例 5-5 图

[**例 5-6**]　单位反馈系统的开环传递函数为

$$G(s)=\frac{K}{s^v(T_1s+1)(T_2s+1)}=K\,\frac{1}{s^v}\cdot\frac{\frac{1}{T_1}}{s+\frac{1}{T_1}}\cdot\frac{\frac{1}{T_2}}{s+\frac{1}{T_2}}$$

分别概略绘出当系统型别 $v=0,1,2,3$ 时的开环幅相特性。

解:讨论 $v=1$ 时的情形。在 s 平面中画出$G(s)$的零、极点分布图,如图 5.21(a)所示。系统开环频率特性为

$$G(\mathrm{j}\omega)=\frac{K/T_1T_2}{(s-p_1)(s-p_2)(s-p_3)}=\frac{K/T_1T_2}{\mathrm{j}\omega\left(\mathrm{j}\omega+\frac{1}{T_1}\right)\left(\mathrm{j}\omega+\frac{1}{T_2}\right)}$$

在 s 平面原点存在开环极点的情况下,为避免 $\omega=0$ 时 $G(\mathrm{j}\omega)$相角不确定,我们取 $s=\mathrm{j}\omega=\mathrm{j}0^+$ 作为起点进行讨论($0^+\sim0$ 距离无限小,如图 5.21 所示)。

$$\overrightarrow{s-p_1}=\overrightarrow{\mathrm{j}0^++0}=A_1\angle\varphi_1=0\angle90°$$

$$\overrightarrow{s-p_2}=\overrightarrow{\mathrm{j}0^++\frac{1}{T_1}}=A_2\angle\varphi_2=\frac{1}{T_1}\angle0°$$

$$\overrightarrow{s-p_3}=\overrightarrow{\mathrm{j}0^++\frac{1}{T_2}}=A_3\angle\varphi_3=\frac{1}{T_2}\angle0°$$

所以
$$G(\mathrm{j}0^{+})=\frac{K}{\prod\limits_{i=1}^{3}A_i}\angle-\sum_{i=1}^{3}\varphi_i=\infty\angle 90^{\circ}$$

当 ω 由 0^{+} 逐渐增加时，$\mathrm{j}\omega,\mathrm{j}\omega+\frac{1}{T_1},\mathrm{j}\omega+\frac{1}{T_2}$ 三个矢量的幅值连续增加；除 $\varphi_1=90^{\circ}$ 外，φ_2,φ_3 均由 0 连续增加，分别趋向于 90°。

当 $s=\mathrm{j}\omega=\mathrm{j}\infty$ 时，有

$$\overrightarrow{s-p_1}=\overrightarrow{\mathrm{j}\infty-0}=A_1\angle\varphi_1=\infty\angle 90^{\circ}$$

$$\overrightarrow{s-p_2}=\overrightarrow{\mathrm{j}\infty+\frac{1}{T_1}}=A_2\angle\varphi_2=\infty\angle 90^{\circ}$$

$$\overrightarrow{s-p_3}=\overrightarrow{\mathrm{j}\infty+\frac{1}{T_2}}=A_3\angle\varphi_3=\infty\angle 90^{\circ}$$

所以
$$G(\mathrm{j}\infty)=\frac{K}{\prod\limits_{i=1}^{3}A_i}\angle-\sum_{i=1}^{3}\varphi_i=0\angle-270^{\circ}$$

由此可以概略绘出 $G(\mathrm{j}\omega)$ 的幅频曲线，如图 5.21(b)中曲线 G_1 所示。

同理，讨论 $v=0,2,3$ 时的情况，可以列出表 5.4，相应概略绘出幅频曲线分别如图 5.21(b)中 G_0,G_2,G_3 所示。

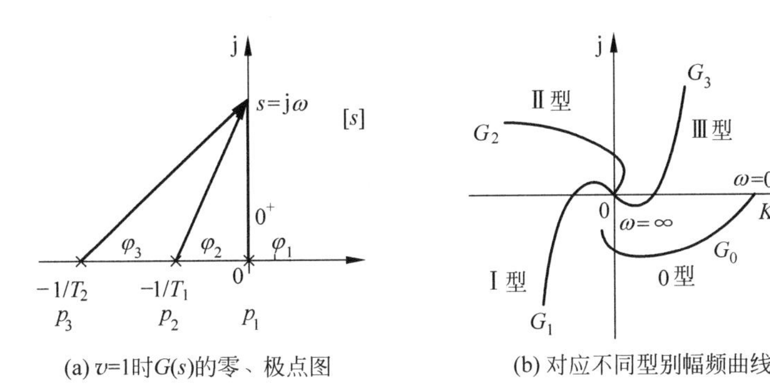

(a) v=1时$G(s)$的零、极点图　　(b) 对应不同型别幅频曲线

图 5.21 例 5-6 图

表 5.4 例 5-6 结果列表

v	$G(\mathrm{j}\omega)$	$G(\mathrm{j}0^{+})$	$G(\mathrm{j}\infty)$	零、极点分布
0	$G_0(\mathrm{j}\omega)=\frac{K}{(\mathrm{j}T_1\omega+1)(\mathrm{j}T_2\omega+1)}$	$K\angle 0^{\circ}$	$0\angle-180^{\circ}$	[s] j 0 −1/T₂ −1/T₁
Ⅰ	$G_1(\mathrm{j}\omega)=\frac{K}{\mathrm{j}\omega(\mathrm{j}T_1\omega+1)(\mathrm{j}T_2\omega+1)}$	$\infty\angle-90^{\circ}$	$0\angle-270^{\circ}$	[s] j 0 −1/T₂ −1/T₁

续表

v	$G(\mathrm{j}\omega)$	$G(\mathrm{j}0^+)$	$G(\mathrm{j}\infty)$	零、极点分布
Ⅱ	$G_2(\mathrm{j}\omega)=\dfrac{K}{(\mathrm{j}\omega)^2(\mathrm{j}T_1\omega+1)(\mathrm{j}T_2\omega+1)}$	$\infty\angle-180^\circ$	$0\angle-360^\circ$	[s] j 0 $-1/T_2$ $-1/T_1$
Ⅲ	$G_3(\mathrm{j}\omega)=\dfrac{K}{(\mathrm{j}\omega)^3(\mathrm{j}T_1\omega+1)(\mathrm{j}T_2\omega+1)}$	$\infty\angle-270^\circ$	$0\angle-450^\circ$	[s] j 0 $-1/T_2$ $-1/T_1$

当系统在右半 s 平面不存在零、极点时，系统开环传递函数一般可写为

$$G(s)=\frac{K(\tau_1 s+1)(\tau_2 s+1)\cdots(\tau_m s+1)}{s^v(T_1 s+1)(T_2 s+1)\cdots(T_{n-v}s+1)}\quad(n>m)$$

开环幅相曲线的起点 $G(\mathrm{j}0^+)$完全由 K，v 确定，而终点 $G(\mathrm{j}\infty)$则由 $n-m$ 来确定，即

$$G(\mathrm{j}0^+)=\begin{cases}K\angle 0^\circ, & v=0\\ \infty\angle-90^\circ v, & v>0\end{cases}$$

$$G(\mathrm{j}\infty)=0\angle-90^\circ(n-m)$$

5.3　开环系统伯德图的绘制

5.3.1　典型环节的伯德图

1. 放大环节

放大环节的对数幅频特性和对数相频特性分别为

$$L(\omega)=20\lg K$$

$$\varphi(\omega)=0^\circ$$

放大环节的幅频特性是幅值为 $20\lg K$(dB)的一条平行于横坐标的水平直线；其相频特性的相角为零，与频率 ω 无关。放大环节的伯德图如图 5.22 所示。

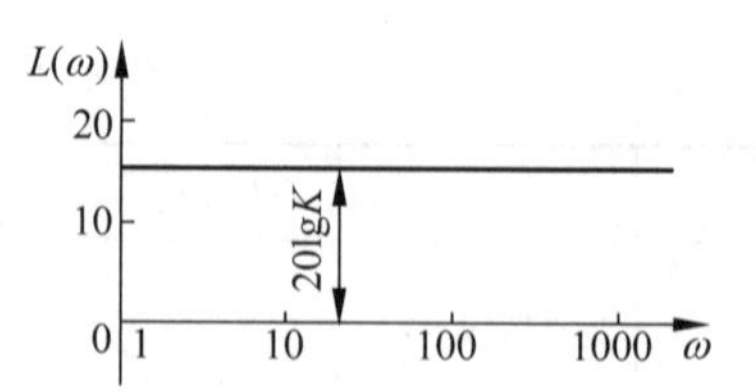

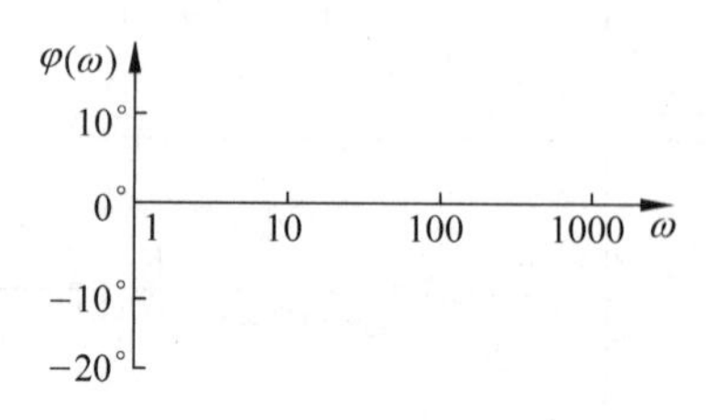

图 5.22　放大环节伯德图

2. 积分环节

积分环节的对数幅频特性与对数相频特性分别为

$$L(\omega)=-20\lg\omega$$

$$\varphi(\omega)=-90^\circ$$

积分环节的幅频特性是一条斜率为 -20dB/dec 的

直线，且在 $\omega=1$ 处通过 0dB 线，即

$$L(\omega)\Big|_{\omega=1}=-20\lg 1=0$$

积分环节的相频特性为 $\varphi(\omega)=-90°$ 的水平直线，与频率 ω 无关。积分环节的伯德图如图 5.23 所示。

3. 纯微分环节

纯微分环节的对数幅频特性与对数相频特性分别为

$$L(\omega)=20\lg\omega$$

$$\varphi(\omega)=90°$$

纯微分环节的幅频特性是一条斜率为 20dB/dec 的直线，且在 $\omega=1$ 处通过 0dB 线。对数相频特性为 $+90°$ 的水平直线。纯微分环节的伯德图如图 5.24 所示。

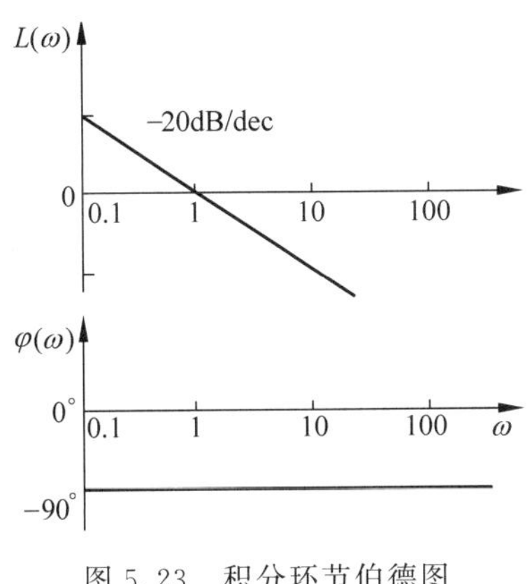

图 5.23　积分环节伯德图

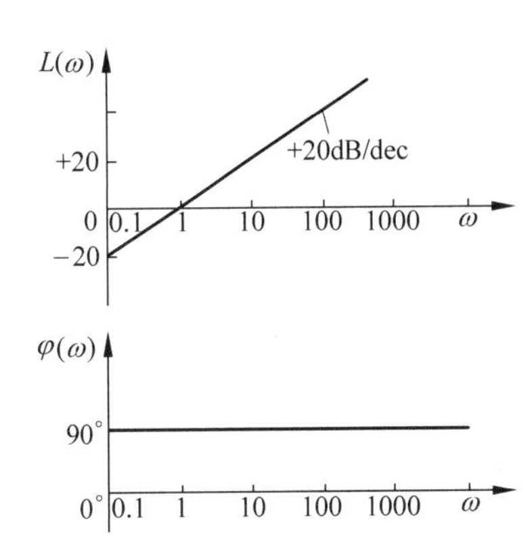

图 5.24　纯微分环节伯德图

比较积分环节和纯微分环节可以发现，它们的传递函数互为倒数，而它们的对数幅频特性和相频特性则对称于横轴，这是一个普遍规律，即传递函数互为倒数时，对数幅频特性和相频特性对称于横轴。

4. 惯性环节

惯性环节的对数幅频与对数相频特性为

$$L(\omega)=-20\lg\sqrt{1+(\omega T)^2}$$

$$\varphi(\omega)=-\arctan(\omega T)$$

当 $\omega<\dfrac{1}{T}$ 时，即 $(T\omega)^2\ll 1$，则 $(T\omega)^2$ 可以忽略不计，得到 $L(\omega)\approx 20\lg 1=0$，表明 $L(\omega)$ 的低频渐近线是 0dB 水平线。

当 $\omega>\dfrac{1}{T}$ 时，即 $(T\omega)^2\gg 1$，则 1 忽略不计，得到 $L(\omega)=-20\lg T\omega$，表明 $L(\omega)$ 的高频渐近线是一条过点 $(1/T,0)$，斜率为 -20dB/dec 的直线。高频渐近线和低频渐近线的交接点频率 $\omega_T=\dfrac{1}{T}$ 称为交接频率或转折频率。惯性环节的伯德图如图 5.25 所示。

5. 一阶微分环节

一阶微分环节的对数幅频与对数相频特性表达式为

$$L(\omega)=20\lg\sqrt{1+(\omega T)^2}$$

$$\varphi(\omega)=\arctan(\omega T)$$

一阶微分环节的伯德图如图 5.26 所示。惯性环节和一阶微分环节的传递函数互为倒数,它们的对数幅频特性和相频特性则对称于横轴。

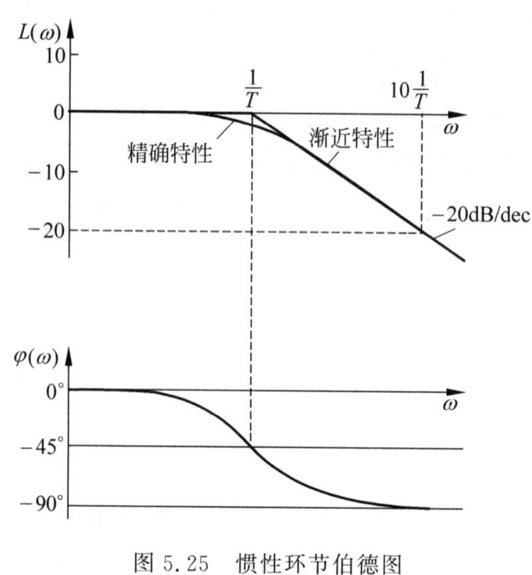

图 5.25 惯性环节伯德图

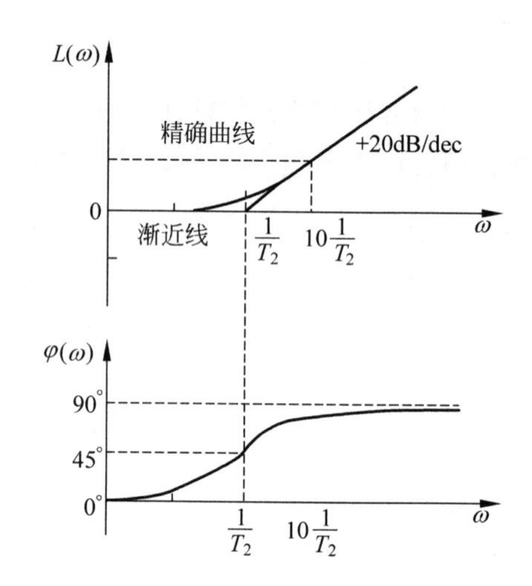

图 5.26 一阶微分环节伯德图

6. 振荡环节

振荡环节的对数幅频与对数相频特性表达式为

$$L(\omega)=-20\lg\sqrt{(1-T^2\omega^2)^2+(2\zeta T\omega)^2}$$

$$\varphi(\omega)=-\arctan\frac{2\zeta\omega T}{1-T^2\omega^2}$$

当 $\omega T<1$ 时,$L(\omega)\approx0$,表明 $L(\omega)$的低频渐近线是 0dB 水平线。

当 $\omega T>1$ 时,$L(\omega)\approx-20\lg(\omega T)^2=-40\lg(\omega T)$,表明 $L(\omega)$的高频渐近线是一条过点$(1/T,0)$,斜率为-40dB/dec 的直线。高频渐近线与低频渐近线相交于 $\omega=\frac{1}{T}=\omega_n$,所以,无阻尼自然频率 ω_n 即为振荡环节的转折频率。如图 5.27 所示为当 ζ 取不同值时振荡环节的伯德图。

7. 二阶微分环节

二阶微分环节的对数幅频与对数相频特性表达式为

$$L(\omega)=20\lg\sqrt{(1-T^2\omega^2)^2+(2\zeta T\omega)^2}$$

$$\varphi(\omega)=\arctan\frac{2\zeta\omega T}{1-T^2\omega^2}$$

二阶微分环节与振荡环节成倒数关系，其伯德图与振荡环节伯德图关于频率轴对称，如图 5.28 所示。

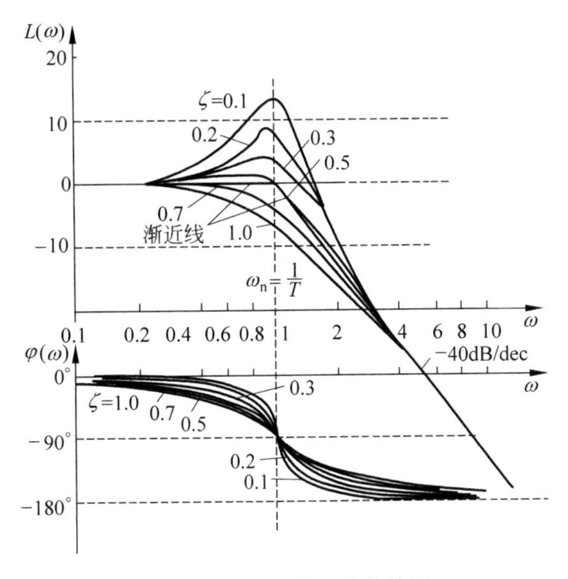

图 5.27　二阶振荡环节伯德图

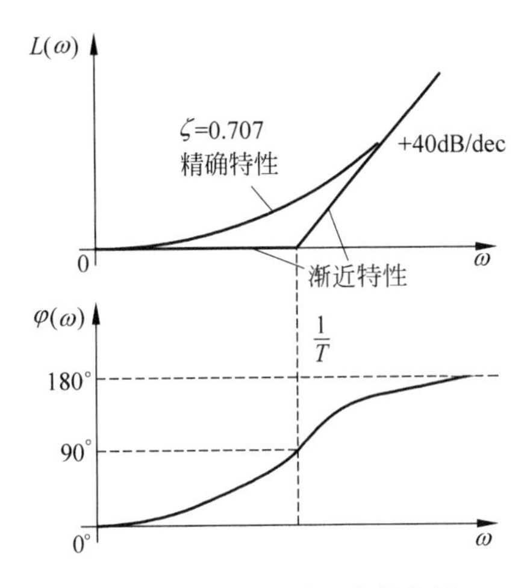

图 5.28　二阶微分环节伯德图

8. 延时环节

延时环节的对数幅频与对数相频特性表达式为

$$L(\omega)=20\lg|G(\mathrm{j}\omega)|=0,\quad \varphi(\omega)=-\tau\omega$$

上式表明，延迟环节的对数幅频特性与 0dB 线重合，对数相频特性值与 ω 成正比，当 $\omega\to\infty$ 时，相角滞后量也 $\to\infty$。延迟环节的伯德图如图 5.29 所示。

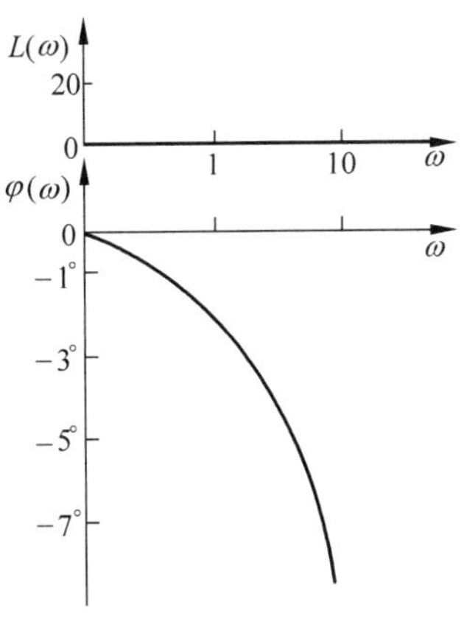

图 5.29　延时环节伯德图

5.3.2　开环系统伯德图的绘制

设开环控制系统传递函数由若干典型环节串联而成，即

$$G(s)=G_1(s)G_2(s)\cdots G_n(s)$$

则系统频率特性为

$$\begin{aligned}G(\mathrm{j}\omega)&=G_1(\mathrm{j}\omega)G_2(\mathrm{j}\omega)\cdots G_n(\mathrm{j}\omega)=A_1(\omega)\mathrm{e}^{\mathrm{j}\varphi_1(\omega)}\cdot A_2(\omega)\mathrm{e}^{\mathrm{j}\varphi_2(\omega)}\cdots A_n(\omega)\mathrm{e}^{\mathrm{j}\varphi_n(\omega)}\\&=A(\omega)\mathrm{e}^{\mathrm{j}\varphi(\omega)}\end{aligned}$$

系统的开环幅频特性为

$$\begin{aligned}L(\omega)&=20\lg A_1(\omega)+20\lg A_2(\omega)+\cdots+20\lg A_n(\omega)\\&=L_1(\omega)+L_2(\omega)+\cdots+L_3(\omega)\end{aligned}\tag{5-8}$$

系统的开环相频特性为

$$\varphi(\omega)=\varphi_1(\omega)+\varphi_2(\omega)+\cdots+\varphi_n(\omega)\tag{5-9}$$

式(5-8)和式(5-9)表明，$G(\mathrm{j}\omega)$所包含的各典型环节的对数幅频和对数相频曲线，将它

们分别进行代数相加,就可以求得开环系统的伯德图。绘图的具体步骤如下。

(1) 将开环传递函数写成尾1标准形式,确定系统开环增益 K,把各典型环节的转折频率由小到大依次标在频率轴上。

(2) 绘制开环对数幅频特性的渐近线。由于系统低频段渐近线的频率特性为 $K/(\mathrm{j}\omega)^v$,因此,低频段渐近线为过点 $(1, 20\lg K)$、斜率为 $-20v\mathrm{dB/dec}$ 的直线(v 为积分环节数)。

(3) 随后沿频率增大的方向每遇到一个转折频率就改变一次斜率,其规律是遇到惯性环节的转折频率,则斜率变化量为 $-20\mathrm{dB/dec}$;遇到一阶微分环节的转折频率,斜率变化量为 $+20\mathrm{dB/dec}$;遇到振荡环节的转折频率,斜率变化量为 $-40\mathrm{dB/dec}$ 等。渐近线最后一段(高频段)的斜率为 $-20(n-m)\mathrm{dB/dec}$;其中 n、m 分别为 $G(s)$ 分母、分子的阶数。

(4) 如果需要,可按照各典型环节的误差曲线对相应段的渐近线进行修正,以得到精确的对数幅频特性曲线。

(5) 绘制相频特性曲线。分别绘出各典型环节的相频特性曲线,再沿频率增大的方向逐点叠加,最后将相加点连接成曲线。

[**例 5-7**] 设开环系统传递函数为

$$G(s)=\frac{10(s+3)}{s(s+2)(s^2+s+2)}$$

试绘制开环系统的伯德图。

解:首先将 $G(s)$ 化为尾1标准形式,令 $s=\mathrm{j}\omega$,得频率特性标准形式为

$$G(\mathrm{j}\omega)=\frac{7.5\left(\frac{\mathrm{j}\omega}{3}+1\right)}{(\mathrm{j}\omega)\left(\frac{\mathrm{j}\omega}{2}+1\right)\left(\frac{(\mathrm{j}\omega)^2}{2}+\frac{\mathrm{j}\omega}{2}+1\right)}$$

该系统由比例环节、积分环节、惯性环节、一阶微分环节和振荡环节共5个环节组成。

确定转折频率:振荡环节转折频率 $\omega_1=\sqrt{2}$;惯性环节转折频率 $\omega_2=2$;一阶微分环节转折频率 $\omega_3=3$。

开环增益 $K=7.5$,系统型别 $v=1$,低频起始段由 $\frac{K}{s}=\frac{7.5}{s}$ 决定。

绘制伯德图的步骤如下(如图5.30所示)。

(1) 过 $\omega=1, 20\lg 7.5$ 点作一条斜率为 $-20\mathrm{dB/dec}$ 的直线,此即为低频段的渐近线。

(2) 在 $\omega_1=\sqrt{2}$ 处,将渐近线斜率由 $-20\mathrm{dB/dec}$ 变为 $-60\mathrm{dB/dec}$,这是振荡环节作用的结果。

(3) 在 $\omega_2=2$ 处,由于惯性环节的作用使渐近线斜率由原来的 $-60\mathrm{dB/dec}$ 变为 $-80\mathrm{dB/dec}$。

(4) 在 $\omega_3=3$ 处,由于一阶微分环节的作用,渐近线频率改变 $-80\mathrm{dB/dec}$ 形成了 $-60\mathrm{dB/dec}$ 的线段。

(5) 若有必要,可利用误差曲线修正。

(6) 开环系统的对数相频曲线由比例环节、积分环节、惯性环节、一阶微分和振荡环节的对数相频曲线叠加得到。

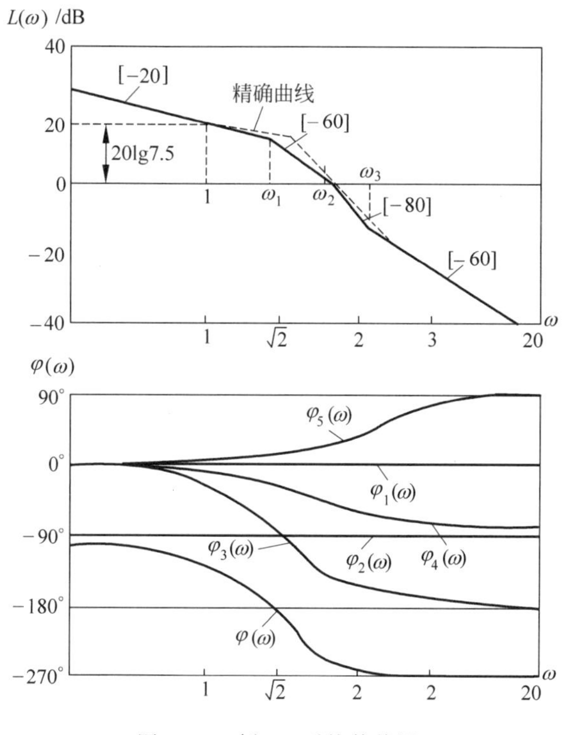

图 5.30　例 5-7 系统伯德图

［**例 5-8**］　已知某系统的开环对数频率特性如图 5.31 所示，试确定其开环传递函数。

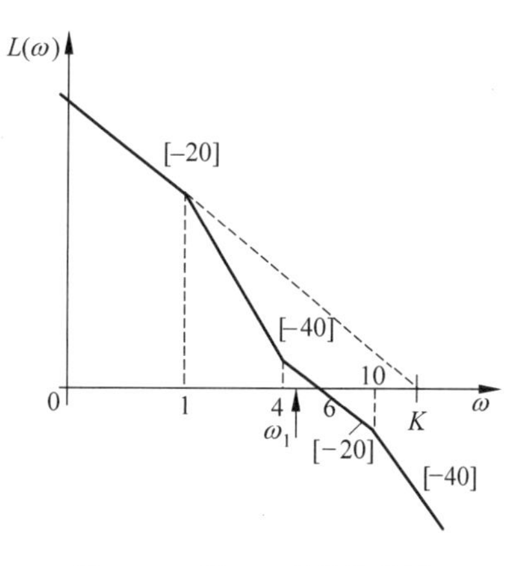

图 5.31　例 5-8 系统伯德图

解：由于在图 5.31 上，最左端直线的斜率为 −20dB/dec，故系统包含一个积分环节。最左端直线的延长线和零分贝线的交点频率为系统的开环增益 K，根据 $\omega_1{}^2=1\times K=4\times 6$，求得 $K=24$。

因为在 $\omega=1$ 时，近似对数幅频曲线斜率从 −20dB/dec 变为 −40dB/dec，故 $\omega=1$ 是惯性环节的交接频率，由类似分析可知，$\omega=4$ 是一阶微分环节的转折频率，$\omega=10$ 是惯性环节的转折频率。于是系统的传递函数为

$$G(s)=\frac{24(s/4+1)}{s(0.1s+1)}$$

5.4　控制系统稳定性的频域分析

5.4.1　奈奎斯特稳定性判据

劳斯稳定判据法根据特征方程根和系数的关系判断系统的稳定性。但该判据必须具有

闭环系统的特征方程式，且只能判别系统是否稳定，不能指出稳定的程度。根轨迹法则根据特征方程的根随系统参量变化的轨迹来判断系统的稳定性。

在频域的稳定判据中，奈奎斯特稳定判据(简称奈氏判据)用开环频率特性判别闭环系统稳定性。该判据不但可以判断系统是否稳定(绝对稳定性)，也可以确定系统的稳定程度(相对稳定性)以及改善系统性能指标的途径。

设一个闭环系统如图5.32所示，其开环传递函数为

$$G(s)H(s)=\frac{M(s)}{N(s)} \tag{5-10}$$

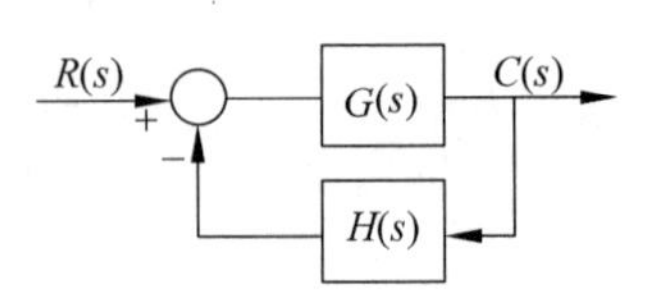

图5.32　典型控制系统

式中：$M(s)$为m阶开环传递函数的分子多项式；$N(s)$为n阶开环传递函数的分母多项式，且$n\geqslant m$。

则闭环传递函数为

$$\Phi(s)=\frac{G(s)}{1+G(s)H(s)}=\frac{G(s)}{1+\dfrac{M(s)}{N(s)}}=\frac{N(s)G(s)}{N(s)+M(s)} \tag{5-11}$$

设辅助函数$F(s)$为

$$F(s)=\frac{N(s)+M(s)}{N(s)}=1+G(s)H(s)$$

以$s=\mathrm{j}\omega$代入上式，则有

$$F(\mathrm{j}\omega)=1+G(\mathrm{j}\omega)H(\mathrm{j}\omega)$$

综上所述可知，辅助函数$F(s)$具有以下特点：

(1) 辅助函数$F(s)$是闭环特征多项式与开环特征多项式之比，其零点和极点分别为闭环极点和开环极点。

(2) $F(s)$的零点、极点个数相同，均为n个。

(3) $F(s)$与开环传递函数$G(s)H(s)$之间只差常量1。

闭环系统稳定的充要条件是：特征方程的根，即$F(s)$的零点，位于s平面左半部。

为了判断闭环系统的稳定性，需要检验$F(s)$是否具有位于右半部的零点。定义一条包围整个s平面右半部的按顺时针方向运动的封闭曲线，通常称为奈奎斯特曲线，简称奈氏曲线，如图5.33所示。该曲线由三部分组成：

(1) 正虚轴$s=\mathrm{j}\omega$：频率ω由0变化到∞；

(2) 半径为无限大的右半圆$s=R\mathrm{e}^{\mathrm{j}\theta}$：$R\to\infty$，$\theta$由$\pi/2$变化到$-\pi/2$；

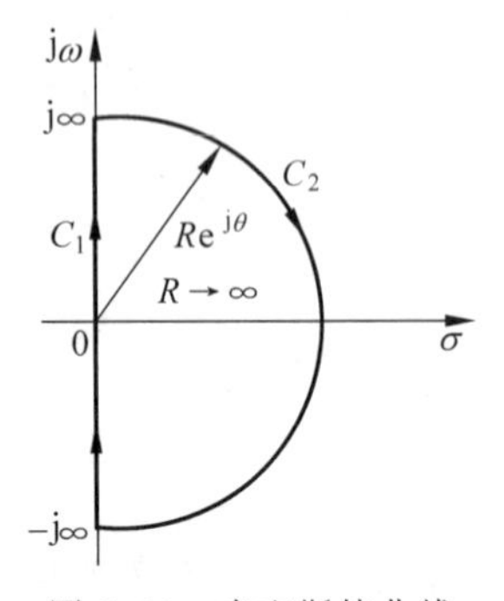

图5.33　奈奎斯特曲线

(3) 负虚轴$s=\mathrm{j}\omega$：频率ω由$-\infty$变化到0。

这样定义的封闭曲线肯定包围了$F(s)$位于右半部的所有零点和极点。

由于$F(\mathrm{j}\omega)=1+G(\mathrm{j}\omega)H(\mathrm{j}\omega)$，将$[F(\mathrm{j}\omega)]$平面上的纵轴向右移动一个单位距离，就得到另一个$[G(\mathrm{j}\omega)H(\mathrm{j}\omega)]$平面，可见，复平面$[F(\mathrm{j}\omega)]$的原点在复平面$[G(\mathrm{j}\omega)H(\mathrm{j}\omega)]$中就成了$(-1,\mathrm{j}0)$点。

奈奎斯特稳定判据为：如果开环传递函数在s复平面右半平面上有P个极点，当ω从$-\infty\to+\infty$变化时，系统的开环频

率特性曲线按逆时针方向包围(−1，j0)点 N 次，则系统闭环稳定的充分必要条件为 $N=P$。

在实际应用中，ω 是从 $0\to+\infty$ 变化的，则奈奎斯特稳定判据又可表述为：如果开环传递函数在 **s** 复平面右半平面上有 P 个极点，当 ω 从 $0\to+\infty$ 变化时，系统的开环频率特性曲线按逆时针方向包围(−1，j0)点 N 次，则系统闭环稳定的充分必要条件为 $N=\frac{P}{2}$。

［**例 5-9**］ 绘制开环传递函数为

$$G(s)H(s)=\frac{K}{T_1 s-1}$$

的系统的奈氏曲线，并判断系统的稳定性。

解：此系统的开环传递函数中，不稳定的极点个数 $P=1$，开环频率特性为

$$G(\mathrm{j}\omega)H(\mathrm{j}\omega)=\frac{K}{\mathrm{j}\omega T_1-1}$$

当 $\omega=0$ 时，$G(\mathrm{j}\omega)H(\mathrm{j}\omega)=-K$；当 $\omega=\infty$ 时，$G(\mathrm{j}\omega)H(\mathrm{j}\omega)=0$，通过计算若干个点的数值，系统的奈氏曲线如图 5.34 所示。

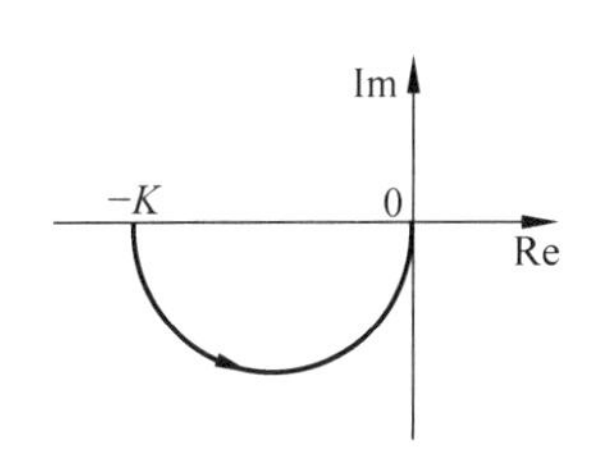

图 5.34　例 5-9 的幅相曲线

由图 5.34 可见，当 $0<K<1$ 时，奈氏曲线不包围(−1，j0)点，$N=0\neq\frac{P}{2}$，系统不稳定；当 $K>1$ 时，奈氏曲线逆时针包围(−1,j0)点 1/2 周，$N=1/2=P$，系统是稳定的。

［**例 5-10**］ 设系统开环传递函数为

$$G(s)=\frac{52}{(s+2)(s^2+2s+5)}$$

试用奈氏判据判定闭环系统的稳定性。

解：绘出系统的开环幅相特性曲线如图 5.35 所示。当 $\omega=0$ 时，曲线起点在实轴上 $P(\omega)=5.2$。当 $\omega=\infty$ 时，终点在原点。当 $\omega=2.5$ 时，曲线和负虚轴相交，交点为 $-\mathrm{j}5.06$。当 $\omega=3$ 时，曲线和负实轴相交，交点为(−2,0)。见图中实线部分。

在 s 平面右半部，系统的开环极点数 $P=0$。开环频率特性 $G(\mathrm{j}\omega)$ 随着 ω 从 0 变化到 $+\infty$ 时，顺时针方向围绕(−1,j0)点一圈，即 $N=-1\neq0$，则闭环系统不稳定。

由上例可知，如果系统开环稳定，即开环特征方程的根全部具有负实部，则系统闭环稳定的充分必要条件为系统的开环频率特性曲线不包围(−1，j0)点。

如果开环传递函数含有积分环节，即在虚轴上有极点，则需对奈氏曲线略作修改，如图 5.36 所示。即若要画出 ω 从 $0\to+\infty$ 变化时的 $G(\mathrm{j}\omega)H(\mathrm{j}\omega)$ 曲线，应先画出 ω 从 $0^+\to+\infty$ 变化时的 $G(\mathrm{j}\omega)H(\mathrm{j}\omega)$ 曲线，然后绘制 ω 从 $0\to0^+$ 时的 $G(\mathrm{j}\omega)H(\mathrm{j}\omega)$ 曲线，按顺时针方向补画半径为无穷大的圆弧 $v/4$ 周(v 个积分环节)。将 $G(\mathrm{j}\omega)H(\mathrm{j}\omega)$ 曲线补画后，原来在虚轴左面或右面的根没有变化，而坐标原点的根，现在成了新虚轴左面的根，可使用奈氏判据，此时在计算不稳定的开环极点数目 P 时，$s=0$ 的开环极点不计算在内。

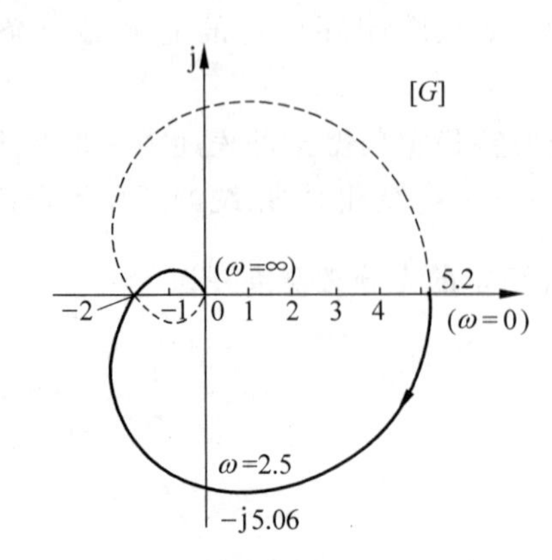

图 5.35 幅相特性曲线及其镜像

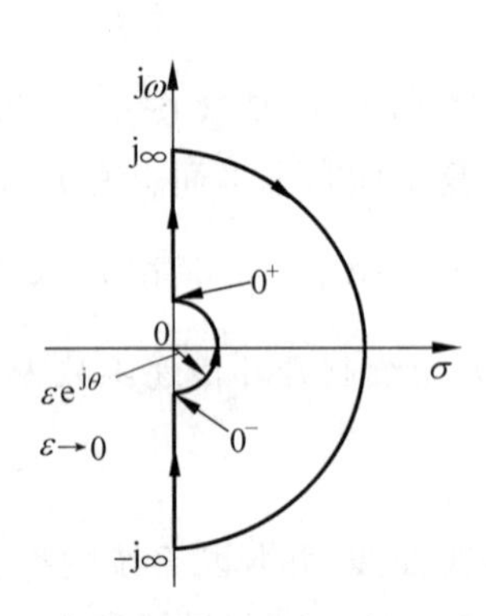

图 5.36 开环系统有积分环节时的奈氏曲线

［**例 5-11**］ 设系统开环传递函数为

$$G(s)=\frac{K}{s(Ts+1)}$$

其中 $K>0$、$T>0$，绘制奈氏曲线并判别系统的稳定性。

解：该系统 $G(s)$ 在坐标原点处有一个极点，为Ⅰ型系统。绘制奈氏曲线如图 5.37 所示。当 s 沿小半圆移动从 $\omega=0$ 变化到 $\omega=0^+$ 时，奈氏曲线应以半径 $R\to\infty$ 顺时针补画 1/4 周。此系统开环传递函数在 s 平面右半部无极点，$P=0$；$G(s)$ 的奈氏曲线又不包围点$(-1,\mathrm{j}0)$，$N=0$，故闭环系统稳定。

［**例 5-12**］ 设系统开环传递函数为

$$G(s)H(s)=\frac{4s+1}{s^2(s+1)(2s+1)}$$

绘制奈氏曲线并判别系统的稳定性。

解：与该系统对应的开环频率特性为

$$G(\mathrm{j}\omega)H(\mathrm{j}\omega)=\frac{\mathrm{j}4\omega+1}{-\omega^2(1-2\omega^2+\mathrm{j}3\omega)}=\frac{1+10\omega^2+\mathrm{j}\omega(1-8\omega^2)}{-\omega^2[(1-2\omega^2)^2+9\omega^2]}$$

该系统为最小相位系统(在 s 平面右半部没有零点和极点的系统)，经分析，可以画出概略的奈氏曲线如图 5.38 所示，奈氏曲线与负实轴有交点，可令 $\mathrm{Im}G(\mathrm{j}\omega)H(\mathrm{j}\omega)=0$，得 $\omega^2=1/8$，$\omega=0.354\mathrm{rad/s}$。此时，$\mathrm{Re}G(\mathrm{j}\omega)H(\mathrm{j}\omega)=-10.67$，即奈氏曲线与负实轴的交点为$(-10.67,\mathrm{j}0)$。

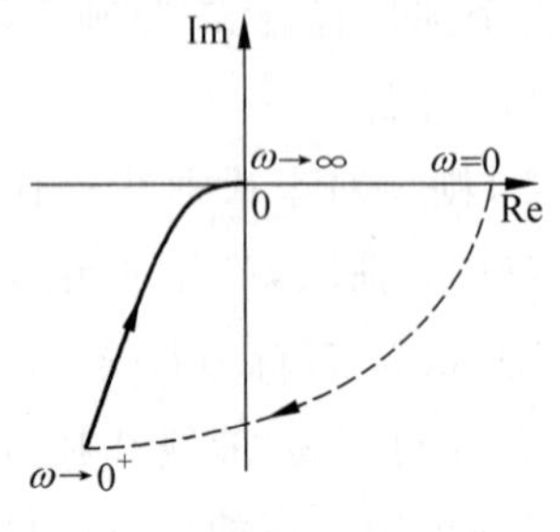

图 5.37 例 5-11 的奈氏曲线

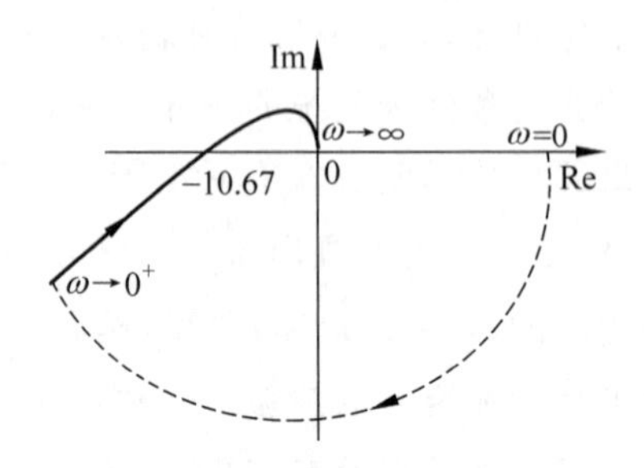

图 5.38 例 5-12 的奈氏曲线

开环系统有两个极点在 s 平面的坐标原点，因此 ω 从 0 到 0^+ 时，奈氏曲线应以无穷大半径顺时针补画 1/2 周。由图可见，$G(\mathrm{j}\omega)H(\mathrm{j}\omega)$ 顺时针方向包围了 $(-1,\mathrm{j}0)$ 点一周，即 $N=-1$，由于系统无开环极点位于 s 平面的右半部，故 $P=0$，说明系统是不稳定的。

5.4.2 对数稳定性判据

由奈氏判据可知，若系统开环稳定（$P=0$），ω 由 $0\to\infty$ 变化时，开环奈氏曲线不包围 $(-1,\mathrm{j}0)$ 点，则闭环系统稳定。开环奈氏曲线通过 $(-1,\mathrm{j}0)$ 点，则闭环系统为临界稳定状态。

实际上，系统的频域分析设计通常是在伯德图上进行的。将奈奎斯特稳定判据引申到伯德图上，即用系统开环的伯德图判别系统的稳定性，称为对数稳定性判据，简称伯德判据。

系统开环频率特性的奈氏曲线和伯德图之间存在着一定的对应关系，如图 5.39 所示。

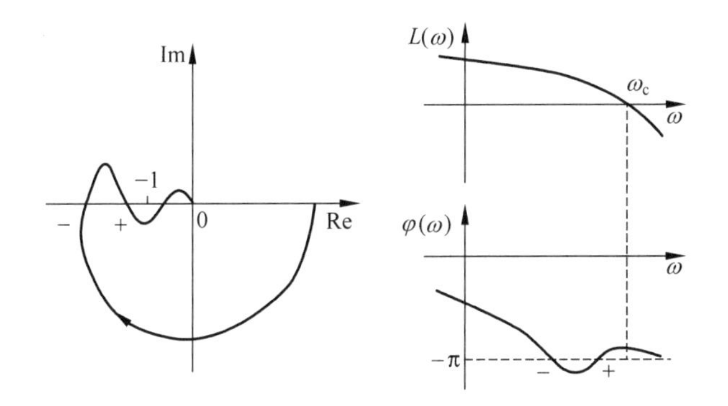

图 5.39 奈氏曲线与伯德图的对应关系

(1) 奈氏曲线上 $|G(\mathrm{j}\omega)|=1$ 的单位圆与伯德图上的 0dB 线相对应。单位圆外部对应于 $L(\omega)>0$，单位圆内部对应于 $L(\omega)<0$。

(2) 奈氏曲线上的负实轴对应于伯德图上 $\varphi(\omega)=-180°$ 线。

在奈氏曲线中，所谓穿越是指在开环幅相曲线穿过 $(-1,\mathrm{j}0)$ 点以左的负实轴。

(1) 若沿 ω 增加方向，曲线自上而下（相位增加）穿过 $(-1,\mathrm{j}0)$ 点以左的负实轴，则称为“正穿越”。正穿越一次，对应于幅相曲线逆时针包围 $(-1,\mathrm{j}0)$ 点一圈。

(2) 曲线自下而上（相位减小）穿过 $(-1,\mathrm{j}0)$ 点以左的负实轴，则称为“负穿越”。负穿越一次，对应于顺时针包围点 $(-1,\mathrm{j}0)$ 一圈。

(3) 如果沿 ω 增加方向，幅相曲线始于或止于 $(-1,\mathrm{j}0)$ 点以左负实轴，则分别称为“半次正穿越”或“半次负穿越”。

同理，在伯德图上，对应 $L(\omega)>0$ 的频段内沿 ω 增加方向，对数相频特性曲线自下而上（相角增加）穿过 $-180°$ 线称为“正穿越”；曲线自上而下（相角减小）穿过 $-180°$ 线为“负穿越”。同样，若沿 ω 增加方向，对数相频曲线自 $-180°$ 线开始向上或向下，分别称为“半次正穿越”或“半次负穿越”。

对数稳定性判据为：闭环系统稳定的充要条件是，当 ω 由 $0\to\omega$ 时，在开环对数幅频特

性 $L(\omega)>0$ 的频段内,相频特性曲线 $\varphi(\omega)$ 穿越 $-180°$ 线的次数 $N=N_{+}-N_{-}=\frac{P}{2}$(式中 N_{+} 是正穿越次数,N_{-} 是负穿越次数),则闭环系统稳定;否则,系统闭环不稳定。

同理,当开环传递函数中包含有 v 个积分环节时,在对数相频特性曲线上必须增补 ω 从 $0\sim0_{+}$ 变化时所相应的相角变化量 $-v\times90°$。

[**例 5-13**] 单位反馈系统的开环传递函数为

$$G(s)H(s)=\frac{K}{s^{2}(Ts+1)}$$

试用对数稳定判据判断系统的稳定性。

解:系统的开环对数频率特性曲线如图 5.40 所示。由于 $G(s)H(s)$ 有两个积分环节,故在对数相频曲线 ω 趋于 0 处,补画了 0°到 $-180°$ 的虚线,作为对数相频曲线的一部分。显见 $N=N_{+}-N_{-}=-1$,根据 $G(s)H(s)$ 的表达式知道,$P=0$,说明闭环系统不稳定。

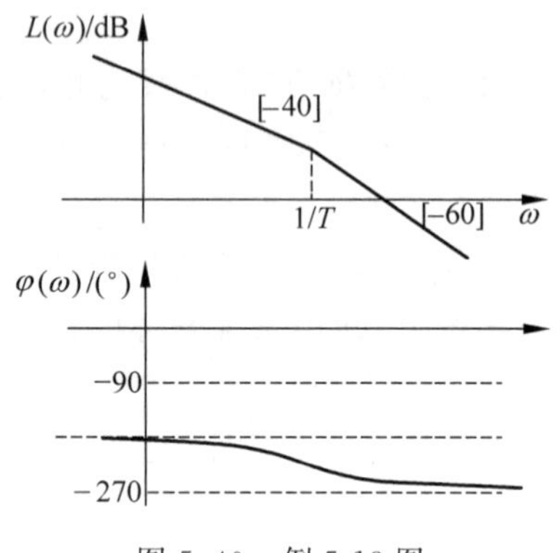

图 5.40　例 5-13 图

5.4.3　相对稳定性

在设计一个控制系统时,不仅要求它必须是绝对稳定的,而且还应保证系统具有一定的稳定程度。只有这样,才能不致因系统参数变化而导致系统性能变差甚至不稳定。所谓相对稳定性,即稳定裕度,是指稳定系统的稳定状态距离不稳定(或临界不稳定)状态的程度。

对于稳定系统,系统的奈氏曲线靠近(-1,j0)点的程度表征了系统的相对稳定性。距离(-1,j0)点越远,闭环系统的相对稳定程度越高;相反,越靠近(-1,j0)点,相应的闭环系统的稳定程度便越低。

系统的相对稳定性通常用相角裕度 γ 和幅值裕度 K_{g} 衡量。

相角裕度:开环相频特性在 $\omega=\omega_{c}$ 时的相角值 $\angle G(j\omega_{c})H(j\omega_{c})$ 与 $-180°$ 之差,称为控制系统的相角裕度,记作 γ。

根据上述定义,计算相角裕度 γ 的关系式为

$$\gamma=180°+\angle G(j\omega_{c})H(j\omega_{c}) \tag{5-12}$$

ω_{c} 称为幅值穿越频率或剪切频率,是指开环幅频特性 $|G(j\omega)H(j\omega)|=1$ 的频率值,即开环频率特性 $G(j\omega)H(j\omega)$ 与单位圆(圆心为坐标原点,半径为 1 的圆)相交处的频率值,如图 5.41(a)、(b)所示。

当 $\gamma>0°$ 时,系统稳定;$\gamma\leqslant0°$ 时,系统不稳定。γ 越小,表示系统的相对稳定性越差。在工程设计中,一般取 $\gamma=30°\sim60°$。

相角裕度的物理意义在于:稳定系统在 ω_{c} 处若相角再滞后一个 γ 角度,则系统处于临界状态;若相角滞后大于 γ,系统将变成不稳定,即在 ω_{c} 处,使闭环系统达到临界状态所需要的附加相移(超前或滞后相移)量。

幅值裕度:在相频特性 $\angle G(j\omega)H(j\omega)$ 等于 $-180°$ 的频率 ω_{g} 上,开环幅频特性值

$|G(j\omega_g)H(j\omega_g)|$的倒数，称为控制系统的幅值裕度 K_g。

$$K_g = \frac{1}{|G(j\omega_g)H(j\omega_g)|} \tag{5-13}$$

如果以 dB 表示幅值裕度时，有

$$K_g(\text{dB}) = 20\lg K_g = -20\lg|G(j\omega_g)H(j\omega_g)|(\text{dB}) \tag{5-14}$$

ω_g 称为相位穿越频率。如图 5.41(a)、(b)所示，当$|G(j\omega_g)H(j\omega_g)|<1$ 时，$K_g>1$，系统稳定；当$|G(j\omega_g)H(j\omega_g)|>1$ 时，$K_g<1$，系统不稳定。在工程设计中，一般取 $K_g>2$。

幅值裕度的物理意义在于：稳定系统的开环增益再增大 K_g 倍，则 $\omega=\omega_g$ 处的幅值 $A(\omega_g)=1$，曲线正好通过$(-1,j0)$点，系统处于临界稳定状态；若开环增益增大 K_g 倍以上，系统将变成不稳定。

γ 和 K_g 在伯德图上的表示如图 5.41(c)、(d)所示，由图可知，ω_c 就是开环对数幅频特性 $20\lg|G(j\omega)H(j\omega)|$通过 0dB 线的频率值。当幅频特性穿越 0dB 时，对应于相频特性上的 γ 在$-180°$线以上，$\gamma>0°$；当相频特性与$-180°$线交点对应于幅频特性上的 $K_g(\text{dB})$在 0dB 线以下，即 $K_g>0$，故系统稳定；反之系统不稳定。

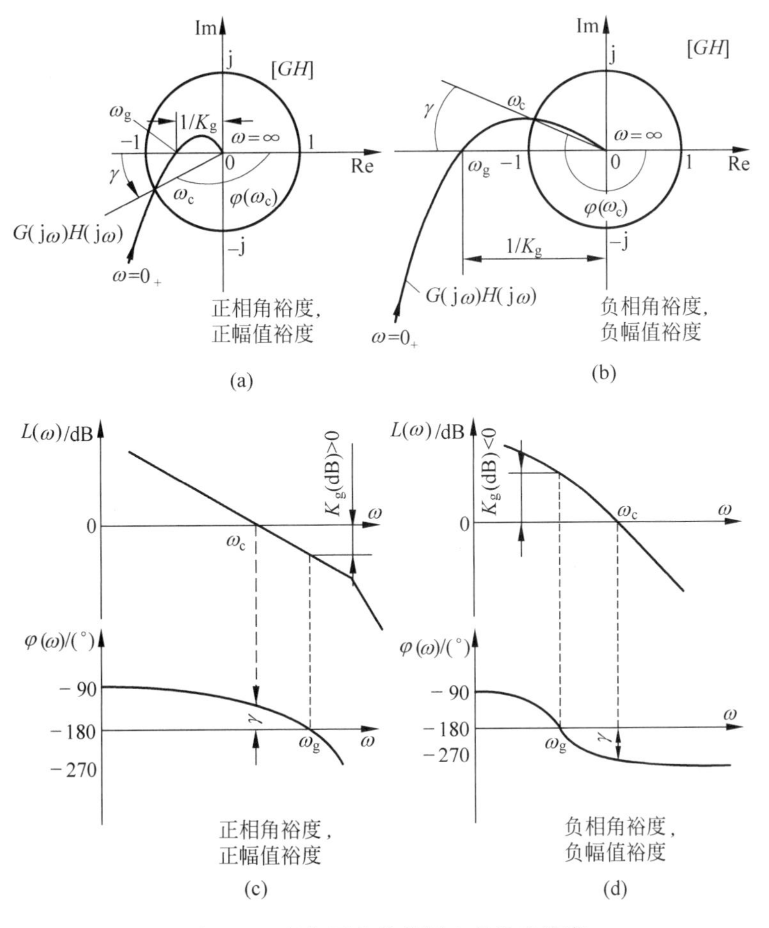

图 5.41　幅相图和伯德图上的稳定裕度

［**例 5-14**］ 单位反馈系统的开环传递函数为

$$G(s)=\frac{K_0}{s(s+1)(s+5)}$$

试求 $K_0=10$ 时系统的相角裕度和幅值裕度。

解：
$$G(s)=\frac{K_0/5}{s(s+1)\left(\frac{1}{5}s+1\right)},\qquad \begin{cases}K=K_0/5\\ v=1\end{cases}$$

当 $K=2$ 时

$$A(\omega_c)=\frac{2}{\omega_c\sqrt{\omega_c^2+1^2}\sqrt{\left(\frac{\omega_c}{5}\right)^2+1^2}}=1\approx\frac{2}{\omega_c\sqrt{\omega_c^2}\ \sqrt{1^2}}=\frac{2}{\omega_c^2}\quad(0<\omega_c<2)$$

所以
$$\omega_c=\sqrt{2}$$

$$\gamma_1=180^\circ+\angle G(j\omega_c)=180^\circ-90^\circ-\arctan\omega_c-\arctan\frac{\omega_c}{5}$$
$$=90^\circ-54.7^\circ-15.8^\circ=19.5^\circ$$

又由
$$180^\circ+\angle G(j\omega_g)=180^\circ-90^\circ-\arctan\omega_g-\arctan(\omega_g/5)=0$$

有
$$\arctan\omega_g+\arctan(\omega_g/5)=90^\circ$$

等式两边取正切：
$$\left[\frac{\omega_g+\frac{\omega_g}{5}}{1-\frac{\omega_g^2}{5}}\right]=\tan 90^\circ=\infty$$

得 $1-\omega_g^2/5=0$，即 $\omega_g=\sqrt{5}=2.236$。

$$K_g=\frac{1}{|A(\omega_g)|}=\frac{\omega_g\sqrt{\omega_g^2+1}\sqrt{\left(\frac{\omega_g}{5}\right)^2+1}}{2}=2.793$$

$$K_g(\text{dB})=20\lg K_g=20\lg 2.793=8.9(\text{dB})$$

5.5 闭环频域特性

闭环系统的频域性能指标反映控制系统跟踪控制输入信号和抑制干扰信号的能力。因此，常用如下特征量来表示，这些特征量能够间接地表明系统动态过程的品质，如图 5.42 所示。

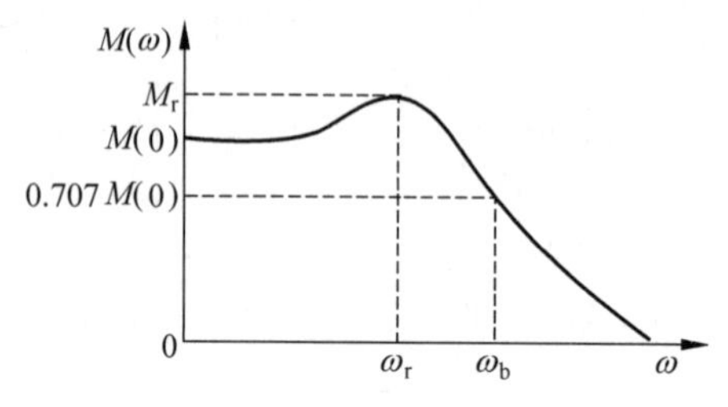

图 5.42 典型闭环幅频特性

(1) 谐振频率 ω_r：指出现谐振峰值时的角频率。

(2) 谐振峰值 M_r：谐振频率处的最大值。M_r 值大，表明系统对某个频率 ω_r 的正弦输入信号反应强烈，意味着系统的阻尼比越小，系统的相对稳定性越差，阶跃响应将有较大的超调量。

(3) 零频值 $M(0)$：是指 $\omega=0$ 时闭环幅频特性的数值。频率 $\omega=0$，意味着输入信号为常值信号。$M(0)=1$ 的物理意义是：当阶跃函数输入系统时，其阶跃响应的稳态值 $c(\infty)$ 等于输入，即系统的稳态误差为零。所以 $M(0)$值的大小，直接反映了系统在阶跃作用下的稳态精度。$M(0)$值越接近 1，系统的稳态精度越高。

(4) 带宽频率 ω_b 和带宽：ω_b 为闭环频率特性的幅值 $M(\omega)$衰减到 $0.707M(0)$时的角频率。即相当于闭环对数幅频特性的幅值下降-3dB 时，对应的频率 ω_b，称为带宽频率，亦称为截止频率。幅值-3dB 时对应的频率范围 $0\leqslant\omega\leqslant\omega_b$ 称为系统的频宽(也称带宽)。带宽频率范围越大，表明系统复现快速变化信号的能力越强，失真小，系统快速性好，阶跃响应上升时间和调节时间短。但另外系统抑制输入端高频噪声的能力相应削弱。

5.6 控制系统频域分析的 MATLAB 方法

[**例 5-15**] 设某系统的开环传递函数为

$$G(s)=\frac{1}{s^2+0.8s+1}$$

试用 MATLAB 画出奈氏曲线和伯德图。

解：(1) 在 MATLAB 环境下，按照 MATLAB 语言格式要求，给 num，den 赋值。

(2) 在 MATLAB 环境下，分别使用命令 nyquist(sys)和 bode(sys)绘图。

MATLAB 程序如下：

```
num=[1]; den=[1 0.8 1]; G=tf(num,den);
figure(1); nyquist(G); Grid on;
Title('nyquist plot of G(s)=1/(s^2+0.8s+1)');
figure(2); bode(G); Grid on;
Title('bode plot of G(s)=1/(s^2+0.8s+1)');
```

该程序绘制的图如图 5.43 所示。

[**例 5-16**] 设具有单位负反馈的系统的开环传递函数为

$$G(s)=\frac{1280s+640}{s^4+24.2s^3+1604.81s^2+320.24s+16}$$

试画出伯德图，并求出幅值裕度、相角裕度以及穿越频率、截止频率。

解：MATLAB 程序如下：

```
num=[1280 640]; den=[1 24.2 1604.81 320.24 16];
G=tf(num,den); margin(G);
```

该程序绘制的图如图 5.44 所示。

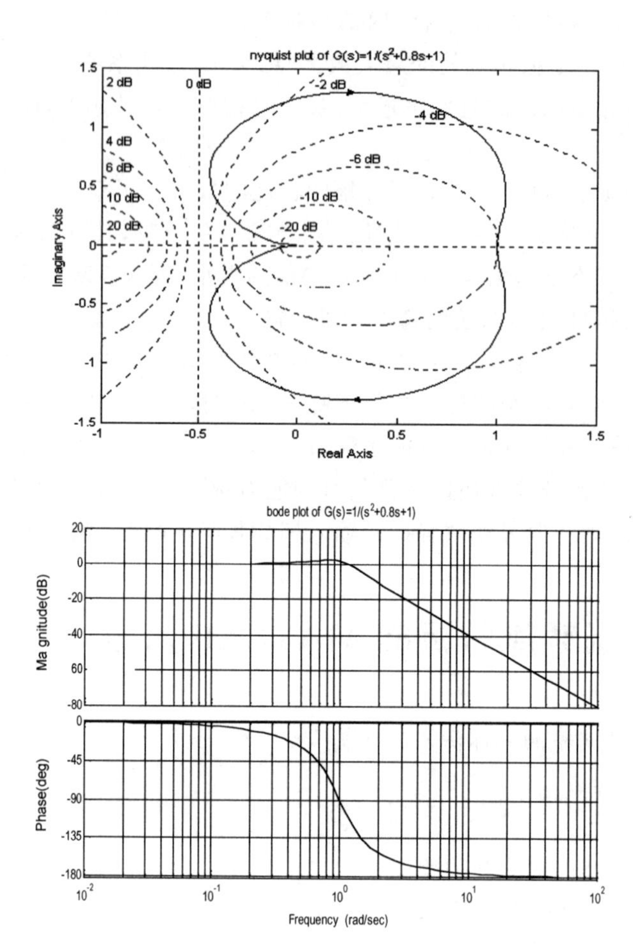

图 5.43 例 5-15 开环系统的奈氏曲线和伯德图

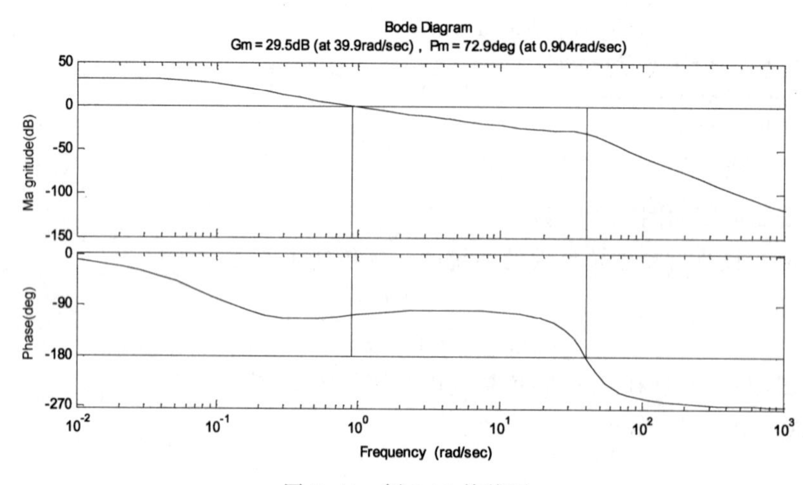

图 5.44 例 5-16 伯德图

5.7 设计实例：雕刻机位置控制系统

图 5.45 所示为雕刻机位置控制系统，雕刻机在 x 轴方向上配备有两个驱动电机，用来驱动雕刻针运动；另外，还有一台单独的电机用于在 y 轴和 z 轴上驱动雕刻针。雕刻机 x 轴方向位置控制系统模型如图 5.46 所示。

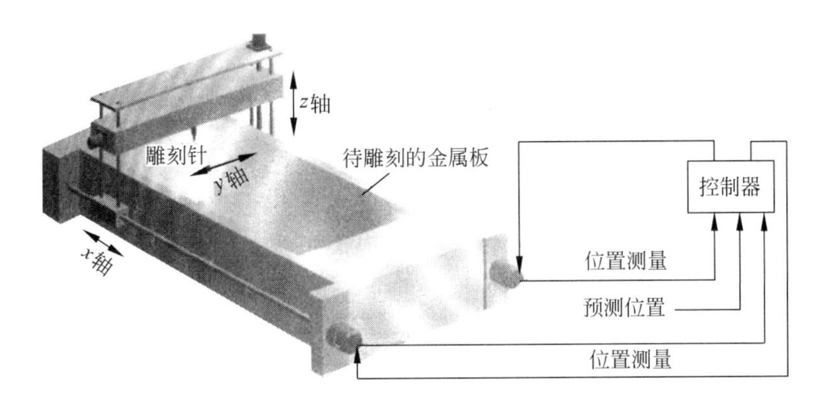

图 5.45 雕刻机位置控制系统

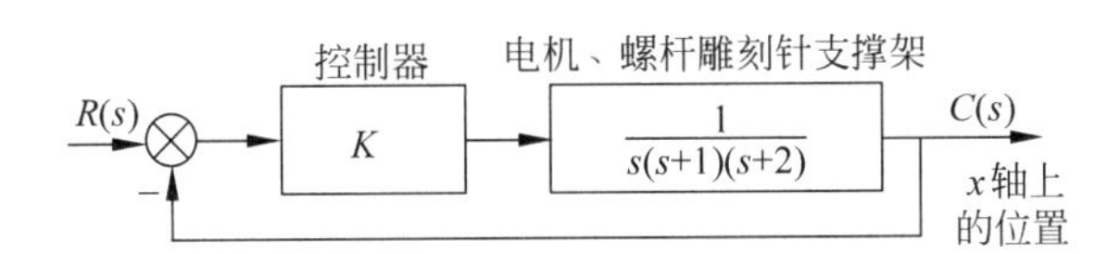

图 5.46 雕刻机 x 轴方向位置控制系统模型

本例的设计目标是：利用频率响应法选择增益 K 的值，使系统阶跃响应的各项指标保持在允许的范围内。

设计的基本思路为：首先选择增益 K 的初始值，绘制系统的开环和闭环伯德图，然后用闭环伯德图估算系统时间响应的各项指标。若系统不满足要求，则调整增益 K 值，重复以上设计过程，最后用实际系统的仿真来检验设计的结果。

令 $K=2$，则系统的开环和闭环传递函数分别为

$$G(s)=\frac{2}{s(s+1)(s+2)};\quad \Phi(s)=\frac{G(s)}{1+G(s)}=\frac{2}{s^3+3s^2+2s+2}$$

开环伯德图、闭环伯德图以及阶跃响应图分别如图 5.47、图 5.48 以及图 5.49 所示。由图 5.47 可见，系统的相角裕度 $\gamma=32.6°$，相应的闭环系统是稳定的。由图 5.48 可见，系统谐振频率 $\omega_r=0.8$，其谐振峰值为 $20\lg M_r=5\text{dB}$，$M_r=1.78$。

由 $M_r=\dfrac{1}{2\zeta\sqrt{1-\zeta^2}}$，得 $\zeta=0.28$；由 $\omega_r=\omega_n\sqrt{1-2\zeta^2}$，得 $\omega_n=0.87$。

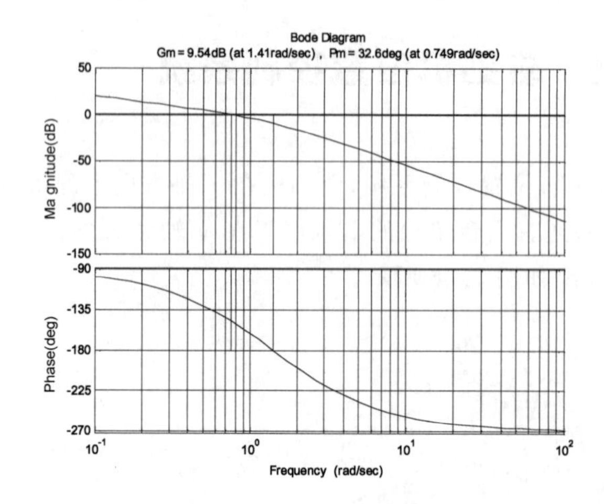

图 5.47 开环伯德图

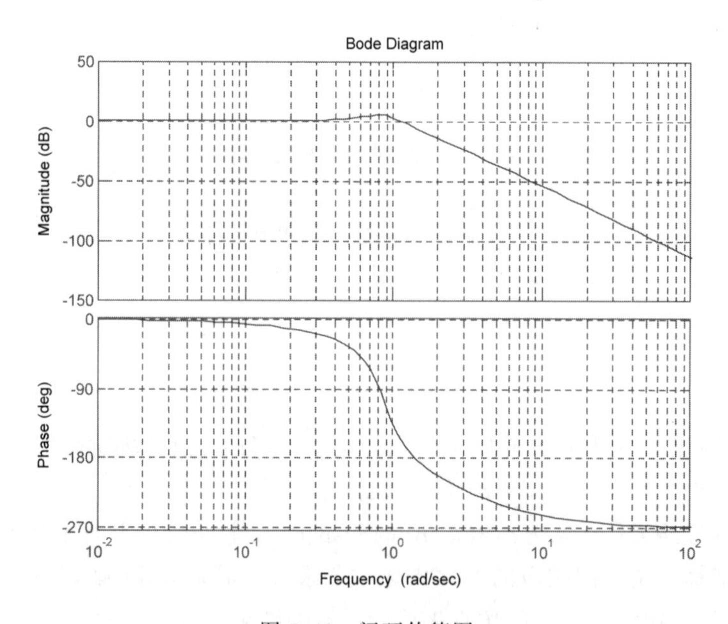

图 5.48 闭环伯德图

根据图 5.47,可以认为系统的主导极点为共轭复极点。于是,雕刻机位置控制系统的二阶近似模型为

$$\Phi(s)=\frac{\omega_{\mathrm{n}}^{2}}{s^{2}+2\zeta\omega_{\mathrm{n}}s+\omega_{\mathrm{n}}^{2}}=\frac{0.76}{s^{2}+0.49s+0.76}$$

根据近似模型,估算系统的超调量 $\sigma\%=40\%$;调节时间 $t_{\mathrm{s}}=17.96\mathrm{s}$。

按照实际三阶系统进行仿真,其单位阶跃响应如图 5.49 所示,得到 $\sigma\%=39\%$,$t_{\mathrm{p}}=4\mathrm{s}$,$t_{\mathrm{s}}=16\mathrm{s}$,因此,二阶近似模型是合理的,可以用来调节系统的参数。如果要求较小的超调量,应取 $K<2$,然后重复以上设计。

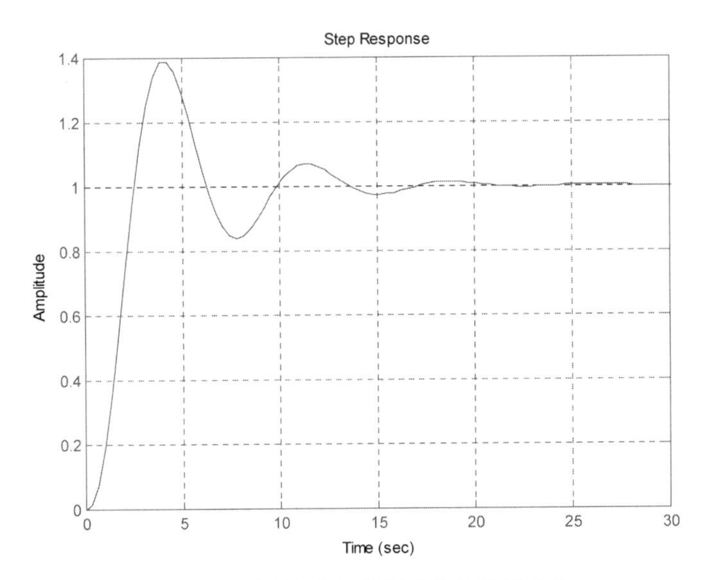

图 5.49　雕刻机位置控制系统的阶跃响应

小结

频域分析法是一种常用的图解分析法，其特点是根据系统的开环频率特性判断闭环系统的性能，并能较方便地分析系统参量对时域响应的影响，从而指出改善系统性能的途径。本章要点如下：

(1) 频率特性是线性定常系统在正弦函数作用下，稳态输出与输入的复数之比对频率的函数关系。频率特性是传递函数的一种特殊形式，将系统(或环节)传递函数中的复数 s 换成纯虚数 $j\omega$，即可得出系统(或环节)的频率特性。

(2) 频率特性是线性定常系统的数学模型之一，它既可以根据系统的工作原理，应用机理分析法建立起来，也可以由系统的其他数学模型(传递函数、微分方程等)方便地转换过来，或用实验法确定。

(3) 在工程分析和设计中，通常把频率特性画成一些曲线，因其采用的坐标不同而分为幅相特性(奈奎斯特图)、对数频率特性(伯德图)和对数幅相特性(尼柯尔斯图)等形式。各种形式之间是互通的，每种形式有其特定的适用场合。开环幅相特性在分析闭环系统的稳定性时比较直观，理论分析时经常采用；伯德图在分析典型环节参数变化对系统性能的影响时最方便，实际工程应用最广泛；由开环频率特性获取闭环频率指标时，则用对数幅相特性最直接。

(4) 奈奎斯特稳定判据是频率法的重要理论基础。利用奈氏判据，除了可判断系统的稳定性外，还可引出相角裕度和幅值裕度的概念衡量系统的相对稳定性。

(5) 闭环频域指标则主要是谐振峰值 M_r、谐振频率 ω_r、零频值 $M(0)$ 以及带宽频率 ω_b。

习题

5-1 若系统单位阶跃响应为

$$h(t)=1-1.8e^{-4t}+0.8e^{-9t} \quad (t \geqslant 0)$$

试求系统的频率特性。

5-2 设单位反馈系统的开环传递函数为

$$G(s)=\frac{1}{s+1}$$

当闭环系统作用有以下输入信号时，试求系统的稳态输出：

(1) $r(t)=\sin t$；(2) $r(t)=2\cos(2t)$；(3) $r(t)=\sin t-2\cos(2t)$。

5-3 设系统开环传递函数为

$$G(s)=\frac{K}{Ts+1}$$

今测得其频率响应，当 $\omega=1\mathrm{rad/s}$ 时，幅频 $|G(\mathrm{j}\omega)|=12/\sqrt{2}$，相频 $\varphi(\omega)=-45°$。试问放大系数 K 及时间常数 T 各为多少？

5-4 绘制下列开环传递函数的奈氏曲线：

(1) $G(s)=\dfrac{5}{(2s+1)(8s+1)}$；(2) $G(s)=\dfrac{10(1+s)}{s^2}$。

5-5 绘制下列传递函数的伯德图：

(1) $G(s)=\dfrac{200}{s^2(s+1)(10s+1)}$；(2) $G(s)=\dfrac{40(s+0.5)}{s(s+0.2)(s^2+s+1)}$。

5-6 图 5.50 中所示为最小相位系统的对数幅频特性，试求它们的传递函数 $G(s)$。

5-7 试根据奈氏判据，判断图 5.51 中 1～10 所示曲线(按自左至右顺序)对应闭环系统的稳定性。

5-8 已知反馈系统，其开环传递函数为

(1) $G(s)=\dfrac{100}{s(0.2s+1)}$；

(2) $G(s)=\dfrac{50}{(0.2s+1)(s+2)(s+0.5)}$；

(3) $G(s)=\dfrac{100\left(\dfrac{s}{2}+1\right)}{s(s+1)\left(\dfrac{s}{10}+1\right)\left(\dfrac{s}{20}+1\right)}$。

试用奈氏判据或对数稳定判据判断闭环系统的稳定性，并确定系统的相角裕度和幅值裕度。

5-9 某最小相角系统的开环对数幅频特性如图 5.52 所示。要求：

(1) 写出系统开环传递函数；

(2) 利用相角裕度判断系统的稳定性；

(3) 将其对数幅频特性向右平移十倍频程，试讨论对系统性能的影响。

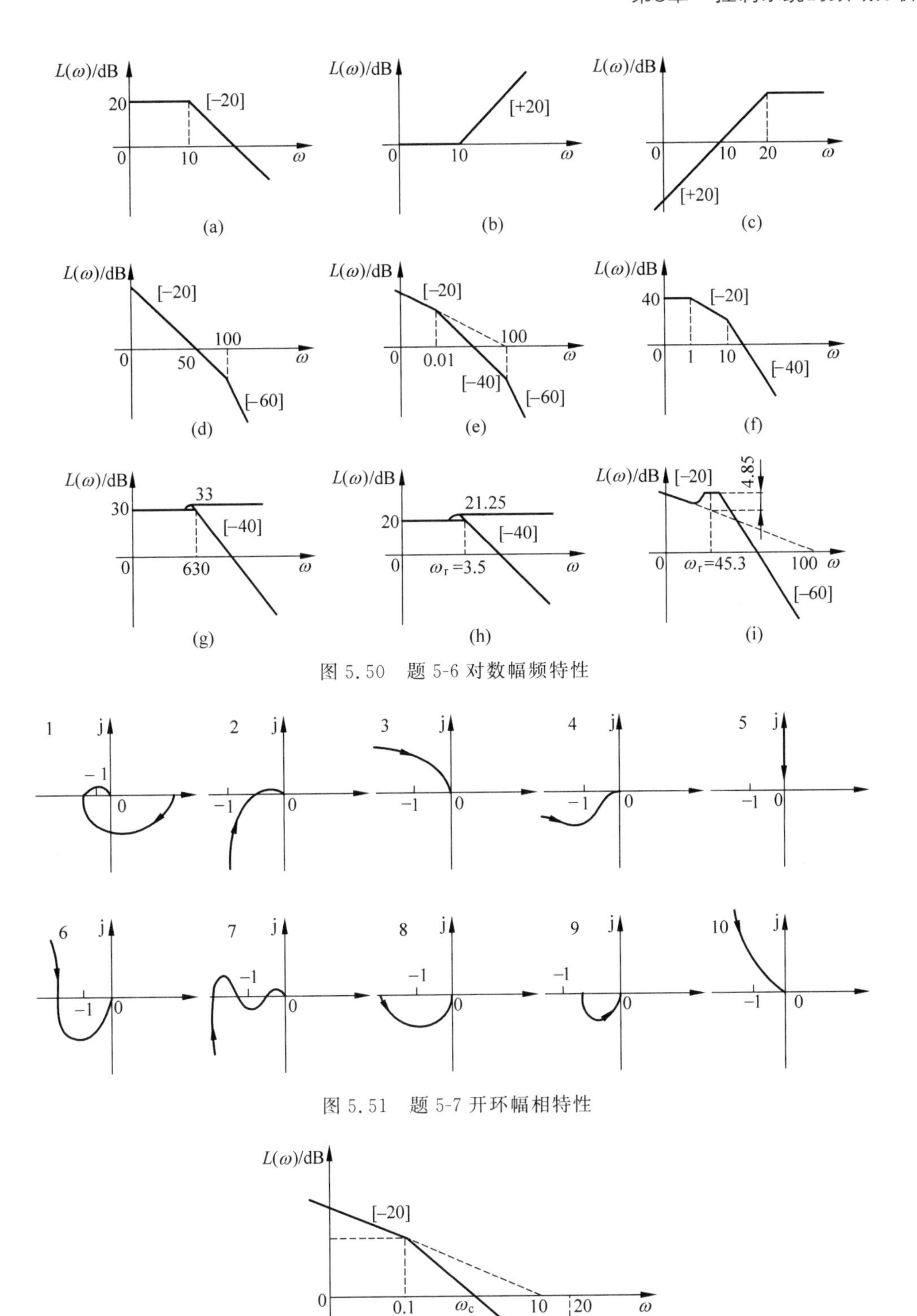

图 5.50　题 5-6 对数幅频特性

图 5.51　题 5-7 开环幅相特性

图 5.52　题 5-9 开环对数幅频特性

控制系统的设计与校正

6.1 概述

前面几章讨论了当系统的结构和参数已知时，如何利用时域分析法、根轨迹法或频域分析法，对系统的性能指标进行分析和评价。但是，如何根据系统预先给定的性能指标，去设计一个能满足性能要求的控制系统，这就是控制系统的设计与校正问题。

6.1.1 控制系统的性能指标

控制系统的性能指标按其表现形式分为时域性能指标和频域性能指标。

1. 时域性能指标

时域性能指标主要有超调量、调节时间、峰值时间、上升时间以及振荡次数。调节时间、峰值时间、上升时间反映响应的快速性，超调量、振荡次数反映相对稳定性。

2. 频域性能指标

频域性能指标主要有幅值裕度、相角裕度、谐振峰值、谐振频率、截止频率、穿越频率等。

描述控制系统的频域性能指标与时域性能指标揭示出从不同角度、根据不同方法分析与设计控制系统的内在联系。

6.1.2 设计与校正的概念

设计一个控制系统的目的就是用它来完成某一特定的任务。对控制系统的要求，通常用性能指标表示。不同的控制系统对性能指标的要求不同。例如，调速系统对平稳性和稳态精度要求较高，而随动系统则侧重于快速性要求。但是，设计出来的系统常常不能满足所有指标的要求，且指标互相矛盾。例如，提高系统的稳态精度，稳定性可能变坏；反之，系统有了足够的稳定性，准确度又可能达不到要求。为了满足给定的各项性能指标，需要在原有结构的基础上，附加用以改善系统性能的新装置，称为校正装置。

校正的实质就是改变系统的零点和极点的数目和分布情况，最终获得理想的性能指标。

6.1.3　校正的方式

按照校正装置在系统中的连接方式，控制系统校正方式可分为串联校正、反馈校正和复合校正三种。

1. 串联校正

校正装置 $G_c(s)$ 串联于系统的前向通道之中，称为串联校正，如图 6.1 所示。这种连接方式简单、易实现。为避免功率损失，串联校正装置通常放在系统误差测量点之后和放大器之前，多采用有源校正网络构成。

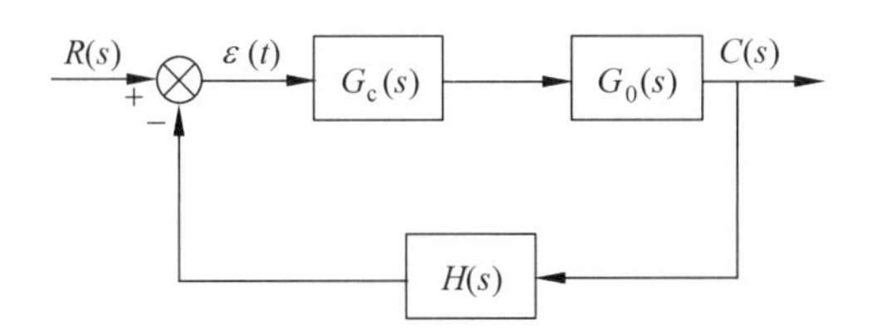

图 6.1　串联校正原理框图

2. 反馈校正

校正装置 $G_c(s)$ 位于系统的局部反馈通道之中，则称为反馈校正(又称并联校正)，如图 6.2 所示。采用该种校正方式，信号是从高功率点流向低功率点，一般采用无源网络。

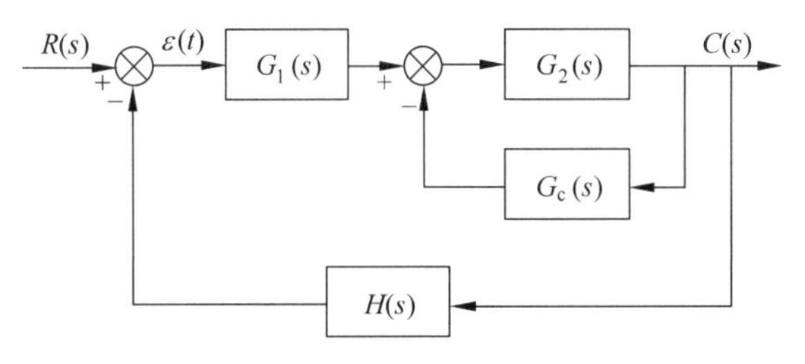

图 6.2　反馈校正原理框图

3. 复合校正

复合校正方式包括按扰动量前馈补偿(如图 6.3(a)所示)和按给定输入量顺馈补偿(如图 6.3(b)所示)两种校正方式。

在控制系统的设计中，串联校正比反馈校正设计简单，易于实现对信号进行各种必要形式的变换，但反馈校正可以消除系统不可变部分的参数波动对控制系统性能的影响。若控制系统随着工作条件的改变，它的某些参数变化幅度较大，且在系统中又有条件应用反馈校

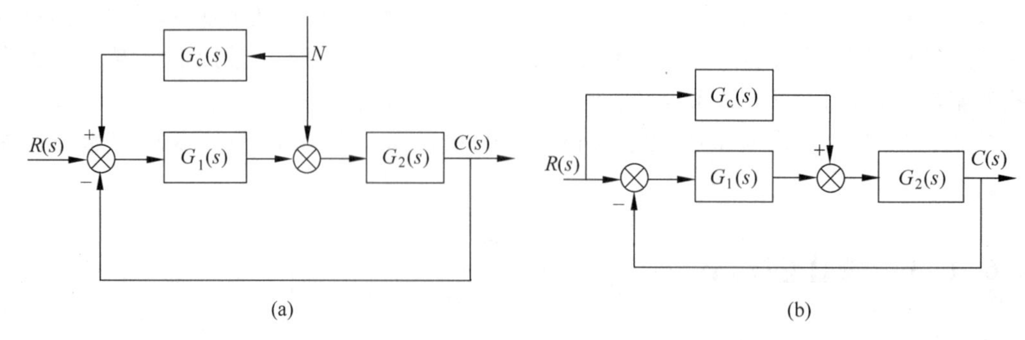

图 6.3 复合校正原理框图

正时(能够取出适当的反馈信号),一般建议采用反馈校正方案。对于要求较高的系统,可以同时采用串联校正和反馈校正。

6.2 频率法串联校正

6.2.1 串联超前校正

超前网络的特性是相角超前,幅值增加。串联超前校正的实质是将超前网络的最大超前角设计在校正后系统的剪切频率 ω_c 处,提高校正后系统的相角裕度和剪切频率,从而改善系统的动态性能。

假设未校正系统的开环传递函数为 $G_0(s)$,系统给定的稳态误差、剪切频率、相角裕度和幅值裕度指标分别为 e_{ss}^*、ω_c^*、γ^* 和 h^*。设计超前校正装置的一般步骤可归纳如下。

(1) 根据给定稳态误差 e_{ss}^* 的要求,确定系统的开环增益 K。

(2) 根据已确定的开环增益 K,绘出尚未校正系统的伯德图,并求出剪切频率 ω_{c0} 和相角裕度 γ_0。当 $\omega_{c0}<\omega_c^*$,$\gamma_0<\gamma^*$ 时,可以考虑采用超前校正。

(3) 根据给定的相角裕度 γ^*,计算校正装置所应提供的最大相角超前量 φ_m,即

$$\varphi_m=\gamma^*-\gamma_0+(5^\circ\sim 15^\circ)$$

式中(5°~15°)是用于补偿引入超前校正装置,剪切频率增大所导致的校正前系统的相角裕度的损失量。

(4) 根据所确定的最大超前相角 φ_m,求出相应的 a 值,即

$$a=\frac{1+\sin\varphi_m}{1-\sin\varphi_m}$$

(5) 选定校正后系统的剪切频率,即在 $-10\lg a$ 处作水平线,与未校正系统伯德图相交于 A' 点,交点频率设为 $\omega_{A'}$。取校正后系统的剪切频率为

$$\omega_c=\max\{\omega_{A'},\omega_c^*\}$$

(6) 确定串联超前校正装置的转折频率,进而确定其传递函数。

(7) 画出校正后系统的伯德图,验算 γ 是否满足要求,若不满足,返回步骤(3),适当增加相角补偿量,重新设计直到达到要求。

［**例 6-1**］　设单位反馈系统的开环传递函数为

$$G_0(s)=\frac{K}{s(s+1)}$$

试设计校正装置 $G_c(s)$，使校正后系统满足如下指标：

（1）当 $\gamma=t$ 时，稳态误差 $e_{ss}^{*}\leqslant 0.1$；

（2）开环系统剪切频率 $\omega_c^{*}\geqslant 6\text{rad/s}$；

（3）相角裕度 $\gamma^{*}\geqslant 60°$；

（4）幅值裕度 $h^{*}\geqslant 10\text{dB}$。

解：根据稳态精度要求 $e_{ss}^{*}=1/K\leqslant 0.1$，可得 $K\geqslant 10$，取 $K=10$。

绘制未校正系统的对数幅频特性曲线，如图 6.4 中 $L_0(\omega)$所示。可确定未校正系统的截止频率和相角裕度：

$$\omega_{c0}=3.16<\omega_c^{*}=6$$

$$\gamma_0=180°-90°-\arctan 3.16=17.5°<\gamma^{*}=60°$$

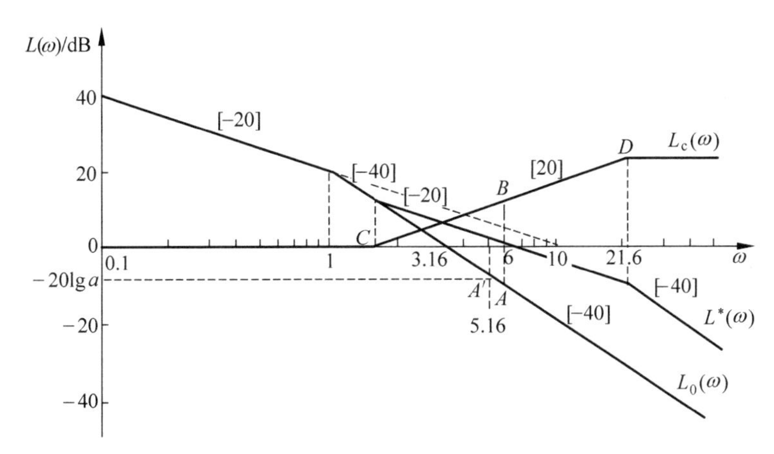

图 6.4　频率法超前校正过程

可采用超前校正。所需要的相角最大超前量为

$$\varphi_m=\gamma^{*}-\gamma_0+5°=60°-17.5°+5°=47.5°$$

则超前网络参数

$$a=\frac{1+\sin\varphi_m}{1-\sin\varphi_m}=7;\quad 10\lg a=8.5\text{dB}$$

在 $-10\lg a$ 处作水平线，与 $L_0(\omega)$相交于 A'点；设交点频率为 $\omega_{A'}$，由 $40\lg(\omega_{A'}/\omega_{c0})=8.5$ 可得 $\omega_{A'}=\omega_{c0}10^{\frac{-8.5}{40}}=5.15<\omega_c^{*}=6$，所以选截止频率为

$$\omega_c=\max\{\omega_{A'},\omega_c^{*}\}=\omega_c^{*}=6$$

这样可以同时兼顾 ω_c^{*} 和 γ^{*} 两项指标，避免不必要的重复设计。

在 $\omega_c=6$ 处作垂直线，与 $L_0(\omega)$交于 A 点，确定其关于 0dB 线的镜像点 B，如图 6.4 所示；过点 B 作 +20dB/dec 直线，与 0dB 线交于 C 点，对应频率为 ω_C；在 CB 延长线上定 D 点，使

$$\frac{\omega_D}{\omega_c}=\frac{\omega_c}{\omega_C}$$

C 点频率
$$\omega_C=\frac{\omega_{c0}^2}{\omega_c}=\frac{3.16^2}{6}=1.667$$

D 点频率
$$\omega_D=\frac{\omega_c^2}{\omega_C}=\frac{6^2}{1.667}=21.6$$

在 D 点将曲线改平，初步确定校正装置传递函数为

$$G_c(s)=\frac{\dfrac{s}{\omega_C}+1}{\dfrac{s}{\omega_D}+1}=\frac{\dfrac{s}{1.667}+1}{\dfrac{s}{21.6}+1}$$

校正后系统的开环传递函数为

$$G^*(s)=G_c(s)G_0(s)=\frac{10\left(\dfrac{s}{1.667}+1\right)}{s(s+1)\left(\dfrac{s}{21.6}+1\right)}$$

校正后系统的截止频率：　　$\omega_c=\omega_c^*=6\text{rad/s}$

相角裕度：$\gamma=180°+\angle G^*(j\omega_c)=180°+\arctan\dfrac{6}{1.667}-90°-\arctan 6-\arctan\dfrac{6}{21.6}$

$=180°+74.5°-90°-80.5°-15.5°=68.5°>60°$

幅值裕度：$h\to\infty>10\text{dB}$

满足设计要求。

图6.4中绘出了校正装置以及校正前后系统的开环对数幅频特性。可见校正前 $L_0(\omega)$ 曲线以 -40dB/dec 斜率穿过0dB线，相角裕度不足，校正后 $L^*(\omega)$ 曲线则以 -20dB/dec 斜率穿过0dB线，并且在 $\omega_c=6$ 附近保持了较宽的频段，相角裕度有了明显的增加，从而有效改善了系统的动态性能。然而，超前校正同时使 $L^*(\omega)$ 的高频段提高，相应地使校正后系统抗高频干扰的能力有所下降，这是不利的一面。

综上分析，串联超前校正的特点可归纳如下：

(1) 串联超前校正主要是对未校正系统在中频段的频率特性进行校正。确保校正后系统中频段斜率等于 -20dB/dec，使系统具有 $45°\sim60°$ 的相角裕量。

(2) 超前校正使系统截止频率增大，提高系统的反应速度，但同时它也削弱了系统抗干扰的能力。

(3) 串联超前校正的使用范围：如果在未校正系统的截止频率 ω_c 附近，相频特性的变化率很大，即相角减小得很快，则采用单级串联校正效果将不大，这是因为随着校正后的截止频率 ω_c' 向高频段的移动，相角在 ω_c 附近将减小得很快，于是在新的截止频率上便很难得到足够大的相角裕度。在工程实践中一般不希望 a 值很大，当 $a=20$ 时，最大超前角 $\varphi_m=60°$，如果需要60°以上的超前相角，可以考虑采用两个或两个以上的串联超前校正网络由隔离放大器串联在一起使用。在这种情况下，串联超前校正提供的总超前相角等于各单独超前校正网络提供的超前相角之和。

6.2.2　串联滞后校正

滞后校正的实质是利用滞后网络幅值衰减特性，将系统的中频段压低，使校正后系统的截止频率减小，挖掘系统自身的相角储备来满足校正后系统的相角裕度要求。

假设未校正系统的开环传递函数为 $G_0(\omega)$，系统设计指标为 $e_{ss}^*, \omega_c^*, \gamma^*, h^*$。设计滞后校正装置的一般步骤可以归纳如下：

(1) 根据给定的稳态误差或静态误差系数要求，确定开环增益 K。

(2) 根据确定的 K 值绘制未校正系统的伯德图，确定其截止频率 ω_{c0} 和相角裕度 γ_0。

(3) 判别是否适合采用滞后校正。

若 $\begin{cases}\omega_{c0} > \omega_c^* \\ \gamma_0 < \gamma^*\end{cases}$，并且在 ω_c^* 处满足 $\gamma_0(\omega_c^*) = 180° + \angle G_0(\mathrm{j}\omega_c^*) \geqslant \gamma^* + 6°$，则可以采用滞后校正；否则用滞后校正不能达到设计要求，建议试用"滞后-超前"校正。

(4) 确定校正后系统的 ω_c。

确定满足条件 $\gamma_0(\omega_{c1}) = \gamma^* + 6°$ 的频率 ω_{c1}。根据情况选择 ω_c，使 ω_c 满足 $\omega_c^* \leqslant \omega_c \leqslant \omega_{c1}$。(建议取 $\omega_c = \omega_{c1}$，以使校正装置物理上容易实现。)

(5) 确定串联滞后校正装置的转折频率，进而确定其传递函数。

(6) 画出校正后系统的伯德图，验算 γ 是否满足要求，若不满足，则重新进行设计。

[**例 6-2**]　设单位反馈系统的开环传递函数为

$$G_0(s) = \frac{K}{s(0.1s+1)(0.2s+1)}$$

试设计校正装置 $G_c(s)$，使校正后系统满足如下指标：

(1) 速度误差系数 $K_v^* = 30$；

(2) 开环系统截止频率 $\omega_c^* \geqslant 2.3\mathrm{rad/s}$；

(3) 相角裕度 $\gamma^* \geqslant 40°$；

(4) 幅值裕度 $h^* \geqslant 10\mathrm{dB}$。

解：由条件(1)可得 $K = K_v^* = 30$。

做出未校正系统的开环对数幅频特性曲线 $L_0(\omega)$ 如图 6.5 所示。设未校正系统的截止频率为 ω_{c0}，则应有

$$|G(\omega_{c0})| \approx \frac{30}{\omega_{c0}\dfrac{\omega_{c0}}{10}\dfrac{\omega_{c0}}{5}} \approx 1$$

则未校正系统的截止频率为

$$\omega_{c0} = 11.45 > \omega_c^* = 2.3$$

未校正系统的相位裕度为

$$\begin{aligned}\gamma_0 &= 180° + \angle G_0(\mathrm{j}\omega_{c0}) = 90° - \arctan 0.1\omega_{c0} - \arctan 0.2\omega_{c0} \\ &= 90° - 48.9° - 66.4° = -25.28° \ll \gamma^* = 40°\end{aligned}$$

在 ω_c^* 处，系统自身的相角储备量为

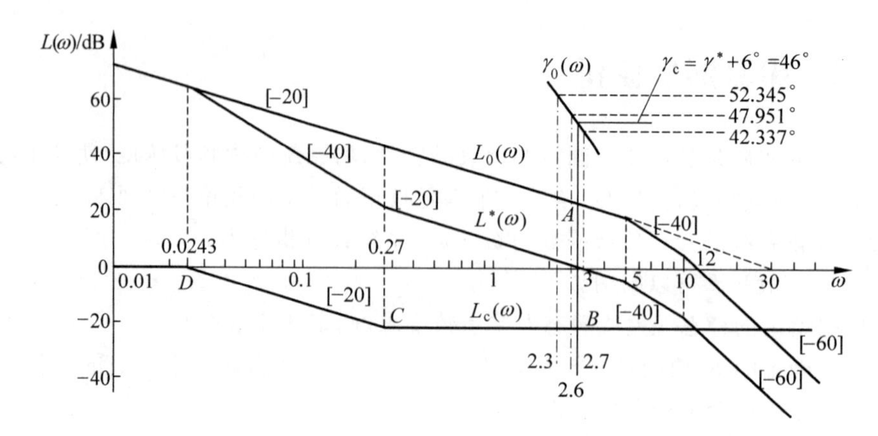

图 6.5　频率法滞后校正过程

$$\gamma_0(\omega_c^*) = 180° + \angle G_0(j\omega_c^*) = 52.345° > \gamma^* + 6° = 46°$$

所以可采用滞后校正。为了不用画出准确的对数相频曲线 $\varphi_0(\omega)$ 而找出满足条件 $\gamma_0(\omega_{c1}) = \gamma^* + 6° = 46°$ 的频率 ω_{c1}，采用试探法。

在 $\omega=3$ 处：　　　$\gamma_0(3) = 180° + \angle G_0(j3) = 42.337°$

在 $\omega=2.6$ 处：　　$\gamma_0(2.6) = 180° + \angle G_0(j2.6) = 47.951°$

利用已得到的 2 组试探值画出 $\gamma_0(\omega)$ 在 ω_c 附近较准确的局部(比例放大)图，如图 6.5 中 $\gamma_0(\omega)$ 所示。在 $\gamma_0(\omega) = \gamma^* + 6° = 46°$ 处反查出对应的频率 $\omega_{c1} = 2.7$，则可确定校正后系统截止频率的取值范围为

$$2.3 = \omega_c^* \leqslant \omega_c \leqslant \omega_{c1} = 2.7$$

取 $\omega_c = 2.7$。在 ω_c 处作垂直线交 $L_0(\omega)$ 于 A 点，确定 A 关于 0dB 线的镜像点 B；过 B 点作水平线，在 $\omega_C = 0.1\omega_c$ 处确定 C 点；过点 C 作 -20dB/dec 线交 0dB 于点 D，对应频率为 ω_D，则得到如下结果。

C 点频率：　　　$\omega_C = 0.1\omega_c = 0.1 \times 2.7 = 0.27$

D 点频率：　　　$\dfrac{30}{2.7} = \dfrac{\omega_C}{\omega_D} \Rightarrow \omega_D = \dfrac{0.27 \times 2.7}{30} = 0.0243$

则校正装置传递函数为

$$G_c(s) = \frac{\dfrac{s}{\omega_C} + 1}{\dfrac{s}{\omega_D} + 1} = \frac{\dfrac{s}{0.27} + 1}{\dfrac{s}{0.0243} + 1}$$

校正后系统的开环传递函数为

$$G(s) = G_c(s)G_0(s) = \frac{30\left(\dfrac{s}{0.27} + 1\right)}{s(0.1s + 1)(0.2s + 1)\left(\dfrac{s}{0.0243} + 1\right)}$$

校正后系统指标如下：

$$K = 30 = K_v^*$$

$$\omega_c = 2.7 > \omega_c^* = 2.3$$

$$\begin{aligned}\gamma^* &= 180° + \angle G(j\omega_c) \\ &= 180° + \arctan\frac{2.7}{0.27} - 90° - \arctan(0.1\times 2.7) - \\ &\quad \arctan(0.2\times 2.7) - \arctan\frac{2.7}{0.0243} \\ &= 41.3° > 40°\end{aligned}$$

求出相角交界频率 $\omega_g = 6.8$,校正后系统的幅值裕度为

$$h = -20\lg|G^*(\omega_g)| = 10.5\text{dB} > h^*$$

设计指标全部满足。

由图 6.5 可知,校正前 $L_0(\omega)$以-60dB/dec 穿过 0dB 线,系统不稳定;校正后 $L^*(\omega)$ 则以-20dB/dec 穿过 0dB 线,γ 明显增加,系统相对稳定性显著改善;然而校正后 ω_c 比校正前 ω_{c0} 降低,所以,滞后校正以牺牲截止频率换取了相角裕度的提高。另外,由于滞后网络幅值衰减,使校正后系统 $L^*(\omega)$曲线高频段降低,抗高频干扰能力提高。

综上分析,串联滞后校正的特点可归纳如下:

(1) 由于串联滞后校正的作用主要在于提高系统的开环放大系数,从而改善系统的稳态性能,对系统原有的动态性能不呈现显著的影响。

(2) 串联滞后校正网络本质上是一种低通滤波器。因此,经滞后校正后的系统对低频信号具有较高的放大能力,系统的稳态误差降低;但对频率较高的信号,系统却表现出显著的衰减特性,提高了抑制干扰信号的能力,但系统的快速性降低。

6.2.3 串联滞后-超前校正

滞后-超前校正的实质是综合利用超前网络的相角超前特性和滞后网络幅值衰减特性改善系统的性能。假设未校正系统的开环传递函数为 $G_0(\omega)$,给定系统指标为 $e_{ss}^*, \omega_c^*, \gamma^*, h^*$。可以按照以下步骤设计滞后-超前校正装置:

(1) 根据系统的稳态误差 e_{ss}^* 要求确定系统开环增益 K;

(2) 计算未校正系统的频率指标,决定应采用的校正方式。

由 K 绘制未校正系统的开环对数幅频特性 $L_0(\omega)$,确定校正前系统的 ω_{c0} 和 γ_0。当 $\gamma_0 < \gamma^*$ 时,用超前校正所需要的最大超前角 $\varphi_m > 60°$;而用滞后校正在 ω_c^* 处系统没有足够的相角储备量,即

$$\gamma_0(\omega_c^*) = 180° + \angle G_0(\omega_0^*) < \gamma^* + 6°$$

因而分别用超前、滞后校正均不能达到目的时,可以考虑用滞后-超前校正。

(3) 校正设计。

① 选择校正后系统的截止频率 $\omega_c = \omega_c^*$,计算 ω_c 处系统需要的最大超前角:

$$\varphi_m(\omega_c) = \gamma^* - \gamma_0(\omega_c) + 6°$$

式中:6°是为了补偿校正网络滞后部分造成的相角损失而预置的。计算超前部分参数:

$$a = \frac{1+\sin\varphi_m}{1-\sin\varphi_m}$$

② 在 ω_c 处作一垂线，与 $L_0(\omega)$ 交于点 A，确定 A 关于 0dB 线的镜像点 B。

③ 以点 B 为中心作 +20dB/dec 线，分别与 $\omega=\sqrt{a}\omega_c$，$\omega=\omega_c/\sqrt{a}$ 两条垂直线交于点 C 和点 D（对应频率 $\omega_C=\sqrt{a}\omega_c$，$\omega_D=\omega_c/\sqrt{a}$）。

④ 从点 C 向右作水平线，从 C 点向左作水平线。

⑤ 在过点 D 的水平线上确定 $\omega_E=0.1\omega_C$ 的点 E；过点 E 作 −20dB/dec 线交 0dB 线于点 F，相应频率为 ω_F，则滞后-超前校正装置的传递函数为

$$G_c(s)=\frac{\dfrac{s}{\omega_D}+1}{\dfrac{s}{\omega_C}+1}\cdot\frac{\dfrac{s}{\omega_E}+1}{\dfrac{s}{\omega_F}+1}$$

(4) 验算。

写出校正后系统的开环传递函数：

$$G(s)=G_c(s)\cdot G_0(s)$$

计算校正后系统的 γ 和 h，若 $\gamma\geqslant\gamma^*$，$h\geqslant h^*$ 则结束，否则返回步骤(3)调整参数重新设计。

［**例 6-3**］ 设单位反馈系统的开环传递函数为

$$G(s)=\frac{K}{s\left(\dfrac{s}{10}+1\right)\left(\dfrac{s}{60}+1\right)}$$

试设计校正装置 $G_c(s)$，使校正后系统满足如下指标：

(1) 当 $r(t)=t$ 时，稳态误差 $e_{ss}^*\leqslant 1/126$；

(2) 开环系统截止频率 $\omega_c^*\geqslant 20\text{rad/s}$；

(3) 相角裕度 $\gamma^*\geqslant 35°$。

解：由稳态误差要求得 $K\geqslant 126$，取 $K=126$；

绘制未校正系统的开环对数幅频曲线如图 6.6 中 $L_0(\omega)$ 所示。确定截止频率和相角裕度：

$$\omega_{c0}=\sqrt{10\times 126}=35.5$$

$$\gamma_0=90°-\arctan\frac{35.5}{10}-\arctan\frac{35.5}{60}=90°-74.3°-30.6°=-14.9°$$

原系统不稳定；原开环系统在 $\omega_c^*=20$ 处相角储备量 $\gamma_c(\omega_c^*)=8.13°$。该系统单独用超前或滞后校正都难以达到目标，所以确定采用滞后-超前校正。

选择校正后系统的截止频率 $\omega_c'=\omega_c^*=20$，超前部分应提供的最大超前角为

$$\varphi_m=\gamma^*-\gamma_c(\omega_c^*)+6°=35°-8.13°+6°=32.87°$$

则

$$a=\frac{1+\sin\varphi_m}{1-\sin\varphi_m}=3.4,\quad \sqrt{a}=\sqrt{3.4}=1.85$$

在 $\omega_c=20$ 处作垂线，与 $L_0(\omega)$ 交于点 A，确定 A 关于 0dB 线的镜像点 B；以点 B 为中心作斜率为 +20dB/dec 的直线，分别与 $\omega_C=\sqrt{a}\omega_c=37$，$\omega_D=\omega_c/\sqrt{a}=10.81$ 两条垂直线交于点 C 和点 D，则有如下结果。

C 点频率：

$$\omega_C=\sqrt{a}\omega_c^*=1.85\times 20=37\text{rad/s}$$

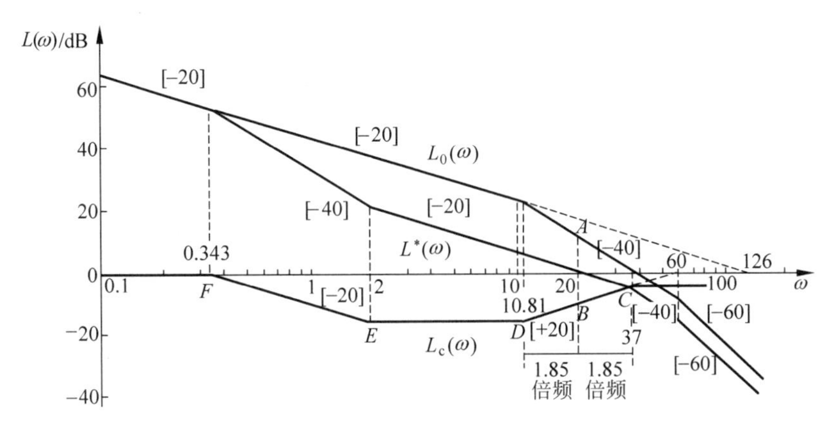

图 6.6　串联滞后-超前校正过程

D 点频率：

$$\omega_D=\frac{\omega_c^{*2}}{\omega_C}=\frac{400}{37}=10.81$$

从点 C 向右作水平线，从点 D 向左作水平线，在过 D 点的水平线上确定 $\omega_E=0.1\omega_c$ 的点 E；过点 E 作斜率为 -20dB/dec 的直线交 0dB 线于点 F，相应频率为 ω_F，则 E 点频率为

$$\omega_E=0.1\omega_c^*=0.1\times 20=2$$

DC 延长线与 0dB 线交点处的频率为

$$\omega_0=\frac{\omega_{c0}^2}{\omega_c}=\frac{35.5^2}{20}=63$$

F 点频率：

$$\omega_F=\frac{\omega_D\omega_E}{\omega_0}=\frac{10.81\times 2}{63}=0.343$$

故校正装置传递函数

$$G_c(s)=\frac{\dfrac{s}{\omega_E}+1}{\dfrac{s}{\omega_F}+1}\cdot\frac{\dfrac{s}{\omega_D}+1}{\dfrac{s}{\omega_C}+1}=\frac{\left(\dfrac{s}{2}+1\right)\left(\dfrac{s}{10.81}+1\right)}{\left(\dfrac{s}{0.343}+1\right)\left(\dfrac{s}{37}+1\right)}$$

校正后系统开环传递函数为

$$G(s)=G_c(s)G_0(s)=\frac{126\left(\dfrac{s}{2}+1\right)\left(\dfrac{s}{10.81}+1\right)}{s\left(\dfrac{s}{10}+1\right)\left(\dfrac{s}{60}+1\right)\left(\dfrac{s}{0.343}+1\right)\left(\dfrac{s}{37}+1\right)}$$

校正后系统的截止频率、相位裕度为

$$\omega_c=20=\omega_c^*$$

$$\gamma=180^\circ+\angle G(\mathrm{j}\omega_c)=36.6^\circ>35^\circ=\gamma^*$$

设计要求全部满足。

图 6.6 中绘出了所设计的校正装置和校正前、后系统的开环对数幅频特性，可以看出滞后-超前校正是以 $\omega_c=\omega_c^*$ 为基点，在利用原系统的相角储备的基础上，用超前网络的超前角补偿不足部分，使校正后系统的相角裕度满足指标要求；滞后部分的作用在于使校正后

系统开环增益不变,保证 e_{ss}^* 指标满足要求。

6.3 根轨迹法串联校正

当系统的性能指标为时域参数,如调整时间 t_s、上升时间 t_r 等时,采用根轨迹法设计校正比较方便。根轨迹校正的实质是使变化后的根轨迹通过所希望的由阻尼比 ζ 和无阻尼自然频率 ω_n 所决定的闭环主导极点。

6.3.1 串联超前校正

如果原系统的根轨迹不通过希望闭环主导极点 s_d,且位于 s_d 点的右侧,应采用串联超前校正装置。

基于根轨迹法进行系统设计的步骤如下:

(1) 由给定的时域性能指标确定希望闭环主导极点 s_d 在 s 平面的位置;

(2) 绘制未校正的根轨迹,观察根轨迹的主要分支是否通过希望闭环主导极点 s_d;

(3) 根据公式 $\varphi_c = \angle G_c(s_d) = \pm 180° - \angle G_0(s_d)$,计算出超前校正装置提供的相角 φ_c,如图 6.7 所示;

(4) 确定超前校正装置的传递函数;

(5) 绘制校正后系统的根轨迹图。

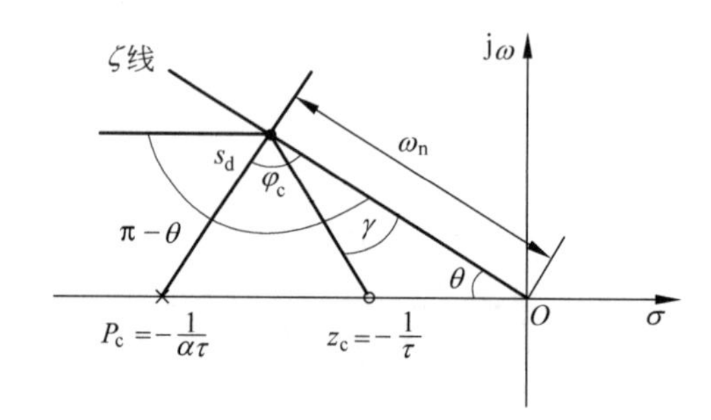

图 6.7 超前校正的相角关系

[**例 6-4**] 设单位反馈系统的开环传递函数为

$$G_0(s) = \frac{K_1}{s(s+1)(s+4)}$$

试设计一超前校正装置,使系统具有如下性能:阻尼比 $\zeta=0.5$,无阻尼自然频率 $\omega_n=2\text{rad/s}$,速度误差系数 $K_v=5\text{s}^{-1}$。

解:(1) 由阻尼比 $\zeta=0.5$,无阻尼自然频率 $\omega_n=2\text{rad/s}$,确定希望闭环主导极点

$$s_d = -1 \pm \text{j}1.73$$

(2) 绘制未校正系统的根轨迹图,如图 6.8 所示。

(3) 超前校正装置提供的相角 φ_c:

$$\varphi_c = \angle G_c(s_d) = -180° - \angle G_0(s_d) = 60°$$

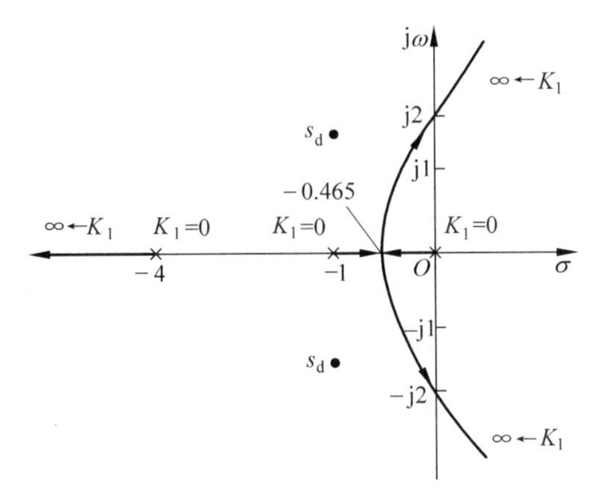

图 6.8　校正前系统的根轨迹

(4) 确定校正后的开环传递函数。如图 6.9 所示，校正装置的零点 $z_c=-1.2$，校正装置的极点 $p_c=-4.95$，则校正后系统的开环传递函数为

$$G(s)=G_c(s)G_0(s)=\frac{29.7(s+1.2)}{s(s+1)(s+4)(s+4.95)}$$

(5) 绘制校正后系统根轨迹，如图 6.10 所示。

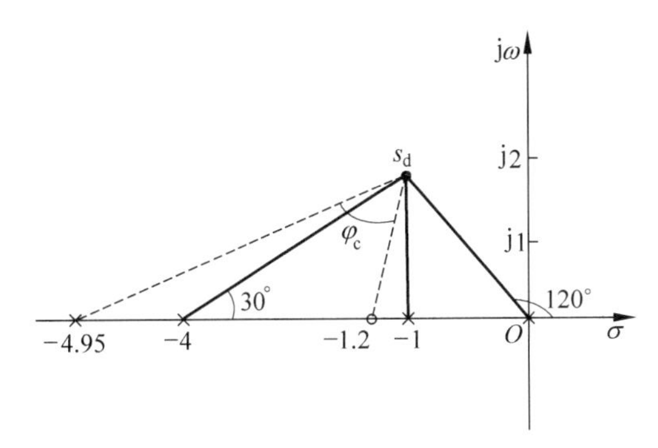

图 6.9　超前校正零点和极点的确定

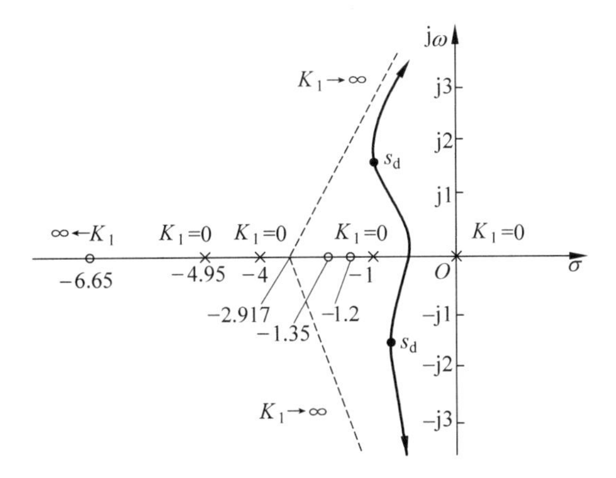

图 6.10　校正后系统根轨迹

6.3.2 串联滞后校正

在设计滞后校正装置时,为使校正后系统的根轨迹主要分支通过期望的闭环主导极点,同时又能大幅提升系统开环增益,通常将滞后校正装置的零点和极点配置在 s 平面离虚轴较近的地方,并使它们之间相互靠近,且零点到原点的距离为极点的 β 倍,使校正后系统允许的开环增益提高为 $\beta=\left|\frac{z_c}{p_c}\right|$。

基于根轨迹法滞后校正装置设计的步骤如下:

(1) 由给定的时域性能指标确定希望闭环主导极点 s_d 在 s 平面的位置。

(2) 绘制未校正的根轨迹,观察根轨迹的主要分支是否通过希望闭环主导极点 s_d。

(3) 计算 s_d 处校正前系统的开环增益 K_1。

(4) 由给定的稳态性能指标计算出开环增益 K,将 K 与 K_1 比较,得 β 值。

(5) 确定校正装置的零点和极点位置。从 s_d 处画一条与 ζ 夹角为10°或略小于10°的直线,该直线与负实轴的交点即校正装置零点的位置。如图6.11所示,由 $\beta=\left|\frac{z_c}{p_c}\right|$ 确定极点 p_c。

(6) 绘制校正后的根轨迹,要在等 ζ 线上确定 s'_d 点,并计算 s'_d 点的增益 K'_1,检验稳态性能是否满足要求。

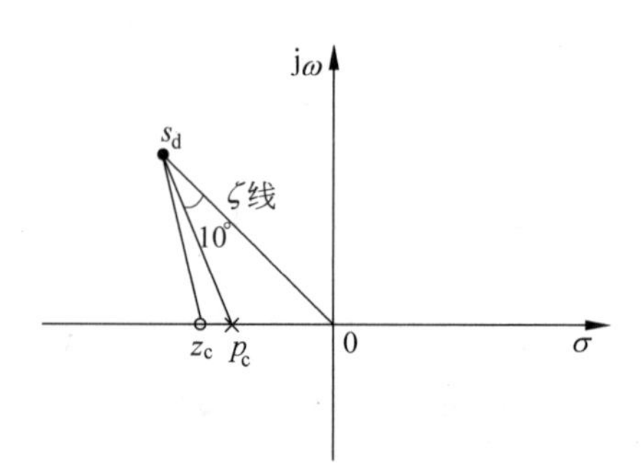

图6.11 确定校正装置零点和极点位置

[**例6-5**] 设单位反馈系统的开环传递函数为

$$G_0(s)=\frac{K_1}{s(s+1)(s+4)}$$

试设计一滞后校正装置,使系统具有如下性能:阻尼比 $\zeta=0.5$,调节时间 $t_s=10\text{s}$,速度误差系数 $K_v\geqslant 5\text{s}^{-1}$。

解:(1) 由阻尼比 $\zeta=0.5$,调节时间 $t_s=10\text{s}$,确定闭环主导极点 s_d:

$$\omega_n=\frac{4}{t_s\zeta}=\frac{4}{10\times 0.5}=0.8\text{rad/s}$$

$$s_d=-\zeta\omega_n\pm j\sqrt{1-\zeta^2}\,\omega_n=0.4\pm j0.7$$

(2) 绘制原系统根轨迹图,如图6.12所示。由图可知,闭环主导极点 s_d 位于原系统得根轨迹上。

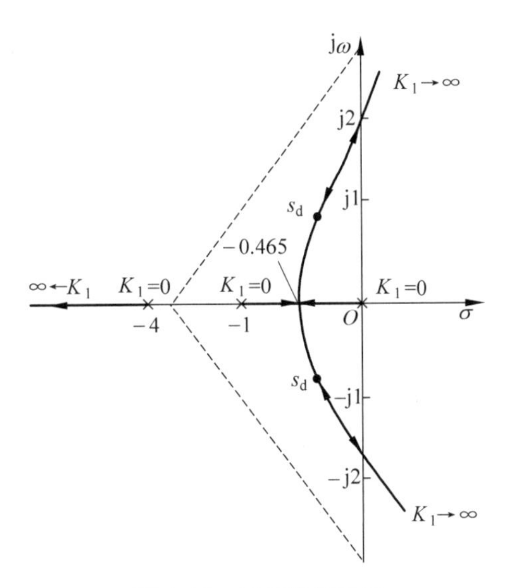

图 6.12　原系统根轨迹

(3) 原系统在 s_d 点增益为 $K_1=|s_d||s_d+1||s_d+4|=0.8\times0.9\times3.7=2.66$。

速度误差系数为

$$K_{v1}=2.66/4=0.667(\mathrm{s}^{-1})$$

(4) 给定的速度误差系数为 $K_v\geqslant 5\mathrm{s}^{-1}$，则

$$\beta=\frac{K_v}{K_{v1}}=\frac{5}{0.667}=7.5(\text{取 }\beta=10)$$

(5) 从 s_d 处画一条与 ζ 线夹角为 6°的直线，该直线与负实轴在 $s=0.1$ 处相交，则 $z_c=-0.1$，极点 $p_c=-0.1/10=-0.01$，校正装置传递函数为

$$G_c(s)=\frac{s+0.1}{s+0.01}$$

(6) 绘制校正后系统的根轨迹如图 6.13 所示。为保证阻尼比 ζ 不变，则 s_d 点移到 s'_d 点。则主导极点为

$$s_d=-\zeta\omega'_n\pm j\sqrt{1-\zeta^2}\,\omega'_n=0.5\times0.7\pm j0.7\sqrt{1-0.5^2}=-0.35\pm j0.61$$

在 s'_d 点增益为

$$K'_1=\frac{|s'_d||s'_d+1||s'_d+0.01||s'_d+4|}{|s'_d+0.1|}=2.2$$

校正后的传递函数为

$$G(s)=\frac{2.2(s+0.1)}{s(s+1)(s+4)(s+0.01)}$$

速度误差系数为

$$K_v=\lim_{s\to0}s\cdot\frac{18.7(s+2.9)}{s(s+2)(s+5.4)}=5.02$$

满足设计要求。

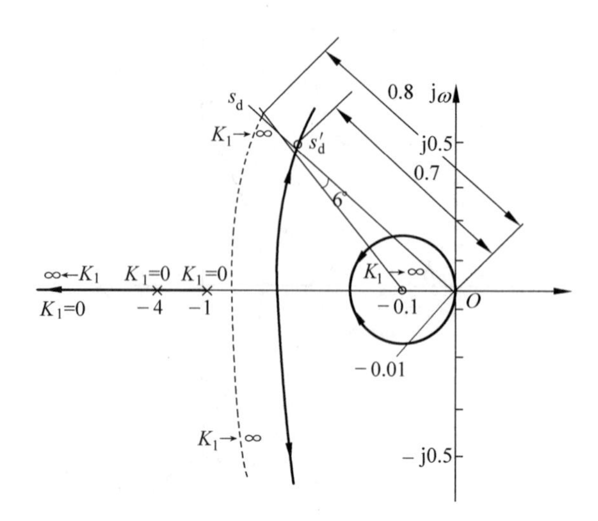

图 6.13　校正后系统根轨迹

6.3.3　串联滞后-超前校正

基于根轨迹法滞后-超前校正装置设计的步骤如下：

(1) 由给定的时域性能指标确定希望闭环主导极点 s_d 在 s 平面的位置；

(2) 计算出超前校正装置提供的相角 φ_c，确定校正装置的零点和极点位置，并计算 β 值；

(3) 由给定的稳态性能指标对系统进行滞后校正；

(4) 绘制校正后的根轨迹，确定修正 s'_d 点位置，并计算 s'_d 点的增益 K'_1，检验稳态性能是否满足要求。

［**例 6-6**］　设单位反馈系统的开环传递函数为

$$G_0(s)=\frac{K_1}{s(s+1)(s+4)}$$

试设计一超前校正装置，使系统具有如下性能：阻尼比 $\zeta=0.5$，无阻尼自然频率 $\omega_n=2\text{rad/s}$，速度误差系数 $K_v \geqslant 5\text{s}^{-1}$。

解：(1) 由阻尼比 $\zeta=0.5$，无阻尼自然频率 $\omega_n=2\text{rad/s}$，确定闭环主导极点 s_d：

$$s_d=-\zeta\omega_n \pm \mathrm{j}\sqrt{1-\zeta^2}\,\omega_n=-1\pm \mathrm{j}1.73$$

(2) 原系统开环传递函数在 s_d 处的相角为 $\angle G_0(s_d)=-240°$，则

$$\varphi_c=\angle G_c(s_d)=-180°-\angle G_0(s_d)=60°$$

把超前部分的零点放在 s_d 处的下方的实轴上，取 $z_{c2}=-1$，以便抵消开环的一个极点。在 s_d 点与原点相连的直线左方作一条与该直线成 $\varphi_c=60°$ 的直线，该直线与负实轴交于 -4，即 $p_{c2}=-4$，则 $\beta=-4/-1=4$，超前部分开环传递函数为

$$G_{c2}(s)=\frac{s+1}{s+4}$$

超前校正后系统开环传递函数为

$$G_{c2}(s)G_0(s)=\frac{K}{s(s+4)^2}$$

(3) 计算 $G_{c2}(s)G_0(s)$ 在 s_d 点处的增益,得

$$K=|-1+j1.73||-1+j1.73+4|^2=23.9$$

不满足 $K_v \geqslant 5s^{-1}$ 的要求。因此,再增加滞后校正装置。从 s_d 处画一条与 ζ 线夹角为 10°的直线,该直线与负实轴在 $s=-0.24$ 处相交,则 $z_{c1}=-0.24$,极点 $p_{c1}=-0.24/4=-0.06$,校正装置传递函数为

$$G_{c1}(s)=\frac{s+0.24}{s+4}$$

校正后系统的开环传递函数为

$$G(s)=G_{c1}(s)G_{c2}(s)G_0(s)=\frac{K(s+0.24)}{s(s+0.06)(s+4)^2}$$

(4) 为保证阻尼比 ζ 不变,s_d 点移到 s'_d 点,则主导极点为 $s_d=-0.9\pm j1.6$。

在 s'_d 点增益为

$$K=\frac{|s'_d||s'_d+0.06||s'_d+4|^2}{|s'_d+0.24|}=23.2$$

校正后的传递函数为

$$G(s)=\frac{23.2(s+0.24)}{s(s+4)^2(s+0.06)}$$

速度误差系数为

$$K_v=\lim_{s\to 0} s\cdot G(s)=5.8>5$$

满足设计要求。

6.4 PID 控制器与串联校正

所谓 PID 控制是指对偏差信号进行比例(Proportional)、积分(Integral)、微分(Derivative)运算变换后形成的一种控制规律,如图 6.14 所示。

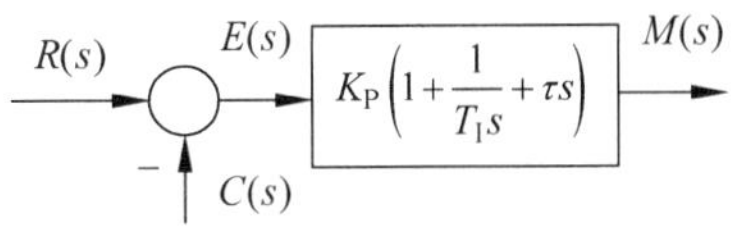

图 6.14 PID 控制器

其输入、输出之间的关系为

$$m(t)=K_P e(t)+\frac{K_P}{T_I}\int_0^t e(t)\mathrm{d}t+K_P\tau\frac{\mathrm{d}e(t)}{\mathrm{d}t}$$

PID 控制器各校正环节的作用如下。

(1) 比例环节:成比例反映控制系统的偏差信号,偏差一旦产生,控制器立即产生作用,以减少偏差。

(2) 积分环节:主要消除稳态误差。积分作用的强弱取决于时间常数 T_I。

(3) 微分环节:反映偏差信号的变化趋势,并能在偏差信号值变得太大之前,有效引入早期修正信号,减少调节时间。

PID 控制具有实现方便、成本低、效果好、适用范围广等优点，因而在工业过程控制中得到了广泛的应用。同时，随着计算机技术的发展，将 PID 控制数字化，在计算机控制系统中实施数字 PID 控制成为一种发展趋势。PID 控制器特性如表 6.1 所示。

表 6.1　PID 控制器特性

控制器	传递函数 $G_c(s)$	伯　德　图
PD 控制器	$G_c(s)=K_P+T_Ds$ $=K_P\left(1+\dfrac{T_Ds}{K_P}\right)$	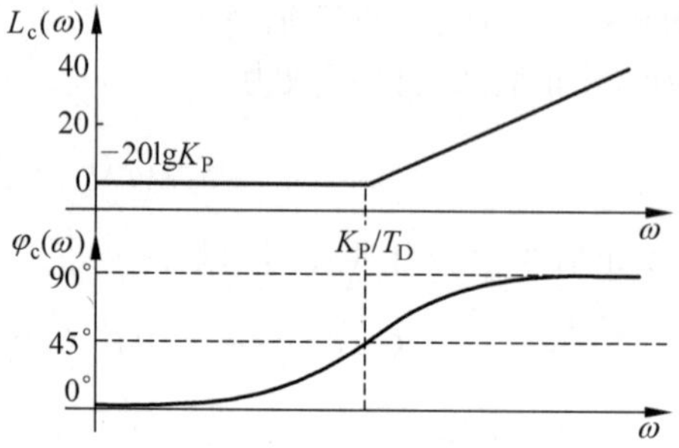
PI 控制器	$G_c(s)=K_P+\dfrac{1}{T_Is}$ $=\dfrac{K_PT_Is+1}{T_Is}$	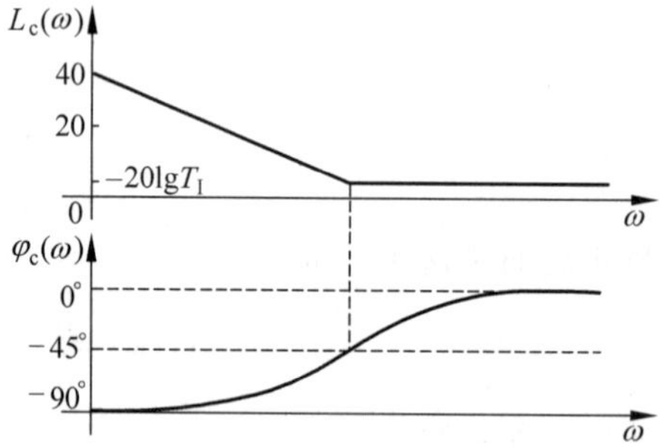
PID 控制器	$G_c(s)=K_P+\dfrac{1}{T_Is}+T_D$ $=\dfrac{T_IT_Ds^2+K_PT_I+1}{T_Is}$ $=\dfrac{\left(\dfrac{1}{T_1}s+1\right)\left(\dfrac{1}{T_2}s+1\right)}{T_Is}$	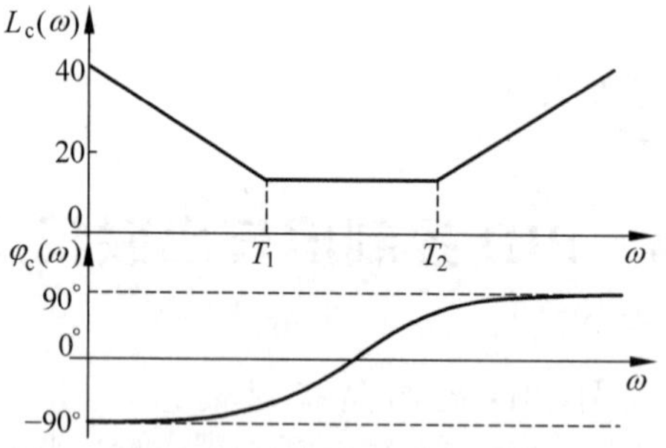

PD 控制器中的微分控制规律能反映输入信号的变化趋势，具有“预测”能力。因此，它能在误差信号变化之前给出校正信号，防止系统出现过大的偏离和振荡，从而改善系统的稳定性。同时，PD 校正提高了高频段，使得系统抗高频干扰能力下降。PD 控制有超前校正的功效。

PI 控制器提高系统的型别，消除或减小系统的稳态误差，改善系统的稳态性能，但相角的损失会降低系统的相对稳定度。PI 控制有滞后校正的功效。

PID 控制器除可使系统的型别提高 1 级外，还为系统提供了两个负实零点。当 $T_I>T_D$ 时，PID 控制在低频段起积分作用，可以改善系统的稳态性能；在中高频段则起微分作用，可以改善系统的动态性能。PID 控制有滞后-超前校正的功效。

［**例 6-7**］ 设单位反馈系统的开环传递函数为

$$G_0(s)=\frac{K}{(s+1)\left(\frac{s}{5}+1\right)\left(\frac{s}{30}+1\right)}$$

试设计 PID 控制器，使系统的稳态速度误差 $e_{ssv}\leqslant 0.1$，超调量 $\sigma\%\leqslant 20\%$，调节时间 $t_s\leqslant 0.5\text{s}$。

解：由稳态速度误差要求可知，校正后的系统必须是Ⅰ型的，并且开环增益应该是

$$K=1/e_{ssv}=10$$

为了在频域中进行校正，将时域指标化为频域指标。有

$$\begin{cases}\sigma\%\leqslant 20\% \\ t_s\leqslant 0.5\text{s}\end{cases} \Rightarrow \begin{cases}\gamma^*\geqslant 67^\circ \\ \omega_c^*=6.8/t_s=6.8/0.5=13.6\end{cases}$$

为校正方便起见，将 $K=10$ 放在校正装置中考虑，绘制未校正系统开环增益为 1 时的对数幅频特性 $L_0(\omega)$，如图 6.15 所示。

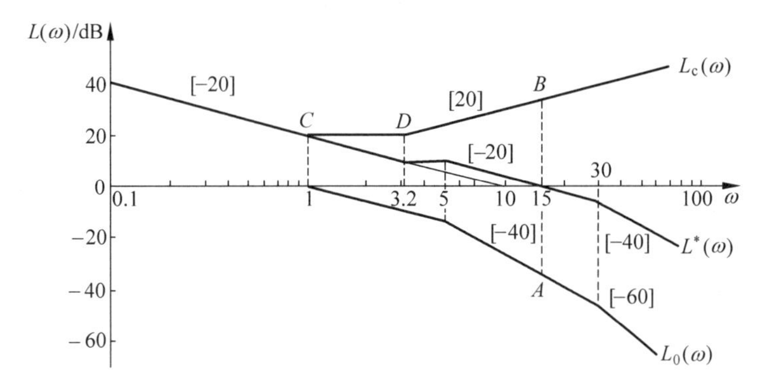

图 6.15　PID 串联校正图

取校正后系统的截止频率 $\omega_c=15$，在 ω_c 处作垂线与 $L_0(\omega)$ 交于点 A，找到点 A 关于 0dB 线的镜像点 B，过点 B 作 $+20\text{dB/dec}$ 的直线。微分（超前）部分应提供的超前角为

$$\varphi_m=\gamma^*-\gamma(\omega_c)+6^\circ=67^\circ+4.3^\circ+6^\circ=77.3^\circ\approx 78^\circ$$

在 $+20\text{dB/dec}$ 线上确定点 D（对应频率 ω_D），使 $\arctan(\omega_c/\omega_D)=78^\circ$，得

$$\omega_D=\omega_c/\tan 78^\circ=3.2$$

在点 D 向左引水平线。

根据稳态误差要求，绘制低频段渐近线：过点（$\omega=1,20\lg 10$），斜率为 -20dB/dec。低频段渐近线与经点 D 的水平线相交于点 C（对应频率 $\omega_C=1$）。可以写出 PID 控制器的传递函数为

$$G_c(s)=\frac{10(s+1)\left(\frac{s}{3.2}+1\right)}{s}=\frac{10(0.3125s^2+1.3125s+1)}{s}$$

以下验算。校正后系统的开环传递函数为

$$G(s)=G_c(s)G_0(s)=\frac{10\left(\frac{s}{3.2}+1\right)}{s\left(\frac{s}{5}+1\right)\left(\frac{s}{30}+1\right)}$$

校正后系统的截止频率 $\omega_c=15>13.6=\omega_c^*$，校正后系统的相角裕度为

$$\gamma=180^\circ+\angle G(\mathrm{j}\omega_c)$$
$$=180^\circ+\arctan\frac{15}{3.2}-90^\circ-\arctan\frac{15}{5}-\arctan\frac{15}{30}=69.8^\circ>67^\circ=\gamma^*$$

将设计好的频域指标转换成时域指标，有

$$\begin{cases}\gamma=69.8^\circ\\ \omega_c=15\end{cases}\Rightarrow\begin{cases}\sigma\%=19\%<20\%\\ t_s=6.7/\omega_c=6.7/15=0.45<0.5\end{cases}$$

系统指标完全满足。

6.5　反馈校正

串联校正的优点是结构简单，调整方便。但反馈校正的最大特点是能消除系统中被反馈回路所包围的环节的参数波动所产生的不良影响。

设反馈校正系统如图6.16所示，其中，$G_c(s)$为反馈校正装置传递函数。

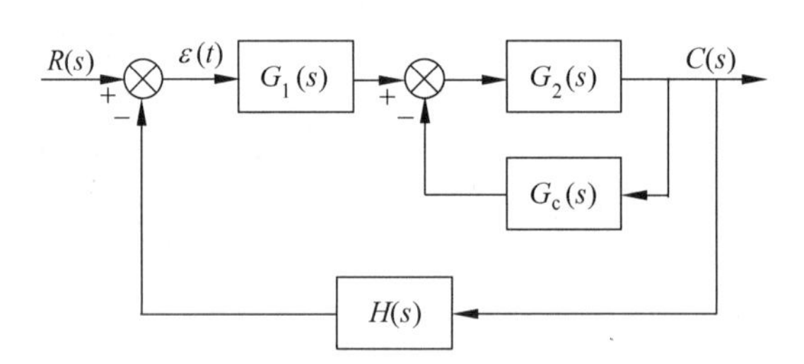

图6.16　反馈校正控制系统图

待校正系统的开环传递函数为

$$G_0(s)=G_1(s)G_2(s)H(s)$$

则校正后的系统传递函数为

$$G(s)=\frac{G_0(s)}{1+G_2(s)G_c(s)}$$

当$|G_2(s)G_c(s)|\ll 1$时，$G(s)\approx G_0(s)$，表明已校正系统开环频率特性与待校正系统开环频率特性近似相同；

当$|G_2(s)G_c(s)|\gg 1$时，$G(s)\approx\dfrac{G_1(s)H(s)}{G_c(s)}$，表明绘制出待校正系统开环频率特性曲线$20\lg|G_0(\mathrm{j}\omega)|$，可近似获得$G_2(s)G_c(s)$，由于$G_2(s)$已知，$G_c(s)$可求出。

综上所述，反馈校正中的比例负反馈可以减小被包围环节的惯性(时间常数)，从而扩展该环节的带宽，提高其响应的快速性；负反馈可以减弱参数变化及消除系统中性能差的元件对系统性能的影响。

［**例6-8**］　一种灵敏的绘图仪，其控制系统结构如图6.17所示。

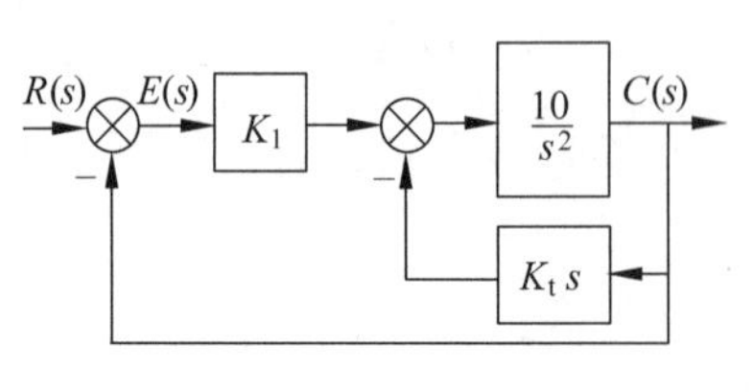

图6.17　绘图仪结构图

(1) 讨论若没有测速反馈($K_t=0$)时系统的性能；

(2) 设 $K_1=10$，讨论当 K_t 增加时，系统动态性能($\sigma\%$，t_s)的变化趋势，并确定阻尼比 $\zeta=0.707$ 时系统的动态性能指标；

(3) 设 $K_1=10$，讨论当 K_t 增加时，系统在 $r(t)=t$ 作用下稳态误差 e_{ss} 的变化趋势，并确定阻尼比 $\zeta=0.707$ 时系统的稳态误差 e_{ss}。

解：(1) 没有测速反馈时，系统闭环传递函数为

$$\Phi(s)=\frac{10K_1}{s^2+10K_1}$$

系统特征多项式 $D(s)=s^2+10K_1$ 中缺一次项，不论 K_1 取何值，系统都不可能稳定。

只改变系统的参数而不能使系统稳定，这样的系统称为结构不稳定系统。结构不稳定是由于系统结构原因导致的，并非由于参数设置不当。因此只有在系统结构上加以改造，采用适当的校正方式(串联、反馈等)，才能解决问题。

(2) 当 $K_t\neq 0$ 时，开环传递函数为

$$G(s)=\frac{10K_1}{s(s+10K_t)},\quad \begin{cases}K=\dfrac{K_1}{K_t}\\ v=1\end{cases}$$

当 $K_1=10$ 时，闭环传递函数为

$$\Phi(s)=\frac{10K_1}{s^2+10K_ts+10K_1}=\frac{100}{s^2+10K_ts+100},\quad \begin{cases}\omega_n=\sqrt{100}=10\\ \zeta=\dfrac{10K_t}{2\omega_n}=\dfrac{K_t}{2}\end{cases}$$

可见，当 $K_t<2$ 时，系统处于欠阻尼状态，若 K_t 增大，则 ζ 增大，超调量 $\sigma\%$ 减小；调节时间 $t_s=\dfrac{3.5}{5K_t}$ 减小。令 $\zeta=\dfrac{K_t}{2}=0.707$，解出 $K_t=1.414$。此时对应的系统动态性能为

$$\sigma\%=5\%,\quad t_s=\frac{3.5}{\zeta\omega_n}=\frac{3.5}{5K_t}=0.495$$

当 $K_t>2$ 时，系统呈现过阻尼状态，调节时间 t_s 随 K_t 增加而增加。

(3) 利用静态误差系数法，当 $r(t)=t$，K_t 增大时，$e_{ss}=\dfrac{1}{K}=\dfrac{K_t}{K_1}$ 增大。当 $K_1=10$，$\zeta=0.707(K_t=1.414)$ 时，$e_{ss}=\dfrac{1.414}{K_1}=0.1414$。

可见，适当选择测速反馈系数 K_t 可以改善系统的动态性能，但这同时会降低系统的开环增益，使稳态精度下降，需要适当增大 K_1 值进行补偿。

6.6　复合校正

复合校正分为按给定输入补偿和按干扰输入补偿两种形式。所谓补偿，是指作用于控制对象的控制信号，除了偏差信号外，还引入与扰动或给定量有关的补偿信号，以提高系统的控制精度，减小误差，这种控制称为复合控制。

6.6.1　按给定输入的顺馈补偿

按输入补偿的顺馈控制主要用于减小输入 $r(t)$ 作用下的稳态误差。

［**例 6-9**］　系统结构图如图 6.18 所示。

(1) 设计 $G_c(s)$，使输入 $r(t)=At$ 作用下系统的稳态误差为零。

(2) 在以上讨论确定了 $G_c(s)$ 的基础上，若被控对象开环增益增加了 ΔK，试说明相应的稳态误差是否还能为零。

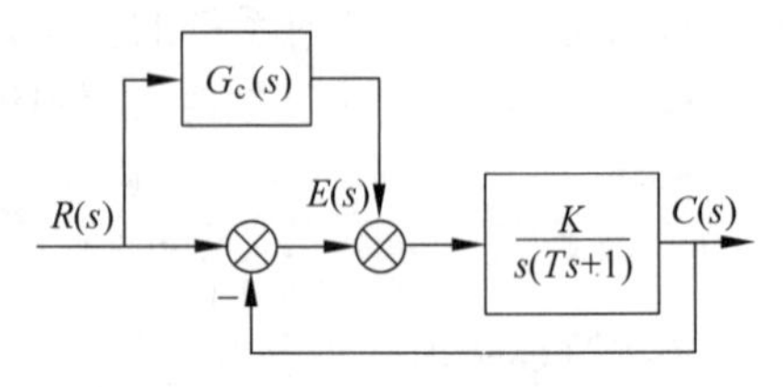

图 6.18　例 6-9 系统结构图

解：(1) 系统的开环传递函数为

$$G(s)=\frac{K}{s(Ts+1)}$$

开环增益是 K，系统型别为 $v=1$。系统特征多项式为

$$D(s)=Ts^2+s+K$$

当 $T>0, K>0$ 时，系统稳定。系统的误差传递函数为

$$\Phi_e(s)=\frac{E(s)}{R(s)}=\frac{1-\dfrac{K}{s(Ts+1)}G_c(s)}{1+\dfrac{K}{s(Ts+1)}}=\frac{s(Ts+1)-KG_c(s)}{s(Ts+1)+K}$$

令

$$e_{ss}=\lim_{s\to 0} s\Phi_e(s)R(s)=\lim_{s\to 0}\frac{A}{K}\left[1-\frac{K}{s}G_c(s)\right]=0$$

可得

$$G_c(s)=\frac{s}{K}$$

(2) 设此时开环增益变为 $K+\Delta K$，系统的误差传递函数成为

$$\Phi_e(s)=\frac{s(Ts+1)-(K+\Delta K)\dfrac{s}{K}}{s(Ts+1)+(K+\Delta K)}$$

$$e_{ss}=\lim_{s\to 0} s\Phi_e(s)R(s)=\lim_{s\to 0} s\cdot\frac{s\left(Ts+1-\dfrac{K+\Delta K}{K}\right)}{s(Ts+1)+(K+\Delta K)}\frac{A}{s^2}=\frac{-A\Delta K}{K(K+\Delta K)}$$

通过例 6-9 可以看出，用复合校正控制可以有效提高系统的稳态精度，在理想情况下相当于将系统的型别提高一级。但当系统参数变化时，用这种方法可能达不到理想条件下的控制精度。另外，当输入具有前馈通道时，静态误差系数法不再适用。

6.6.2　按干扰输入的顺馈补偿

按干扰信号通过前馈通道引入闭环回路中，形成按干扰补偿的复合控制。合理设计前馈通道的传递函数，可以有效减小干扰作用下的稳态误差。

［**例 6-10**］　系统结构图如图 6.19 所示。要使干扰 $n(t)=1(t)$ 作用下系统的稳态误差为零，试设计满足要求的 $G_c(s)$。

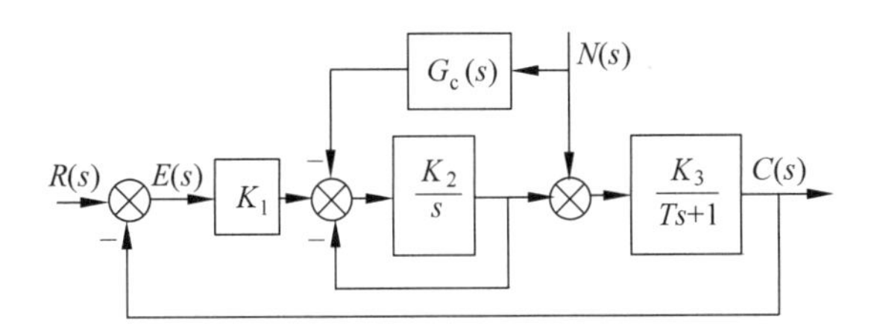

图 6.19　例 6-10 系统结构图

解：$n(t)$作用下系统的误差传递函数为

$$\Phi_{en}(s)=\frac{E(s)}{N(s)}=\frac{-\frac{K_3}{Ts+1}\left(1+\frac{K_2}{s}\right)+G_c(s)\cdot\frac{K_2K_3}{s(Ts+1)}}{1+\frac{K_2}{s}+\frac{K_1K_2K_3}{s(Ts+1)}}$$

$$=\frac{-K_3(s+K_2)+K_2K_3G_c(s)}{s(Ts+1)+K_2(Ts+1)+K_1K_2K_3}$$

$$e_{ssn}=\lim_{s\to 0}s\Phi_{en}(s)N(s)=\frac{-K_2K_3+K_2K_3G_c(s)}{K_2(1+K_1K_3)}$$

令 $e_{ssn}=0$ 得

$$G_c(s)=1$$

由于一般复合控制系统，都是顺馈通道与反馈通道同时工作，在这种类型的控制系统中，由主要干扰及控制信号引起的系统误差将根据顺馈补偿原理，由补偿通道全部或部分得到补偿。而由次要干扰引起的系统误差及未补偿掉的控制信号造成的系统误差，则通过反馈控制予以消除。同时，由于有顺馈补偿存在，对闭环系统的要求也可降低，即开环放大倍数 K 可取得小些，这对提高控制系统的稳定性是极为有利的。另外，由于顺馈通道属于开环控制，因此，要求构成补偿装置的元件自身的参数具有较高的稳定性，否则将因顺馈补偿装置自身参数的漂移，减弱顺馈补偿的效果，还会给系统的输出造成新的误差。

6.7　线性系统校正的 MATLAB 方法

[**例 6-11**]　已知单位负反馈系统被控对象的传递函数为

$$G_0(s)=K_0\frac{1}{s(0.1s+1)(0.2s+1)}$$

试用伯德图设计方法对系统进行滞后校正设计，使系统满足：

(1) 在单位斜坡信号作用下，系统的速度误差系数 $K_v\geqslant 30\text{s}^{-1}$；

(2) 系统校正后剪切频率 $\omega_c\geqslant 2.5\text{s}^{-1}$；

(3) 系统校正后相角稳定裕度 $\gamma>40°$。

解：(1) 求 K_0。

根据单位斜坡响应的速度误差系数 $K_v=K=K_0\geqslant 30\text{s}^{-1}$，取 $K_0=30\text{s}^{-1}$，则被控对象的传递函数为

$$G_0(s)=\frac{30}{s(0.1s+1)(0.2s+1)}$$

(2) 作原系统的伯德图与阶跃响应曲线。

编写 MATLAB 程序如下：

```
k0=30; num1=k0; den1=conv(conv([1 0],[0.1 1]),[0.2 1]);
figure(1);
sys=tf(num1,den1); margin(sys);
figure(2);
s1=tf(k0 * n1,d1); sys=feedback(s1,1); step(sys);
```

执行后可以得到如图 6.20 所示的伯德图和如图 6.21 所示的阶跃响应曲线。

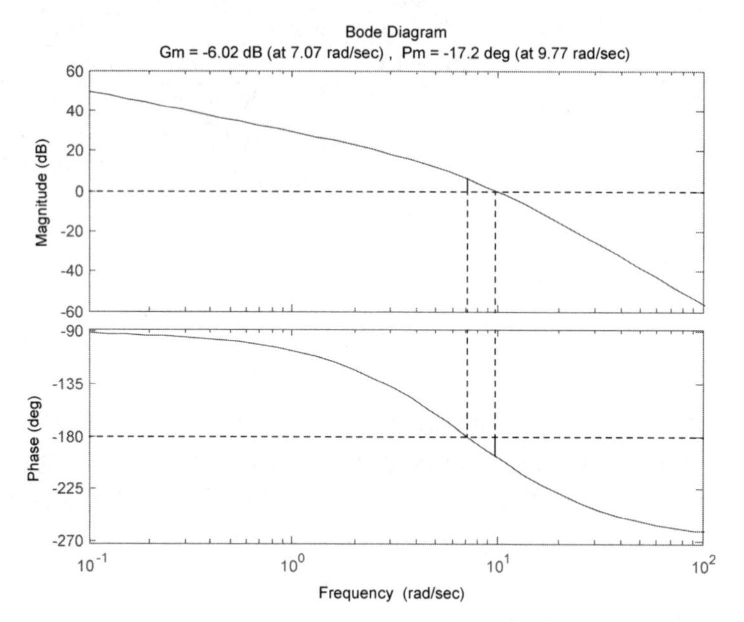

图 6.20　未校正系统的伯德图

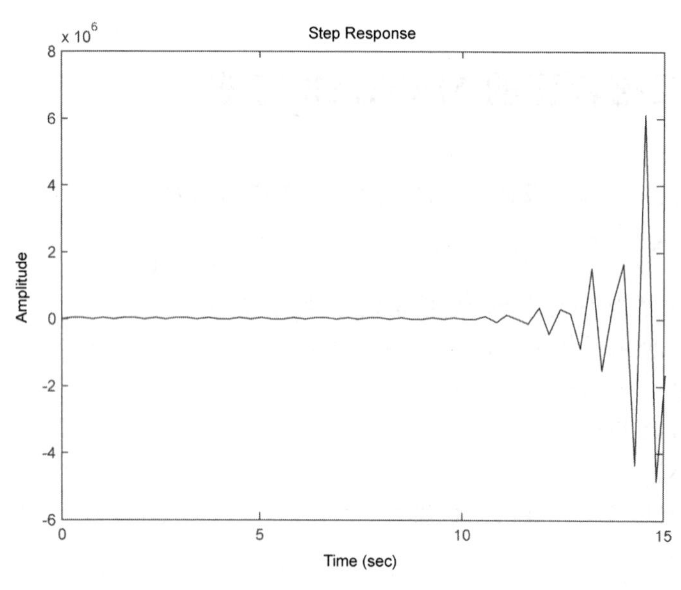

图 6.21　未校正系统的阶跃响应曲线图

由图 6.20 所示得到：

幅值裕度：$G_m=-6.02\text{dB}$；　穿越频率：$\omega_{cg}=7.07\text{rad/s}$

相角裕度：$P_m=-17.2\text{deg}$；　剪切频率：$\omega_{cp}=9.77\text{rad/s}$

由于系统的稳定裕度均为负值，此系统无法工作；此外，阶跃响应曲线发散，系统必须修正。

(3) 求滞后校正器的传递函数。

取校正后系统得剪切频率 $\omega_{c2}=2.5\text{s}^{-1}$。根据滞后校正原理，编写 MATLAB 程序如下：

```
wc=2.5;k0=30; num1=1;den1=conv(conv([1 0],[0.1 1]),[0.2 1]);
na=polyval(num1,j * wc); da=polyval(den1,j * wc);
g=na/da; g1=abs(g); h=20 * log10(g);
beta=10^(h/20);
T=1/(0.1 * wc);
bt=beta * T; Gc=tf([T 1],[bt 1])
```

运行后得到：

```
Transfer function:
       4 s + 1
-------------------------
-(0.9035+1.054i) s + 1
```

校正器传递函数为

$$G_c(s)=\frac{1+Ts}{1+\beta Ts}=\frac{4s+1}{41.65s+1}$$

(4) 校验系统频域性能。

编写如下 MATLAB 程序绘制伯德图：

```
k0=30;n1=1;d1=conv(conv([1 0],[0.1 1]),[0.2 1]);
s1=tf(k0 * n1,d1);
n2=[4 1];d2=[41.65 1];
s2=tf(n2,d2);
sope=s1 * s2;
bode(sope)
```

程序运行后得到的结果如图 6.22 所示。

由图 6.22 可知，校正后系统得频域性能指标如下：

模稳定裕度：$G_m=13.8\text{dB}$；　$-\pi$ 穿越频率：$\omega_{cg}=6.83\text{rad/s}$

相稳定裕度：$P_m=44.1°$；　剪切频率：$\omega_{cp}=2.5\text{rad/s}$

已满足题目要求。

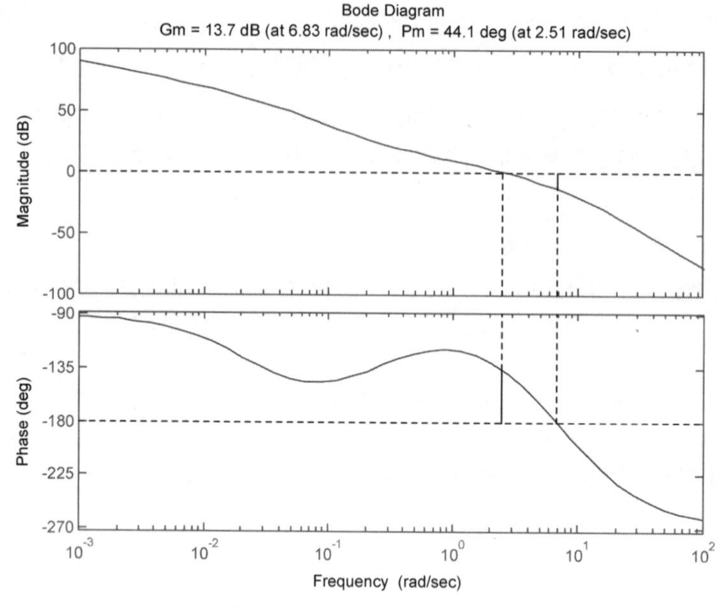

图 6.22 校正系统的伯德图

小结

控制系统的设计包括系统的基本结构的构建和进一步改进与完善两个部分。初步构建的系统通常不能满足性能指标的要求,需要在系统中附加一些装置,改变系统的结构和参数,从而改变系统的性能。这种措施称为校正,引入的装置称为校正装置。

校正的目的可归结为:使不稳定的系统或虽然稳定,但稳定程度较差的系统校正后有适当的稳定裕度、动态性能指标和稳态性能指标。

按照校正装置在系统中的连接方式,控制系统校正方式可分为串联校正、反馈校正和复合校正三种。串联校正的方式分为超前校正、滞后校正和滞后-超前校正。串联超前校正在于改变中频区特性的形状与参数,主要用来改善系统的动态性能;串联滞后校正用来校正开环频率响应的低频区特性,在于提高系统的稳态控制精度;滞后-超前校正则综合利用超前、滞后网络的优点,具有较大的灵活性,能达到更好的校正效果。PD、PI 和 PID 校正可以分别作为超前校正、滞后校正和滞后-超前校正来进行。

反馈校正的主要作用是显著减弱某些环节或它的参数变化对系统的不利影响,保证系统的可靠性。

复合校正将系统的型别提高一级,主要作用在于提高系统的稳态精度。

习题

6-1 对图 6.23 所示系统,要求具有相角裕量等于 45°,幅值裕量等于 6dB 的性能指标,若用串联超前校正系统以满足上述要求,试确定超前校正装置的传递函数。

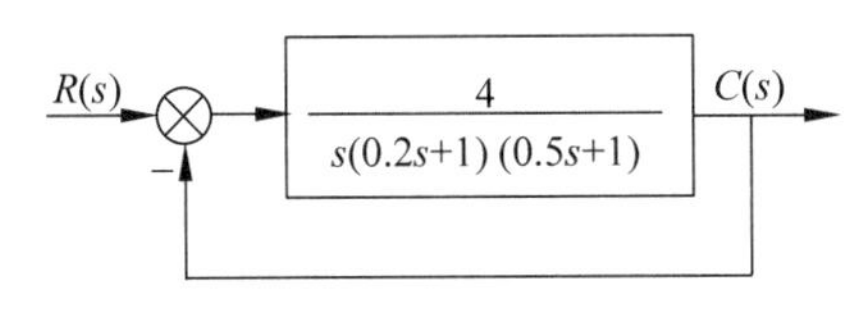

图 6.23　题 6-1 系统

6-2　对题 6-1 系统，若改用串联滞后校正使系统满足要求，试确定滞后校正参数，并比较超前和滞后校正的特点。

6-3　图 6.24 所示为三种串联校正网络的对数幅频特性，它们均由稳定环节组成。若有一单位反馈系统，其开环传递函数为

$$G(s)=\frac{400}{s^2(0.01+1)}$$

试问：(1) 这些校正网络特性中，哪一种可使已校正系统的稳定程度最好？

(2) 为了将 12Hz 的正弦噪声削弱为原来的 1/10，应采用哪一种校正网络特性？

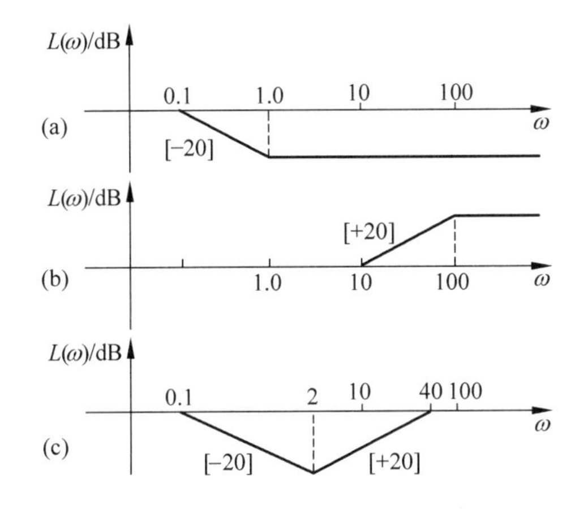

图 6.24　题 6-3 校正网络的对数幅频特性

6-4　已知单位反馈系统的开环传递函数 $G(s)=\frac{1}{s^2}$，串联微分校正传递函数 $G_c(s)$ 为

$$G_c(s)=\frac{K(T_1 s+1)}{T_2 s+1}$$

要使校正后系统开环增益为 100，$\omega_c=31.6\text{rad/s}$，中频段斜率为 −20dB/dec，而且具有两个十倍频程的宽度。试求：

(1) 校正后系统的开环对数幅频特性曲线；

(2) 确定 $G_c(s)$ 的参数 T_1、T_2；

(3) 校正后系统的相角裕度 γ、幅值裕度 h。

线性离散系统的分析与校正

7.1 离散系统的数学模型

随着计算机技术的发展，数字控制器在许多场合取代了模拟控制器。基于工程实践的需要，作为分析与设计数字控制系统的基础理论，离散系统理论的发展非常迅速。

离散系统与连续系统相比，既有本质上的不同，又有分析研究方面的相似性。利用 z 变换法研究离散系统，可以把连续系统中的许多概念和方法，推广应用于离散系统。

线性离散系统的数学模型有差分方程、脉冲传递函数和离散状态空间表达式三种。本节主要介绍差分方程、脉冲传递函数，以及求开环脉冲传递函数和闭环脉冲传递函数的方法。

7.1.1 线性常系数差分方程

对于线性定常离散系统，k 时刻的输出 $c(k)$，不但与 k 时刻的输入 $r(k)$ 有关，而且与 k 时刻以前的输入 $r(k-1)$，$r(k-2)$，… 和输出 $c(k-1)$，$c(k-2)$，… 有关，即

$$c(k)=-\sum_{i=1}^{n}a_ic(k-i)+\sum_{j=0}^{m}b_jr(k-j) \tag{7-1}$$

式中：$a_i(i=1,2,\cdots,n)$ 和 $b_j(j=0,1,\cdots,m)$ 为常系数，$m\leqslant n$。式(7-1)称为 n 阶线性常系数差分方程。

线性定常离散系统也可以用 n 阶前向差分方程描述，即

$$c(k+n)=-\sum_{i=1}^{n}a_ic(k+n-i)+\sum_{j=0}^{n}b_jr(k+m-j) \tag{7-2}$$

工程上求解常系数差分方程通常采用迭代法和 z 变换法(限于篇幅，其解法不再阐述，请参阅相关文献)。

7.1.2 脉冲传递函数

差分方程的解表明线性定常离散系统在给定输入序列作用下的输出响应序列特性，但不便于研究系统参数变化对离散系统性能的影响。因此，需要研究线性定常离散系统的另一种数学模型——脉冲传递函数。

1. 脉冲传递函数定义

设离散系统如图7.1所示，如果系统的输入信号为$r(t)$，采样信号$r^*(t)$的z变换函数为$R(z)$，系统连续部分的输出为$c(t)$，采样信号$c^*(t)$的z变换函数为$C(z)$，则线性定常离散系统的脉冲传递函数定义为：在零初始条件下，系统输出采样信号的z变换$C(z)$与输入采样信号的z变换$R(z)$之比，记作

$$G(z)=\frac{C(z)}{R(z)}=\frac{\sum_{n=0}^{\infty}c(nT)z^{-n}}{\sum_{n=0}^{\infty}r(nT)z^{-n}}$$

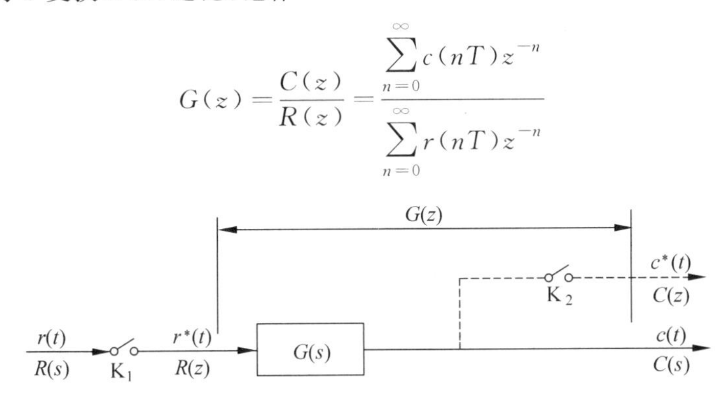

图7.1 开环采样系统

所谓零初始条件，是指在$t<0$时，输入脉冲序列各采样值$r(-T),r(-2T),\cdots$以及输出脉冲序列各采样值$c(-T),c(-2T),\cdots$均为零。

对于大多数实际系统来说，尽管其输入为采样信号，但其输出往往仍是连续信号$c(t)$，不是采样信号$c^*(t)$，为了引出$c^*(t)$及求取脉冲传递函数，可以在系统输出端虚设一个开关，如图7.1中虚线所示，它与输入端的采样开关同步工作，因此具有相同的采样周期T。必须指出，虚设的采样开关是不存在的，它只表明了脉冲传递函数所能描述的只是输出连续函数$c(t)$在采样时刻的离散值$c^*(t)$。

2. 脉冲传递函数求取

令单位脉冲函数$\delta(t)$作为连续部分的输入，$g(t)$为连续部分的脉冲瞬态响应，$g^*(t)$为采样的脉冲瞬态响应，如图7.2所示。由于脉冲函数$\delta(t)$的拉氏变换与z变换均为1，根据脉冲响应的定义和脉冲传递函数定义，得

$$G(z)=Z[g^*(t)]=\sum_{n=0}^{\infty}g(nT)z^{-n}$$

或

$$G(z)=Z[g(t)]=Z[G(s)]$$

由此可知，脉冲传递函数$G(z)$就是连续传递函数$G(s)$的拉氏反变换——脉冲瞬态响应的采样函数$g^*(t)$的z变换。

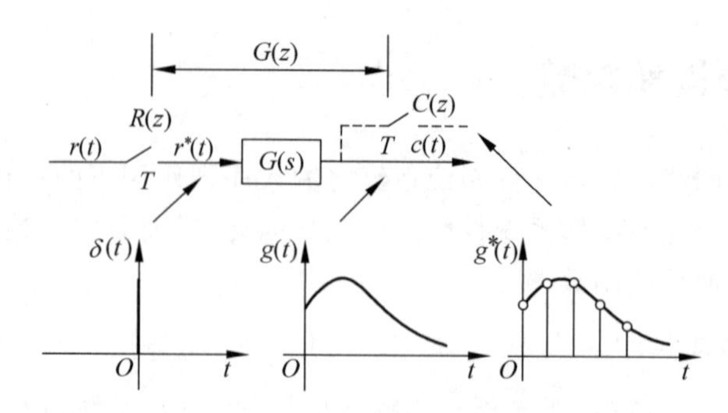

图 7.2　$G(z)$与$G(s)$之间的关系

由此可见，求脉冲传递函数$G(z)$的步骤为：

(1) 求得连续部分的传递函数$G(s)$；

(2) 求得连续部分的脉冲瞬态响应$g(t)=\mathcal{L}^{-1}[G(s)]$；

(3) 求得采样的脉冲函数$g^*(t)$的z变换$G(z)$。

［**例 7-1**］ 设离散系统的方框图如图 7.3 所示。求此系统的脉冲传递函数。

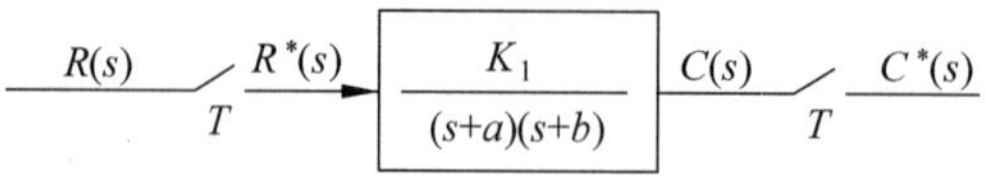

$R(s)$ —T→ $R^*(s)$ → $\frac{K_1}{(s+a)(s+b)}$ → $C(s)$ —T→ $C^*(s)$

图 7.3　例 7-1 采样系统

解：(1) 系统的传递函数为

$$G(s)=\frac{K_1}{(s+a)(s+b)}$$

(2) 求系统的脉冲响应函数：

$$g(t)=\mathcal{L}^{-1}[G(s)]=\mathcal{L}^{-1}\left[\frac{K_1}{b-a}\left(\frac{1}{s+a}-\frac{1}{s+b}\right)\right]=\frac{K_1}{b-a}(\mathrm{e}^{-at}-\mathrm{e}^{-bt})$$

(3) 查z变换表。

$$G(z)=\frac{K_1}{b-a}\left(\frac{1}{1-\mathrm{e}^{-aT}z^{-1}}-\frac{1}{1-\mathrm{e}^{-bT}z^{-1}}\right)=\frac{K_1}{b-a}\,\frac{z(\mathrm{e}^{-aT}-\mathrm{e}^{-bT})}{(z-\mathrm{e}^{-aT})(z-\mathrm{e}^{-bT})}$$

3. 开环系统脉冲传递函数

当开环离散系统由几个环节串联组成时，开环脉冲传递函数由于采样开关的数目和位置不同而不同。

(1) 串联环节之间有采样开关。

设开环离散系统如图 7.4 所示，在两个串联连续环节$G_1(s)$和$G_2(s)$之间有采样开关。设$G_1(z)$和$G_2(z)$分别为$G_1(s)$和$G_2(s)$的脉冲传递函数，根据脉冲传递函数定义，有

$$Q(z)=G_1(z)R(z),\quad C(z)=G_2(z)Q(z)$$

则

$$C(z)=G_2(z)G_1(z)R(z)$$

因此，开环离散系统脉冲传递函数为

$$G(z)=\frac{C(z)}{R(z)}=G_1(z)G_2(z) \tag{7-3}$$

式(7-3)表明，由采样开关隔开的两个环节串联时，其脉冲传递函数等于这两个环节各自的脉冲传递函数之积。这一结论可以推广到 n 个环节相串联时的情形。

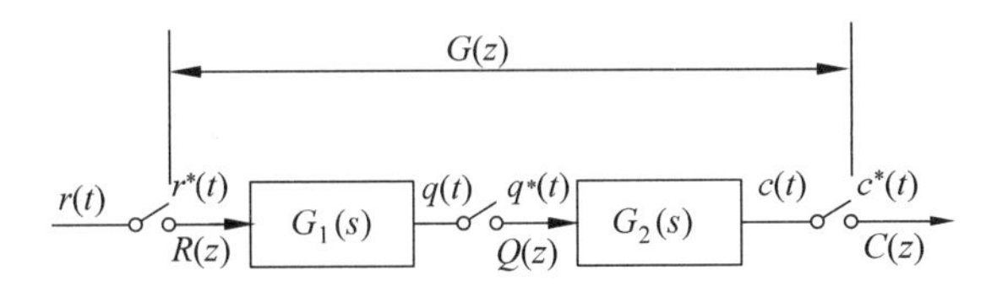

图 7.4　串联环节间有采样开关的开环离散系统

(2) 串联环节之间无采样开关。

设开环离散系统如图 7.5 所示，在两个串联连续环节 $G_1(s)$ 和 $G_2(s)$ 之间没有采样开关隔开。开环离散系统脉冲传递函数为

$$G(z)=\frac{C(z)}{R(z)}=Z[G_1(s)G_2(s)]=G_1G_2(z) \tag{7-4}$$

式(7-4)表明，没有采样开关隔开的两个环节串联时，其脉冲传递函数等于这两个环节传递函数乘积后的相应 z 变换。这一结论也可以推广到类似的 n 个环节相串联时的情形。

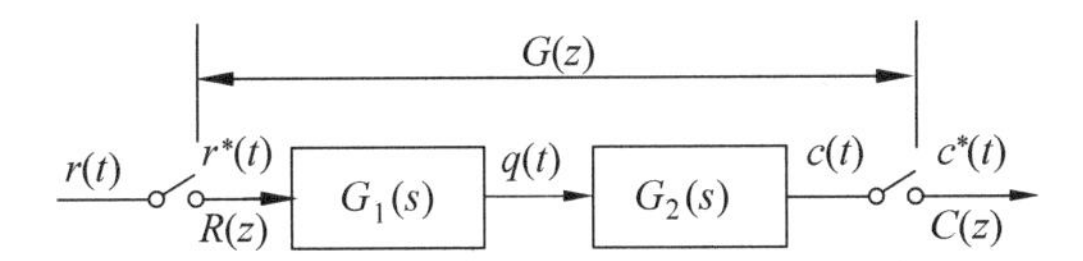

图 7.5　串联环节间无采样开关的开环离散系统

显然，式(7-3)与式(7-4)不等，即

$$G_1(z)G_2(z)\neq G_1G_2(z) \tag{7-5}$$

[**例 7-2**]　设离散系统如图 7.6 所示，已知

$$G_p(s)=\frac{a}{s(s+a)}$$

试求系统的脉冲传递函数 $G(z)$。

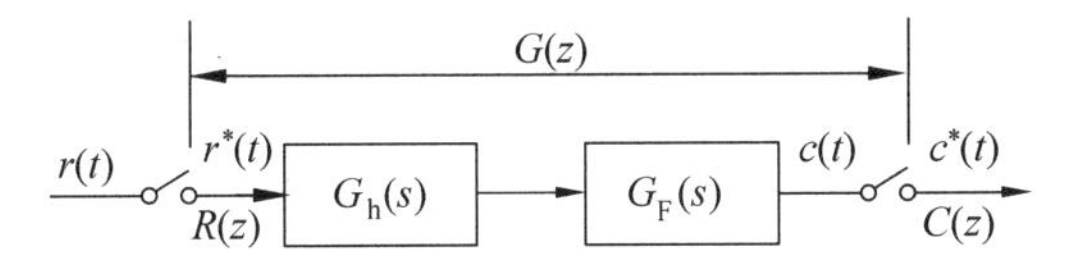

图 7.6　有零阶保持器的开环采样系统

解：因为零阶保持器的传递函数为

$$G_h(s)=\frac{1-e^{-Ts}}{s}$$

则

$$G(z)=Z[1-e^{-sT}]\cdot Z\left[\frac{G_p(s)}{s}\right]=(1-z^{-1})Z\left[\frac{G_p(s)}{s}\right]$$

$$\frac{G_{\mathrm{p}}(s)}{s}=\frac{a}{s^{2}(s+a)}=\frac{1}{s^{2}}-\frac{1}{a}\left(\frac{1}{s}-\frac{1}{s+a}\right)$$

查 z 变换表可得

$$Z\left[\frac{G_{\mathrm{p}}(s)}{s}\right]=\frac{Tz}{(z-1)^{2}}-\frac{1}{a}\left(\frac{z}{z-1}-\frac{z}{z-\mathrm{e}^{-aT}}\right)$$

$$=\frac{\frac{1}{a}z[(\mathrm{e}^{-aT}+aT-1)z+(1-aT\mathrm{e}^{-aT}-\mathrm{e}^{-aT})]}{(z-1)^{2}(z-\mathrm{e}^{-aT})}$$

因此,有零阶保持器的开环系统脉冲传递函数为

$$G(z)=(1-z^{-1})Z\left[\frac{G_{\mathrm{p}}(s)}{s}\right]=\frac{\frac{1}{a}[(\mathrm{e}^{-aT}+aT-1)z+(1-aT\mathrm{e}^{-aT}-\mathrm{e}^{-aT})]}{(z-1)(z-\mathrm{e}^{-aT})}$$

4. 闭环系统脉冲传递函数

图 7.7 是一种典型闭环离散系统结构图。图中,虚线所示的理想采样开关是为了便于分析而设的,所有采样开关都同步工作,采样周期为 T。

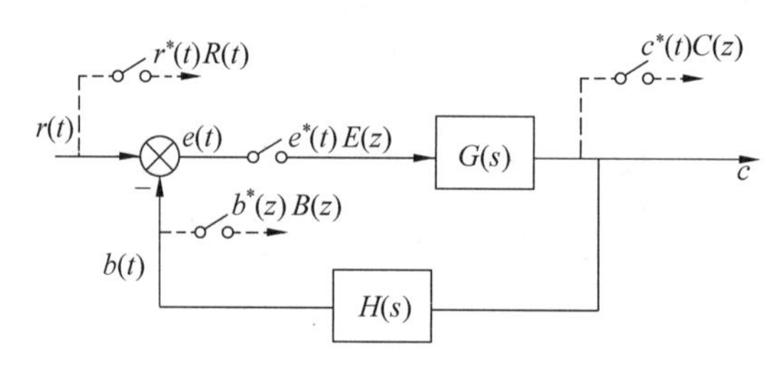

图 7.7 典型闭环离散系统结构图

由脉冲传递函数的定义及开环脉冲传递函数的求法,对图 7.7 可建立方程组如下:

$$\begin{cases}C(z)=G(z)E(z)\\E(z)=R(z)-B(z)\\B(z)=GH(z)E(z)\end{cases}$$

解上面联立方程,可得该闭环离散系统脉冲传递函数为

$$\Phi(z)=\frac{C(z)}{R(z)}=\frac{G(z)}{1+GH(z)} \tag{7-6}$$

闭环离散系统的误差脉冲传递函数为

$$\Phi_{\mathrm{e}}(z)=\frac{E(z)}{R(z)}=\frac{1}{1+GH(z)} \tag{7-7}$$

式(7-6)和式(7-7)是研究闭环离散系统时经常用到的两个闭环脉冲传递函数。与连续系统相类似,令 $\Phi(z)$ 或 $\Phi_{\mathrm{e}}(z)$ 的分母多项式为零,便可得到闭环离散系统的特征方程:

$$D(z)=1+GH(z)=0 \tag{7-8}$$

需要指出,闭环离散系统脉冲传递函数不能直接从 $\Phi(s)$ 和 $\Phi_{\mathrm{e}}(s)$ 求 z 变换得来,即

$$\Phi(z)\neq Z[\Phi(s)],\quad \Phi_{\mathrm{e}}(z)\neq Z[\Phi_{\mathrm{e}}(s)]$$

这是由于采样器在闭环系统中有多种配置的缘故。

如果误差信号 $e(t)$ 处没有采样开关,输入采样信号 $r^{*}(t)$ 便不存在,此时不可能求出

闭环离散系统的脉冲传递函数，而只能求出输出采样信号的 z 变换函数 $C(z)$。

一些典型离散系统框图及输出如表 7.1 所示。

表 7.1　常见离散控制系统方框图及输出 $C(z)$

系　　统	输出 $C(z)$
 R G C(z)	$C(z)=RG(z)$
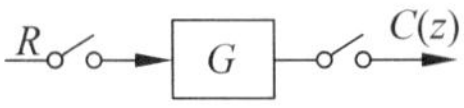 R G C(z)	$C(z)=R(z)G(z)$
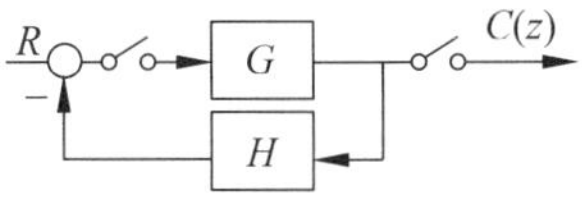 R − G H C(z)	$C(z)=\dfrac{R(z)G(z)}{1+GH(z)}$
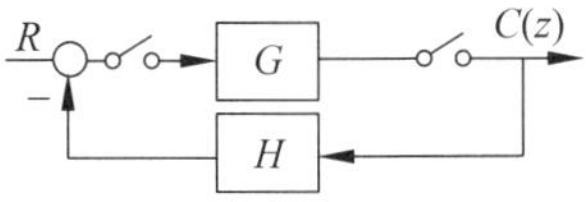 R − G H C(z)	$C(z)=\dfrac{R(z)G(z)}{1+G(z)H(z)}$
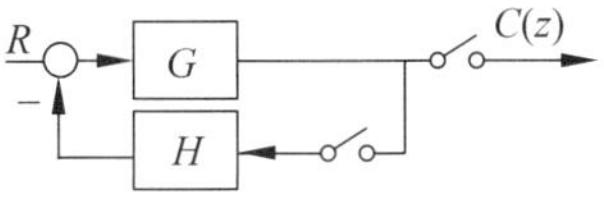 R − G H C(z)	$C(z)=\dfrac{RG(z)}{1+GH(z)}$
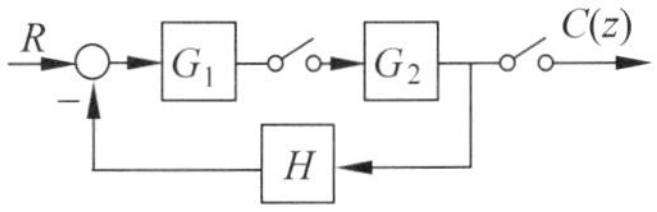 R − G_1 G_2 H C(z)	$C(z)=\dfrac{RG_1(z)G_2(z)}{1+G_1G_2H(z)}$
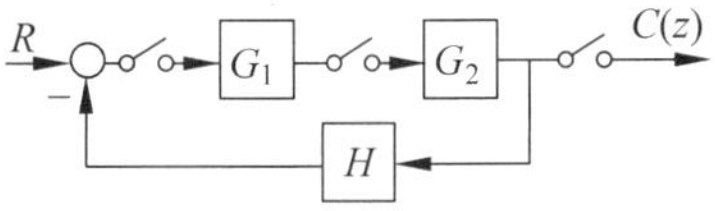 R − G_1 G_2 H C(z)	$C(z)=\dfrac{R(z)G_1(z)G_2(z)}{1+G_1(z)G_2H(z)}$

7.2　离散系统的性能分析

7.2.1　稳定性分析

1. 离散系统稳定性的充要条件

根据 s 平面与 z 平面的映射关系，即 s 平面的虚轴映射到 z 平面上，为一个以 z 平面原点为中心的单位圆，而 s 平面的左半和右半平面在 z 平面上的映像分别为单位圆内部和外部，如图 7.8 所示。

离散系统稳定的充要条件为：闭环离散系统的特征方程的根（或系统闭环脉冲传递函数的极点）全部分布在 z 平面的单位圆内，亦即所有特征根的模均小于 1。只要有一个特征根处在 z 平面的单位圆外，系统就不稳定。

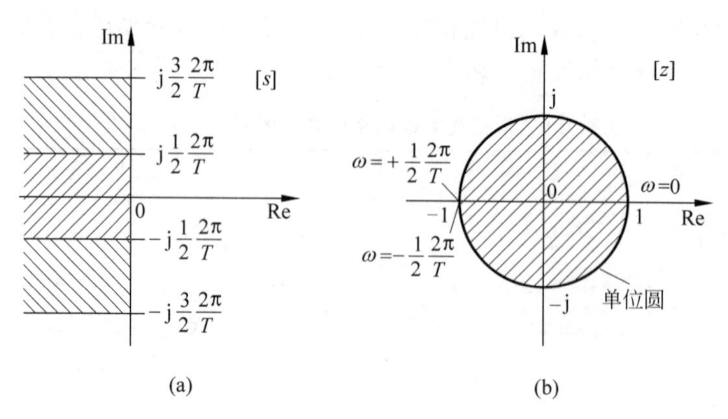

图 7.8 z 平面和 s 平面的映射关系

［**例 7-3**］ 设离散系统如图 7.7 所示，其中 $G(s)=1/[s(s+1)]$，$H(s)=1$，$T=1$。试分析系统的稳定性。

解：由 $G(s)$ 可求出开环脉冲传递函数，即

$$G(z)=\frac{(1-e^{-1})z}{(z-1)(z-e^{-1})}$$

则系统闭环的特征方程为

$$z^2-0.736z+0.368=0$$

解出特征方程的根

$$z_1=0.37+j0.48,\quad z_2=0.37-j0.48$$

因为

$$|z_1|=|z_2|=\sqrt{0.37^2+0.48^2}=0.606<1$$

所以该离散系统稳定。

2. 离散系统的劳斯稳定判据

离散系统的稳定性需要确定系统的特征方程的根是否都在 z 平面的单位圆内。因此在 z 域中不能直接使用劳斯判据，必须引入 z 域到 w 域的线性变换，使 z 平面单位圆内的区域，映射成 w 平面上的左半平面，这种新的坐标变换，称为 w 变换。

设 z 平面上的复变量为 $z=x+jy$，w 平面上的复变量为 $w=u+jv$。

令
$$z=\frac{w+1}{w-1}$$

即
$$w=\frac{z+1}{z-1}=\frac{(x+1)+jy}{(x-1)+jy}=\frac{(x^2+y^2)-1}{(x-1)^2+y^2}+j\frac{-2y}{(x-1)^2+y^2}$$

式中：$x^2+y^2=|z|^2$。

由上式看出：

(1) $u=0$ 等价为 $|z|^2=1$，表明 w 平面的虚轴对应于 z 平面的单位圆周；

(2) $u<0$ 等价为 $|z|^2<1$，表明 w 平面左半部对应于 z 平面单位圆内的区域；

(3) $u>0$ 等价为 $|z|^2>1$，表明 w 平面右半部对应于 z 平面单位圆外的区域，其映射关系如图 7.9 所示。

经过 w 变换之后，判别特征方程 $1+GH(z)=0$ 的所有根是否位于 z 平面上的单位圆

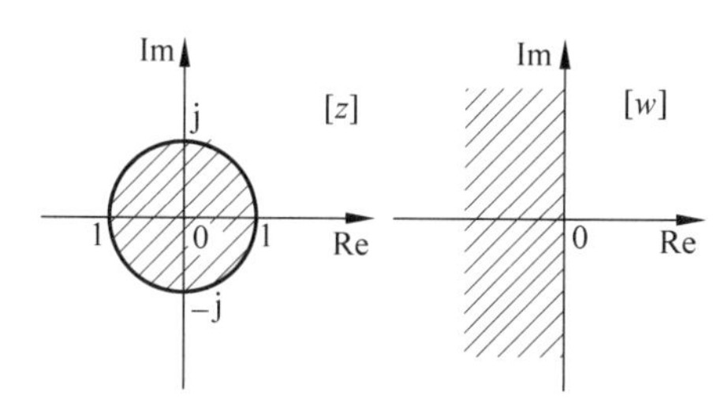

图 7.9 z 平面和 w 平面的映射关系

内，转换为判别特征方程 $1+GH(w)=0$ 的所有根是否位于 w 平面左半部。所以，根据 w 域中的特征方程系数，可以直接应用劳斯判据判断离散系统的稳定性，称之为 w 域中的劳斯稳定判据。

用劳斯判据判断离散系统的稳定性的步骤如下：

(1) 求出离散特征方程 $D(z)=0$；

(2) 对 $D(z)=0$ 进行 w 变换，得到相应于 w 域的特征方程 $D(w)=0$；

(3) 应用劳斯判据判别采样系统的稳定性。

［**例 7-4**］ 设闭环采样系统的特征方程为

$$D(z)=45z^3-117z^2+119z-39$$

试判别该系统的稳定性。

解：将 $z=\dfrac{w+1}{w-1}$代入 $D(z)=0$ 中并整理得

$$D(w)=w^3+2w^2+2w+40$$

列劳斯表

w^3	1	2
w^2	2	40
w^1	−18	
w^0	40	

可见，劳斯表中，第一列系数不全大于零，故系统不稳定，并且第一列系数符号变换两次，故有两个根处在 z 平面的单位圆外部。

［**例 7-5**］ 闭环离散系统如图 7.10 所示，其中采样周期 $T=0.1\text{s}$，试求系统稳定时，K 的临界值。

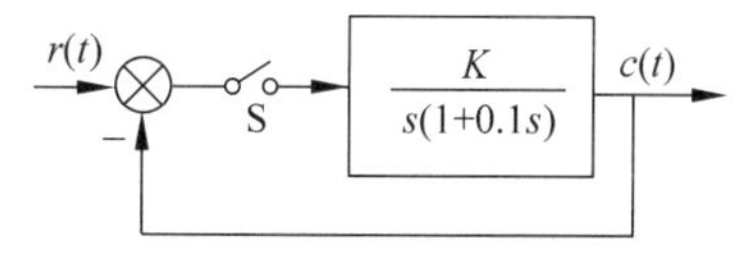

图 7.10 闭环离散系统

解：求出 $G(s)$的 z 变换为

$$G(z)=Z\left[\frac{K}{s(0.1s+1)}\right]=\frac{0.632Kz}{z^2-1.368z+0.368}$$

闭环的特征方程为

$$1+G(z)=z^2+(0.632K-1.368)z+0.368=0$$

令 $z=(w+1)/(w-1)$，得

$$\left(\frac{w+1}{w-1}\right)^2+(0.632K-1.368)\left(\frac{w+1}{w-1}\right)+0.368=0$$

化简后，得 w 域特征方程

$$0.632Kw^2+1.264w+(2.736-0.632K)=0$$

列出劳斯表

$$\begin{array}{c|ll} w^2 & 0.632K & 2.736-0.632K \\ w^1 & 1.264 & 0 \\ w^0 & 2.736-0.632K & \end{array}$$

从劳斯表第一列系数可以看出，为保证系统稳定，必须有 $0<K<4.33$，故系统稳定的临界增益 $K=4.33$。

7.2.2 稳态误差分析

1. 一般方法(利用终值定理)

设单位反馈的误差离散系统如图 7.11 所示，$e^*(t)$为系统采样误差信号，其 z 变换为

$$E(z)=\frac{R(z)}{1+G(z)}$$

如果离散系统稳定，利用 z 变换的终值定理，可求出采样瞬时的稳态误差：

$$e(\infty)=\lim_{t\to\infty}e^*(t)=\lim_{z\to 1}(z-1)E(z)=\lim_{z\to 1}\frac{(z-1)R(z)}{1+G(z)}$$

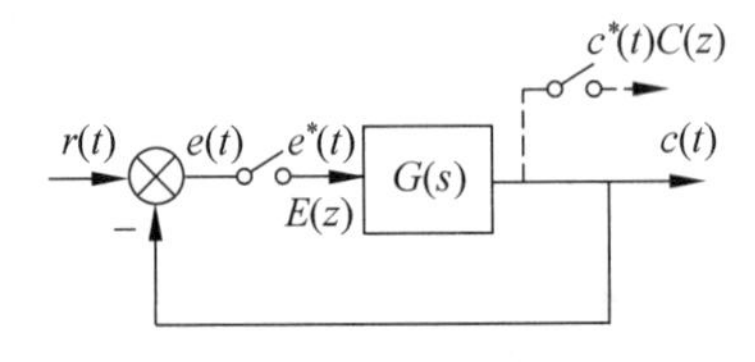

图 7.11 单位反馈离散系统

[例 7-6] 设离散系统如图 7.11 所示，其中，$G(s)=1/[s(s+1)]$，$T=1\text{s}$，输入连续信号 $r(t)$分别为 $1(t)$，试求离散系统的稳态误差。

解：$G(s)$的 z 变换为

$$G(z)=Z[G(s)]=\frac{z(1-\mathrm{e}^{-1})}{(z-1)(z-\mathrm{e}^{-1})}$$

系统的误差脉冲传递函数为

$$\Phi_{\mathrm{e}}(z)=\frac{1}{1+G(z)}=\frac{(z-1)(z-0.368)}{z^2-0.736z+0.368}$$

闭环极点 $z_1=0.368+\mathrm{j}0.482$，$z_2=0.368-\mathrm{j}0.482$，全部位于 z 平面的单位圆内，系统稳定，可以应用终值定理方法求稳态误差。

当 $r(t)=1(t)$，相应 $r(nT)=1(nT)$时，$R(z)=z/(z-1)$，得

$$e(\infty)=\lim_{z\to 1}\frac{z(z-1)(z-0.368)}{z^2-0.736z+0.368}=0$$

2. 静态误差系数法

(1) 单位阶跃输入时的稳态误差。

当系统输入为阶跃函数 $r(t)=1(t)$时，其 z 变换函数为

$$R(z)=\frac{z}{z-1}$$

稳态误差为

$$e(\infty)=\lim_{z\to 1}\frac{1}{1+G(z)}=\frac{1}{1+\lim\limits_{z\to 1}G(z)}=\frac{1}{1+K_{\mathrm{p}}}$$

式中：$K_{\mathrm{p}}=\lim\limits_{z\to 1}G(z)$，称为离散系统的位置误差系数。

(2) 单位斜坡输入时的稳态误差。

当系统输入为斜坡函数 $r(t)=t$ 时,其 z 变换函数为

$$R(z)=\frac{Tz}{(z-1)^2}$$

稳态误差为

$$e(\infty)=\lim_{z\to 1}\frac{T}{(z-1)[1+G(z)]}=\frac{T}{\lim\limits_{z\to 1}(z-1)G(z)}=\frac{T}{K_v}$$

式中:$K_v=\lim\limits_{z\to 1}(z-1)G(z)$,称为离散系统的静态速度误差系数。

(3) 单位加速度输入时的稳态误差。

当系统输入为加速度函数 $r(t)=t^2/2$ 时,其 z 变换函数为

$$R(z)=\frac{T^2z(z+1)}{2(z-1)^3}$$

稳态误差为

$$e(\infty)=\lim_{z\to 1}\frac{T^2(z+1)}{2(z-1)^2[1+G(z)]}=\frac{T^2}{\lim\limits_{z\to 1}(z-1)^2G(z)}=\frac{T^2}{K_a}$$

式中:$K_a=\lim\limits_{z\to 1}(z-1)^2G(z)$,称为离散系统的静态加速度误差系数。

在离散系统中,把开环脉冲传递函数 $G(z)$具有 $z=1$ 的极点数,作为划分离散系统型别的标准,类似把 $G(z)$中 $v=0,1,2$ 的系统,分别称为 0 型、Ⅰ型和Ⅱ型离散系统。因此,可以得出典型输入下不同型别单位反馈离散系统稳态误差的规律,见表 7.2。

表 7.2　单位反馈离散系统的稳态误差

系统型别	位置误差 $r(t)=1(t)$	速度误差 $r(t)=t$	加速度误差 $r(t)=t^2/2$
0 型	$1/(1+K_p)$	∞	∞
Ⅰ型	0	T/K_v	∞
Ⅱ型	0	0	T^2/K_a

可见,线性定常离散系统的稳态误差,与系统本身的结构和参数有关,与输入序列的形式及幅值有关,而且与采样周期的选取也有关。

7.2.3　动态性能分析

[**例 7-7**]　已知采样控制系统如图 7.12 所示。令 $r(t)=1(t)$,参数 $K=1,a=1,t=1\mathrm{s}$,试对此系统进行时域响应分析。

解:先求出闭环脉冲传递函数:

$$\frac{C(z)}{R(z)}=\frac{0.368z+0.264}{z^2-z+0.632}$$

因 $r(t)=1(t)$,$R(z)=\dfrac{z}{z-1}$,所以

$$C(z)=\frac{0.368z^2+0.264z}{z^3-2z^2+1.632z-0.632}$$

用长除法，得到 $C(z)$ 的无穷级数形式为

$$C(z)=0.368z^{-1}+z^{-2}+1.4z^{-3}+\cdots$$

由 z 变换的定义式，可得到 $c(KT)(K=0,1,2,\cdots)$ 如下：

$$c(0)=0,\quad c(T)=0.368,\quad c(2T)=1,\quad c(3T)=1.4,\quad \cdots$$

按上述值，绘出系统的单位阶跃响应 $c^*(t)$ 曲线，如图 7.13 所示。仿照连续系统的分析方法，从图可求出超调量 $\sigma\%\approx40\%$，调整时间 $t_s=12\text{s}$（以误差小于 5%计算）。

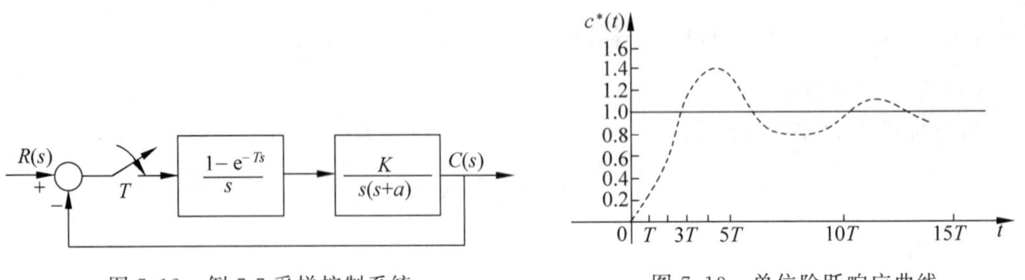

图 7.12　例 7-7 采样控制系统　　　图 7.13　单位阶跃响应曲线

由于采样器和保持器不影响开环脉冲传递函数的极点，仅影响开环脉冲传递函数的零点。因此，开环脉冲传递函数零点的变化，必然引起闭环脉冲传递函数极点的改变，因此采样器和保持器会影响闭环离散系统的动态性能。

另外，离散系统闭环脉冲传递函数的极点在 z 平面上的分布，对系统的动态响应具有重要的影响。明确它们之间的关系，对离散系统的分析和综合都具有指导意义。闭环极点分布与相应动态响应形式的关系如图 7.14 所示。由图可知，离散系统的动态特性与闭环极点的分布密切相关。当闭环实极点位于 z 平面的左半单位圆内时，由于输出衰减脉冲交替变号，故动态过程质量很差；当闭环复极点位于左半单位圆内时，由于输出是衰减的高频脉冲，故系统动态过程性能欠佳。因此，在离散系统设计时，应把闭环极点安置在 z 平面的右半单位圆内，且尽量靠近原点。

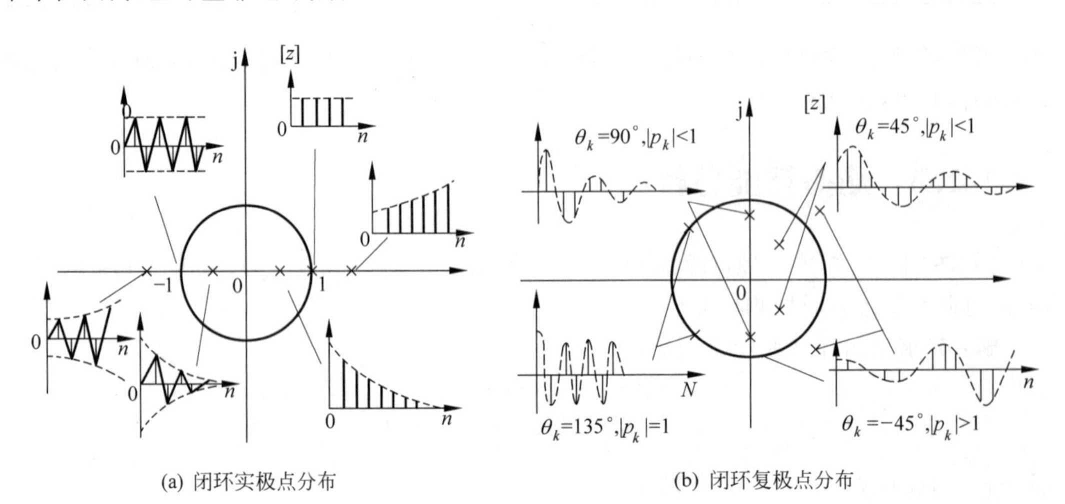

图 7.14　闭环极点分布与相应的动态响应形式

7.3 离散系统的综合

7.3.1 对数频率法

离散系统如图 7.15 所示，图中 $G_0(z)$为未校正前的开环脉冲传递函数，$D(z)$为数字控制器(数字校正装置)的脉冲传递函数，其设计步骤如下：

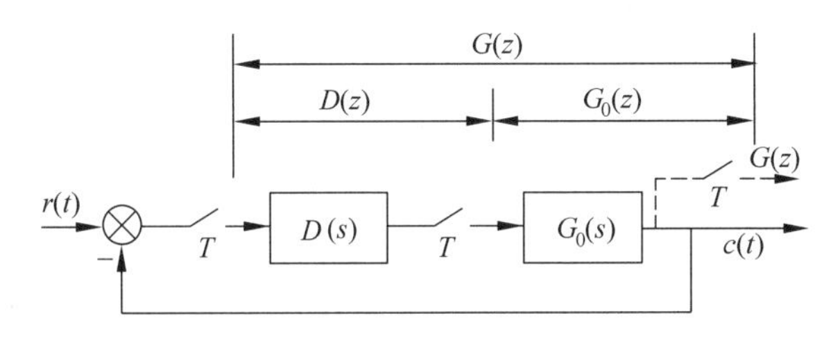

图 7.15　离散系统

(1) 求出未校正系统的开环脉冲传递函数 $G_0(z)$，根据稳态误差要求，确定开环增益，并进行 w 变换，即

$$G_0(w)=G_0(z)\Big|_{z=\frac{1+w}{1-w}}$$

(2) 令 $w=\mathrm{j}\omega$，得虚拟频率特性 $G_0(\mathrm{j}\omega_{\mathrm{p}})$，并绘制其虚拟对数频率特性曲线。求出相应的幅值裕量和相角裕量。

(3) 根据性能指标要求，确定 w 域的校正装置传递函数 $D(w)$和校正后的开环传递函数

$$G(w)=G_0(w)D(w)$$

并对 $D(w)$进行 w 反变换，得 $D(z)$，即

$$D(z)=D(w)\Big|_{w=\frac{z-1}{z+1}}$$

(4) 校验指标。

[**例 7-8**]　采样系统如图 7.16 所示。其中采样周期 $T=0.5\mathrm{s}$，若要使系统满足下列指标要求：

(1) 速度误差系数 $K_{\mathrm{v}}\geqslant 3$；

(2) 相角裕量 $\gamma\geqslant 50°$。

试确定校正装置的脉冲传递函数。

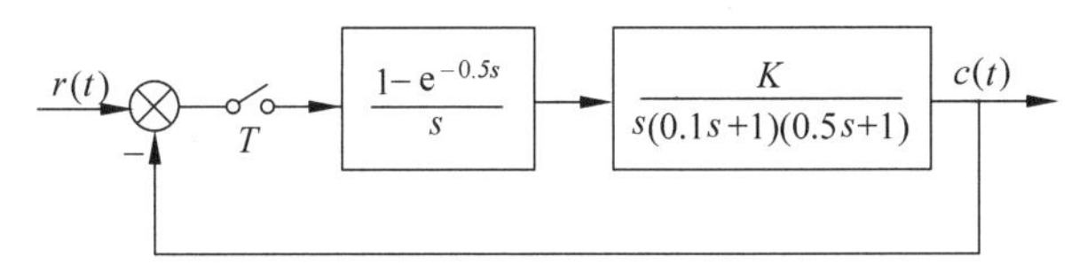

图 7.16　采样控制系统

解：未校正系统的开环脉冲传递函数为

$$G_0(z)=Z\left[\frac{1-\mathrm{e}^{-0.5s}}{s}\,\frac{K}{s(0.1s+1)(0.5s+1)}\right]=\frac{0.13K(z+1.31)(z+0.054)}{z(z-1)(z-0.368)}$$

利用速度误差系数求取 K：

$$K_v=\frac{1}{T}\lim_{z\to 1}(z-1)G_0(z)=\frac{1}{0.5}\lim_{z\to 1}\frac{0.13K(z+1.31)(z+0.054)}{z(z-0.368)}=K$$

因此 $K=3$，对 $G_0(z)$ 进行 w 变换：

$$G_0(w)=G_0(z)\Big|_{z=\frac{1+w}{1-w}}=\frac{0.75(1-w)(1+0.9w)(1-0.134w)}{w(1+w)(1+2.17w)}$$

未校正系统的开环对数虚拟频率特性曲线如图 7.17 中虚线所示。由图可见，未校正系统处在临界稳定状态。

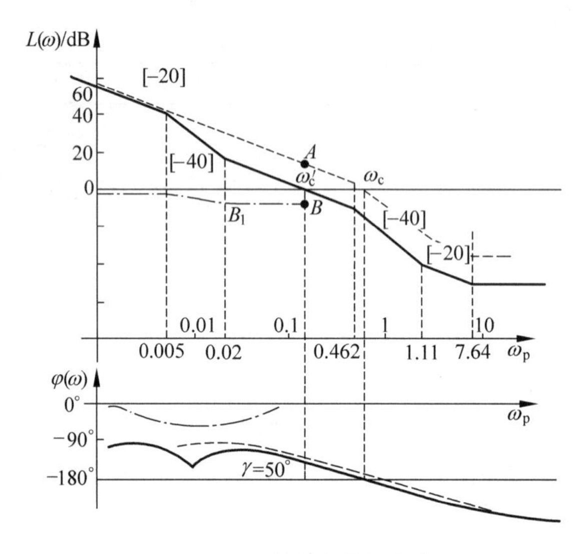

图 7.17　对数频率特性曲线

若选择滞后校正(与连续系统的校正相类似)，则

$$D(w)=\frac{b\tau w+1}{\tau w+1}\quad (b<1)$$

根据相角裕量要求 $\gamma\geqslant 50°$，选择未校正系统相裕量为 $50°+(6°\sim 14°)$ 的修正量时的对应频率 0.2 作为校正后系统的截止频率 $\omega_c'=0.2$。相应的 A、B 两点应垂直对称于零分贝线。

过 B 点作零分贝线的平行线到 B_1 点$\left(B_1\right.$ 点根据滞后校正中微分环节交接频率选择原则，取$\left.\frac{1}{b\tau}=0.1\omega_c'=0.02\right)$。然后过 B_1 点作斜率为 -20dB/dec 的直线交于零分贝线，交点频率 $\omega=0.005$ 即为滞后校正的惯性环节交接频率。这样滞后校正为

$$D(w)=\frac{1+\frac{1}{0.02}w}{1+\frac{1}{0.005}w}=\frac{1+50w}{1+200w}$$

校正装置的虚拟对数频率特性曲线如图 7.17 中点划线所示。

校正后系统的开环虚拟对数频率特性曲线，如图 7.17 中实线所示。求得相角裕度 $\gamma=50°$，满足指标要求。

最后求得校正装置的脉冲传递函数为

$$D(z)=D(w)\big|_{w=\frac{z-1}{z+1}}=0.25\,\frac{z-0.96}{z-0.99}$$

校正后系统的开环脉冲传递函数为

$$D(z)G_0(z)=\frac{0.1(z-0.96)(z+1.31)(z+0.054)}{z(z-0.99)(z-1)(z-0.368)}$$

7.3.2　最少拍系统设计

在采样过程中,称一个采样周期为一拍。所谓最少拍系统,是指在典型输入作用下,能以有限拍结束响应过程,且在采样时刻上无稳态误差的离散系统。

最少拍系统的设计原则是:设被控对象 $G_0(z)$无延迟且在 z 平面单位圆上及单位圆外无零极点((1,j0)除外),要求选择闭环脉冲传递函数 $\Phi(z)$,使系统在典型输入作用下,经最少采样周期后能使输出序列在各采样时刻的稳态误差为零,达到完全跟踪的目的,进一步确定数字控制器的脉冲传递函数 $D(z)$。

典型输入可表示为如下一般形式:

$$R(z)=\frac{A(z)}{(1-z^{-1})^m}$$

其中,$A(z)$是不含$(1-z^{-1})$因子的 z^{-1} 多项式。根据最少拍系统的设计原则,首先求误差信号 $e(t)$的 z 变换为

$$E(z)=\Phi_e(z)R(z)=\frac{\Phi_e(z)A(z)}{(1-z^{-1})^m}$$

根据 z 变换终值定理,离散系统的稳态误差为

$$e(\infty)=\lim_{z\to 1}(1-z^{-1})E(z)=\lim_{z\to 1}(1-z^{-1})\frac{A(z)}{(1-z^{-1})^m}\Phi_e(z)$$

令

$$\Phi_e(z)=(1-z^{-1})^m F(z)$$

式中,$F(z)$为不含$(1-z^{-1})$因子的多项式。为了使求出的 $D(z)$简单,阶数最低,可取 $F(z)=1$。即

$$\Phi_e(z)=(1-z^{-1})^m$$

由 $\Phi_e(z)=1-\Phi(z)$可知

$$\Phi(z)=1-\Phi_e(z)=1-(1-z^{-1})^m=\frac{z^m-(z-1)^m}{z^m}$$

即 $\Phi(z)$的全部极点均位于 z 平面的原点。

由 z 变换定义

$$E(z)=\sum_{n=0}^{\infty}e(nT)z^{-n}=e(0)+e(T)z^{-1}+e(2T)z^{-2}+\cdots$$

按照最小拍系统设计原则,最小拍系统应该自某个时刻 n 开始,在 $k\geqslant n$ 时,有 $e(kT)=e[(k+1)T]=e[(k+2)T]=\cdots=0$,此时系统的动态过程在 $t=kT$ 时结束,其调节时间 $t_s=kT$。各种典型输入作用下最少拍系统的设计结果列于表 7.3 中。

表 7.3　最少拍系统的设计结果

典型输入		闭环脉冲传递函数		数字控制器脉冲传递函数	调节时间
$r(t)$	$R(z)$	$\Phi_e(z)$	$\Phi(z)$	$D(z)$	t_s
$1(t)$	$\dfrac{1}{1-z^{-1}}$	$1-z^{-1}$	z^{-1}	$\dfrac{z^{-1}}{(1-z^{-1})G_0(z)}$	T
t	$\dfrac{Tz^{-1}}{(1-z^{-1})^2}$	$(1-z^{-1})^2$	$2z^{-1}-z^{-2}$	$\dfrac{z^{-1}(2-z^{-1})}{(1-z^{-1})^2G_0(z)}$	$2T$
$\dfrac{1}{2}t^2$	$\dfrac{T^2z^{-1}(1+z^{-1})}{2(1-z^{-1})^3}$	$(1-z^{-1})^3$	$3z^{-1}-3z^{-2}+z^3$	$\dfrac{z^{-1}(3-3z^{-1}+z^{-2})}{(1-z^{-1})^3G_0(z)}$	$3T$

［**例 7-9**］　单位反馈线性定常离散系统的连续部分和零阶保持器的传递函数分别为

$$G_p(s)=\frac{10}{s(s+1)},\quad G_h(s)=\frac{1-e^{-sT}}{s}$$

其中采样周期 $T=1$s。若要求系统在单位斜坡输入时实现最少拍控制，试求数字控制器脉冲传递函数 $D(z)$。

解：系统开环脉冲传递函数 $G(z)$ 为

$$G(z)=Z\left[\frac{1-e^{-s}}{s}\,\frac{10}{s(s+1)}\right]=\frac{3.68z^{-1}(1+0.78z^{-1})}{(1-z^{-1})(1-0.368z^{-1})}$$

根据 $r(t)=t$，由表 7.3 查出最少拍系统应具有的闭环脉冲传递函数和误差脉冲传递函数为

$$\Phi(z)=2z^{-1}-z^{-2},\quad \Phi_e(z)=(1-z^{-1})^2$$

根据给定的 $G(z)$ 和查出的 $\Phi(z)$ 及 $\Phi_e(z)$，求得

$$D(z)=\frac{1}{G(z)}\,\frac{\Phi(z)}{1-\Phi(z)}=\frac{0.543(1-0.368z^{-1})(1-0.5z^{-1})}{(1-z^{-1})(1+0.718z^{-1})}$$

7.4　MATLAB 方法在离散系统中的应用

［**例 7-10**］　设有零阶保持器的离散系统如图 7.18 所示，其中 $r(t)=1(t)$，$T=1$s，$K=1$。试编写 MATLAB，分析系统的动态性能。

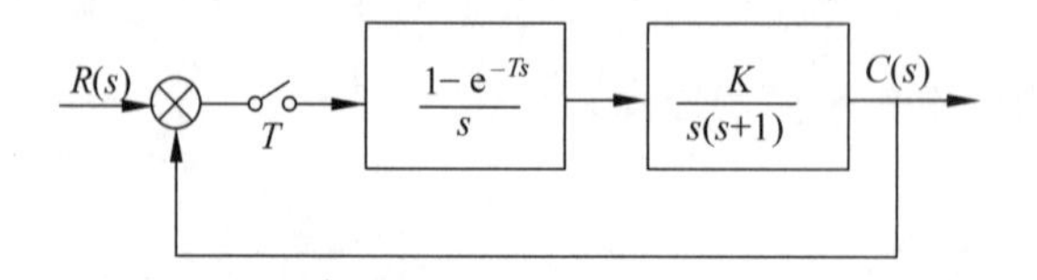

图 7.18　有零阶保持器的离散系统

解：计算及绘图 MATLAB 程序如下：

```
num=[1]; den=[1 1 0]; T=1;
```

```
[numz,denz]=c2dm(num,den,T,'zoh'); g=feedback(tf(numz,denz,T),1,-1);
y=dstep(g.num,g.den); t=0:length(y)-1;
ab=plot(t,y,'bo'); set(ab,'linewidth',1.5); hold on;
[numz,denz]=c2dm(num,den,T,'imp'); g=feedback(tf(numz,denz,T),1,-1);
y=dstep(g.num,g.den); t=0:length(y)-1;
ab=plot(t,y,'r+'); set(ab,'linewidth',1.5); hold on;
t=0:0.001:25; g=feedback(tf(num,den),1,-1);
y=step(g,t); ab=plot(t,y,'k-'); set(ab,'linewidth',1.5);
xlabel('t'),ylabel('h(t)');grid;
```

绘出离散系统的单位阶跃响应 $c^*(t)$ 如图 7.19 所示。由图可以求得离散系统的近似性能指标：超调量 $\sigma\%=40\%$，峰值时间 $t_p=4s$，调节时间 $t_s=12s$。离散系统的时域性能指标只能按采样点上的值来计算，所以是近似的。在图 7.19 中同时绘出了相应连续系统和不加零阶保持器时系统的单位阶跃响应。通过对比可以看出离散化以及零阶保持器对系统性能的影响效果。

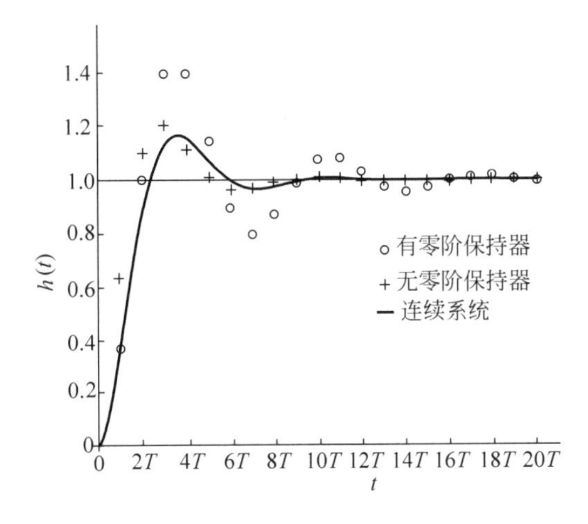

图 7.19　离散系统输出脉冲序列

7.5　设计实例：工作台控制系统

在机械加工系统中，工作台控制系统是一个极其重要的定位系统，系统可以使工作台运动至指定的位置。工作台在每个轴上由电动机和导引螺杆驱动，其中 x 轴上的运动控制系统框图如图 7.20 所示。

给定的系统设计要求：①$\sigma\%<5\%$；②具有最小调整时间（2%准则）和上升时间。

设工作台控制系统的构成如图 7.21 所示，其中采用了功率放大器和直流电动机作为被控对象，其传递函数为

$$G_p(s)=\frac{1}{s(s+10)(s+20)}$$

先以连续系统为基础，设计合适的 $G_c(s)$，然后将 $G_c(s)$ 转换为 $D(z)$。

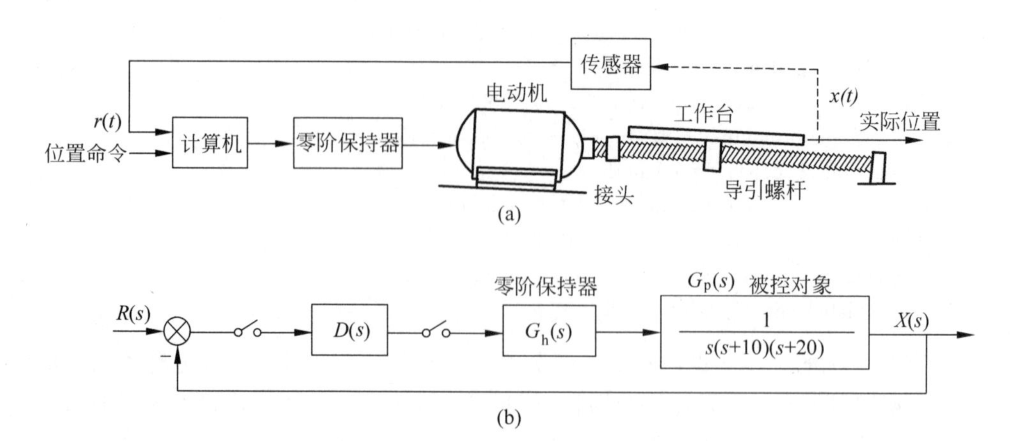

图 7.20 工作台运动控制系统

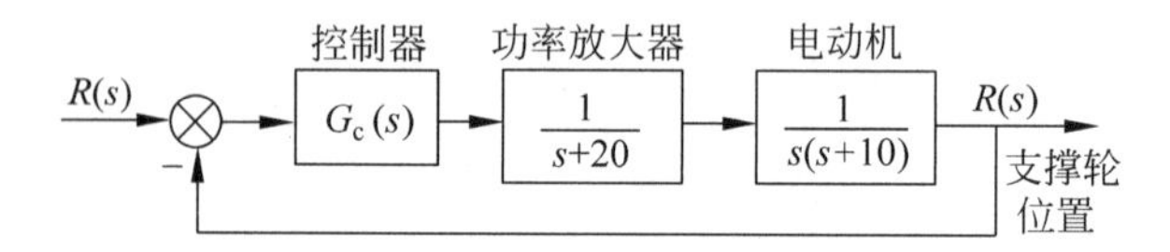

图 7.21 工作台运动控制系统结构图

首先,为了确定未校正系统的响应,将控制器的增益设为 K,并以 K 作为可变参数绘制出系统的根轨迹。当 $K=700$ 时,系统的闭环主导极点的阻尼比为 $\zeta=0.707$,则系统的超调量可满足期望设计要求。将控制器取为超前校正网络,有

$$G_c(s)=\frac{K(s+a)}{s+b}$$

为了保证预期主导极点的主导特性,将网络零点取为 $s=-11$,则网络极点为 $s=-62$。在根轨迹上可以确定网络的增益值 $K=8000$,其值如表 7.4 所示。

表 7.4 采用不同控制器的响应性能

校正网络 $G_c(s)$	K	$\sigma\%$	t_s	t_r
K	700	5%	1.12	0.40
$K(s+1)/(s+62)$	8000	5%	0.60	0.25

确定 $G_c(s)$后,还需要确定合适的采样周期。为了得到与连续系统一致的预期响应,要求 $T\ll t_r$,不妨取 $T=0.01$,于是

$$G_c(s)=\frac{8000(s+11)}{s+62}$$

得

$$D(z)=C\frac{z-A}{z-B}$$

式中:$A=\mathrm{e}^{-11T}=0.8958$;$B=\mathrm{e}^{-62T}=0.5379$;$C=K\dfrac{a(1-B)}{b(1-A)}=6293$。

该数字控制系统具有与连续系统非常相近的响应性能。

小结

(1) 线性差分方程和脉冲传递函数是线性离散控制系统的常用数学模型。利用系统连续部分的传递函数,可以很方便地得出系统的脉冲传递函数。但是要注意到,在某些采样开关的配置下,可能求不出系统的脉冲传递函数。但在输入信号已知的情况下,可以得出输出信号的 z 变换表达式。

(2) 线性离散控制系统分析与校正的任务是利用系统的脉冲传递函数研究系统的稳定性,以及在给定输入作用下的稳态误差和动态性能,所应用的概念和基本方法与线性连续系统所应用的方法原理上是相通的。

(3) 最少拍系统设计是离散系统数字校正方法之一,所设计的系统可以在有限拍内结束响应过程,且在采样点上无稳态误差。

习题

7-1 设开环离散系统分别如图 7.22(a)、(b)、(c)所示,试求开环脉冲传递函数 $G(z)$。

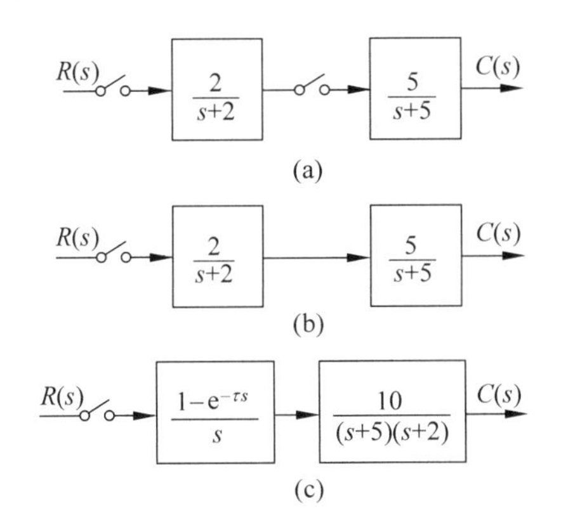

图 7.22 开环离散系统

7-2 试求图 7.23 所示各闭环离散系统的脉冲传递函数 $\Phi(z)$或输出 z 变换 $C(z)$。

7-3 设有单位反馈误差采样的离散系统,连续部分传递函数为

$$G(s)=\frac{1}{s^2(s+5)}$$

输入 $r(t)=1(t)$,采样周期 $T=1\text{s}$。试求:

(1) 输出 z 变换 $C(z)$;

(2) 采样瞬时的输出响应 $c^*(t)$;

(3) 输出响应的终值 $c^*(\infty)$。

7-4 设离散系统如图 7.24 所示,采样周期 $T=1\text{s}$,$G_h(s)$为零阶保持器,而

$$G(s)=\frac{K}{s(0.2s+1)}$$

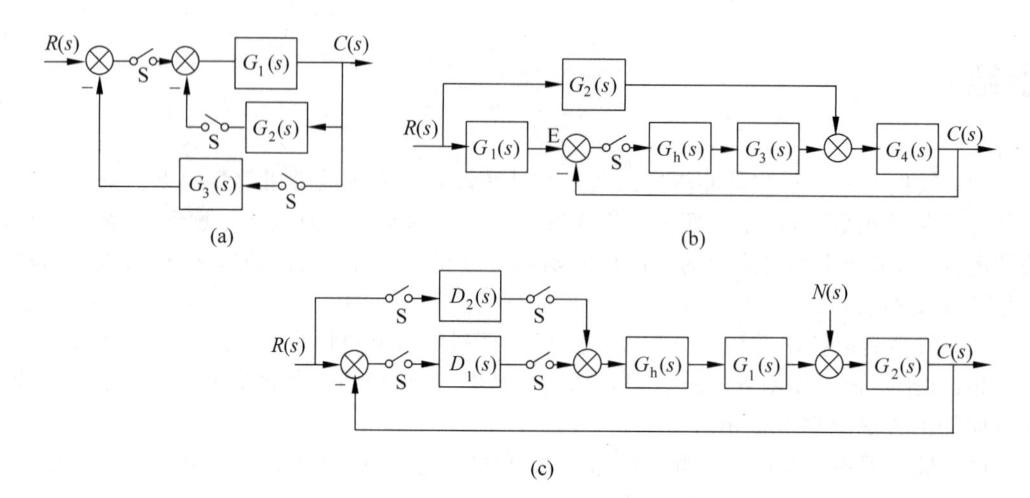

图 7.23 离散系统结构图

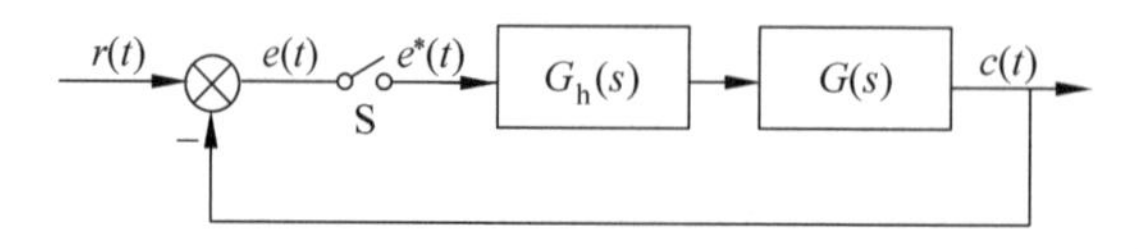

图 7.24 离散系统

要求：

(1) 当 $K=5$ 时，分别在 ω 域和 z 域中分析系统的稳定性；

(2) 确定使系统稳定的 K 值范围。

7-5 如图 7.25 所示采样系统，周期 $T=1\text{s}$，且有

$$e_2(k)=e_2(k-1)+e_1(k)$$

试确定系统稳定时的 K 值范围。

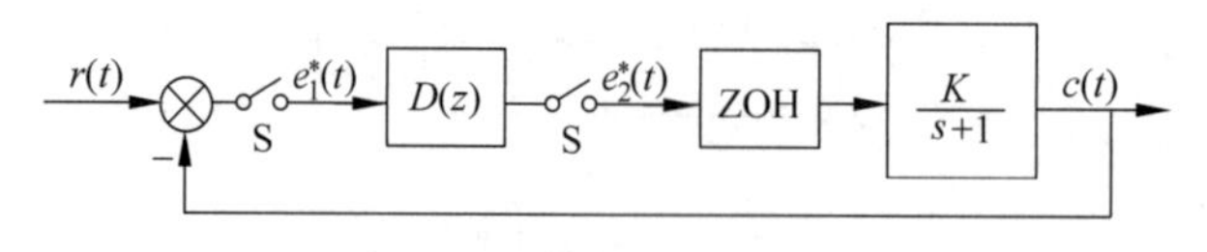

图 7.25 采样系统

7-6 如图 7.26 所示的采样控制系统，要求在 $r(t)=t$ 作用下的稳态误差 $e_{ss}=0.25T$，试确定放大系数 K 及系统稳定时 T 的取值范围。

7-7 已知离散系统如图 7.27 所示，其中 ZOH 为零阶保持器，$T=0.25\text{s}$。当 $r(t)=2+t$ 时，欲使稳态误差小于 0.1，试求 K 值。

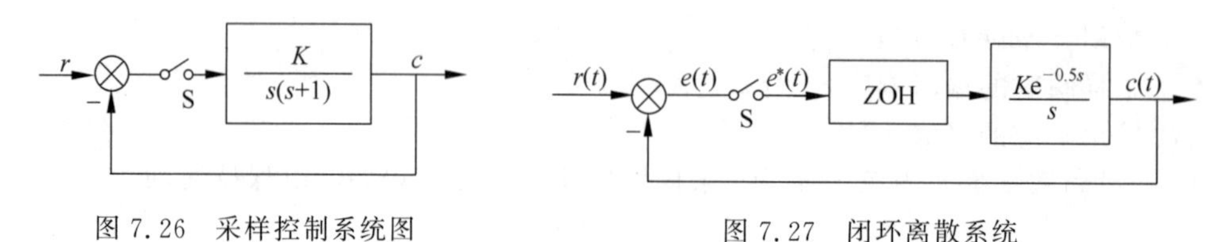

图 7.26 采样控制系统图　　　图 7.27 闭环离散系统

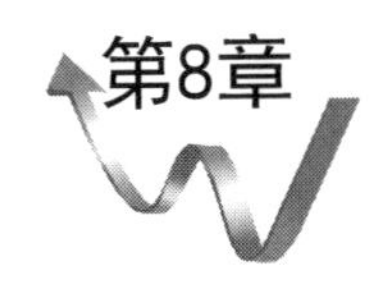

非线性控制系统分析

8.1 概述

8.1.1 非线性系统的特点

在工程实际中，理想的线性系统并不存在，所谓的线性系统仅仅是实际系统在忽略了非线性因素后的理想模型。因此，任何一个实际的控制系统都存在不同程度的非线性特性，严格意义上都属于非线性系统。因此，通常把含有一个或多个具有非线性特性的元件或环节控制系统称为非线性控制系统。

非线性系统具有如下特点：

1. 不适用叠加原理

非线性系统是用非线性常微分方程描述或更复杂的非线性微分方程描述，因此不能应用叠加原理。这是线性系统和非线性系统的本质区别。

2. 频率响应畸变

非线性系统对正弦输入信号的响应比较复杂，其稳态输出除了包含与输入频率相同的信号外，还可能有与输入频率成整数倍的高次谐波分量。因此，频率法不适用于非线性系统。

3. 稳定性

非线性系统的稳定性不仅与系统的结构和参数有关，还与系统的输入信号及初始条件有关。非线性系统可能有一个或多个平衡状态。针对非线性系统复杂的稳定性问题，在研究时必须明确指明给定系统的初始状态及指明系统相对于哪一个平衡状态来分析稳定性。

4. 自激振荡

在非线性系统中，其时域响应除了发散和收敛两种形式外，即使在没有输入作用的情况下，系统有可能产生一定频率和振幅的周期运动，并且当受到扰动作用后，运动仍保持原来的频率和振幅。非线性系统出现的这种稳定周期运动称为自激振荡，简称自振。

8.1.2 典型的非线性特性

1. 饱和特性

元件只在一定的输入范围内保持输出和输入之间的线性关系；当输入超出该范围时，其输出则保持为一个常值。这种特性称为饱和特性，如图 8.1 所示，其中 $-a<x<a$ 的区域是线性范围，线性范围以外的区域是饱和区。

饱和特性的出现，使系统在大信号作用下的等效增益降低，系统的稳态性能、快速性变差，在深度饱和情况下，甚至使系统丧失控制作用。但饱和特性并非只给系统带来不利影响，有些系统有目的利用饱和特性作信号限幅，如限制功率、电压、电流、行程等，以保证系统或元部件能在额定和安全情况下运行。

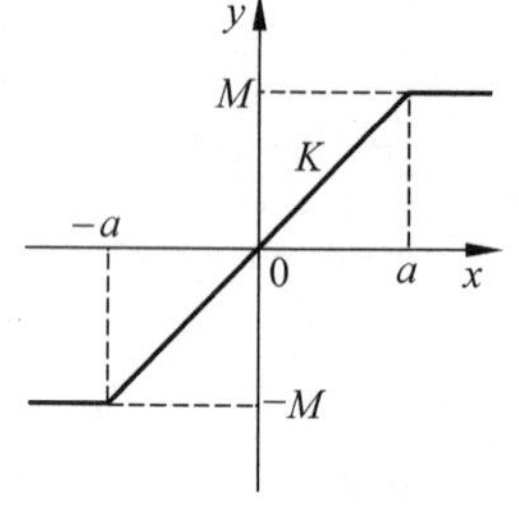

图 8.1 饱和特性

2. 死区特性

只有在输入量超过一定值后才有输出的特性称为死区特性或不灵敏特性，如图 8.2 所示。其中，$-\Delta<x<\Delta$ 的区域叫做不灵敏区或死区。死区特性将使系统产生静态误差，影响系统精度。

3. 继电特性

实际继电器的特性如图 8.3 所示，输入和输出之间的关系不完全是单值的。由于继电器吸合及释放状态下磁路的磁阻不同，吸合与释放电流是不相同的。因此，继电器特性具有滞环和死区特性。滞环继电特性如图 8.4 所示。死区继电特性如图 8.5 所示。

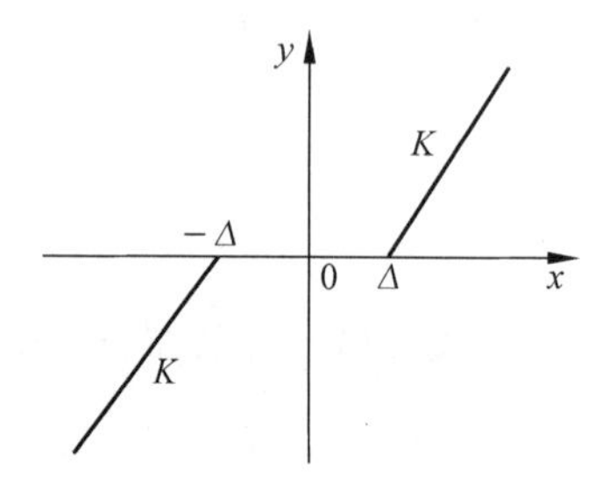

图 8.2 死区特性

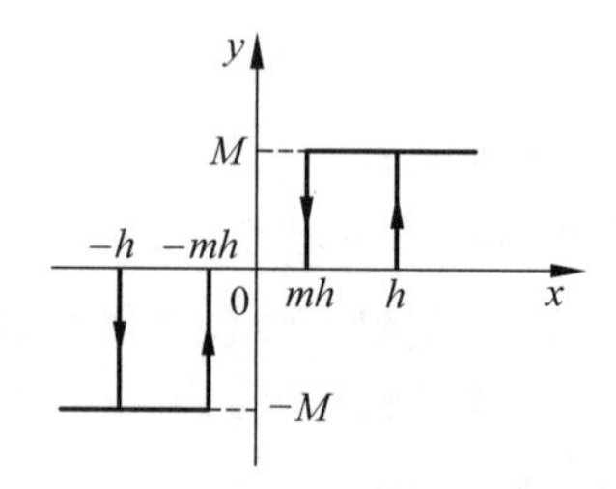

图 8.3 具有滞环和死区继电特性

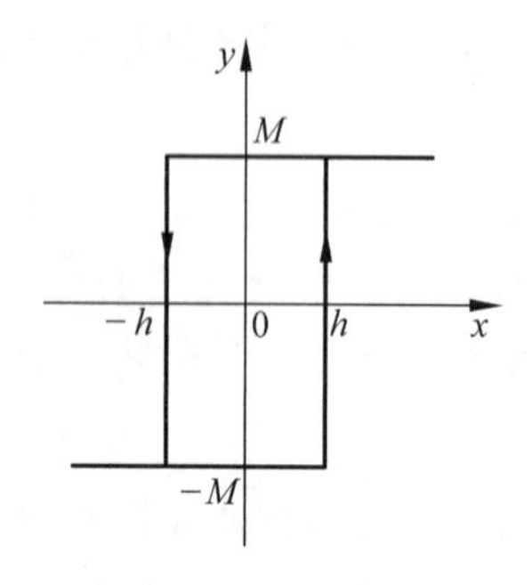

图 8.4 滞环继电特性

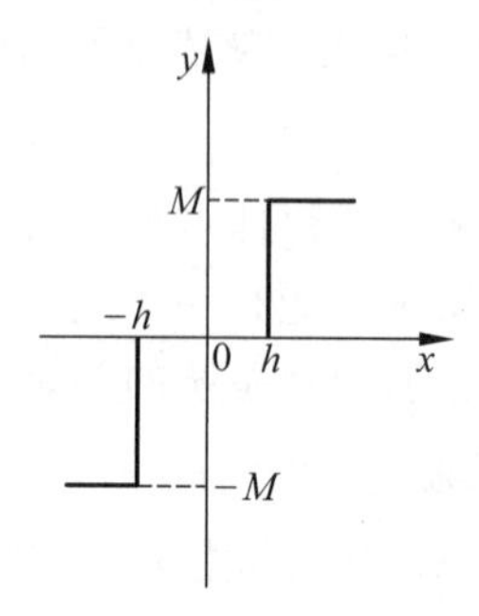

图 8.5 死区继电特性

4. 间隙特性

间隙特性如图 8.6 所示。间隙特性的特点是：当输入量的变化方向改变时，输出量保持不变，一直到输入量的变化超出一定数值(间隙)后，输出量才跟着变化。机械传动一般都有间隙存在。控制系统中间隙特性的存在，将使系统输出信号在相位上产生滞后，从而使系统的稳定裕量减小，动态特性变差。间隙特性的存在往往是系统产生自持振荡的主要原因。

5. 摩擦特性

摩擦特性如图 8.7 所示。摩擦对系统性能的影响最主要是造成系统低速运动的不平滑性，即当系统的输入轴作低速平稳运转时，输出轴的旋转呈现跳跃式的变化。这种低速爬行现象是由静摩擦到动摩擦的跳变产生的。对于雷达、天文望远镜、火炮等高精度控制系统，这种脉冲式的输出变化产生的低速爬行现象往往导致不能跟踪目标，甚至丢失目标。

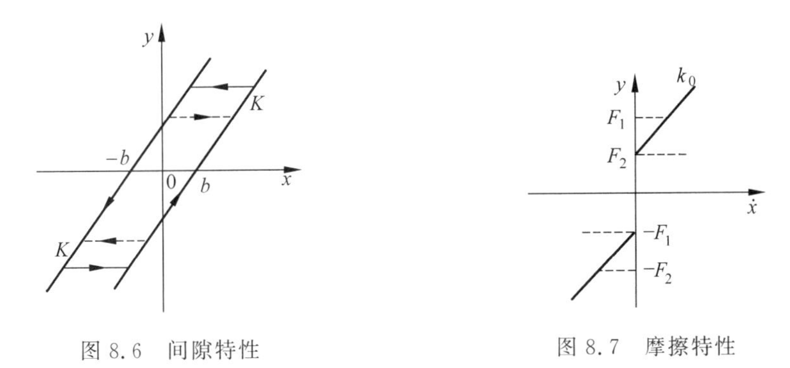

图 8.6 间隙特性　　图 8.7 摩擦特性

8.1.3 非线性控制系统的分析方法

由于非线性系统的复杂性和特殊性，求解非线性微分方程非常困难，因此找不到一个研究非线性系统的通用方法，除某些简单的非线性方程可以求得精确解以外，一般只能针对某个具体的非线性系统或相似的某一类非线性系统的方程，在一定的限制条件下，求出其近似解。

目前工程上广泛应用的分析和设计非线性控制系统的方法有描述函数法、相平面分析法和逆系统法。

(1) 描述函数法，又称为谐波线性化法，是基于频域分析法和非线性特性谐波线性化的一种图解分析方法。它是一种工程近似方法。该方法主要用于分析在无外作用的情况下，非线性系统的稳定性和自振荡问题，并且不受系统阶次的限制，一般都能给出比较满意的结果。但是，由于描述函数对系统结构、非线性环节的特性和线性部分的性能都有一定的要求，因此应用有一定的限制条件，另外描述函数法只能用来研究系统的频率响应特性，不能给出时间响应的确切信息。

(2) 相平面分析法是推广应用时域分析法的一种图解分析法。该方法通过在相平面上绘制相轨迹曲线，确定非线性微分方程在不同初始条件下解的运动形式。相轨迹的绘制方法步骤简单、计算量小，特别适用于分析常见非线性特性和一阶、二阶线性环节组合而成的非线性系统。

(3) 逆系统法是针对系统非线性特性是解析的特点,运用内环非线性反馈系统,构成伪线性系统,并在此基础上,设计外环控制网络。该方法应用数学工具直接研究非线性控制问题,不必求解非线性系统的运动方程,因而具有一定的普遍性,并在工程中得到了成功的应用。

需要指出,对于非线性系统,目前还没有统一的且普遍使用的处理方法。线性系统是非线性系统的特例,线性系统的分析和设计方法在非线性控制系统的研究中仍将发挥非常重要的作用。

8.2 描述函数法

8.2.1 基本概念

描述函数法是达尼尔(P. J. Daniel)于1940年首先提出来的,其基本思想是:当系统满足一定的假设条件时,系统中非线性环节在正弦信号作用下的输出可用一次谐波分量来近似,由此导出非线性环节的近似等效频率特性,即描述函数。这时非线性系统就近似等效为一个线性系统,并可应用线性系统理论中的频率法对系统进行分析。

设非线性系统可以简化成图8.8所示的形式,即把非线性系统分成两部分:线性部分和非线性部分。

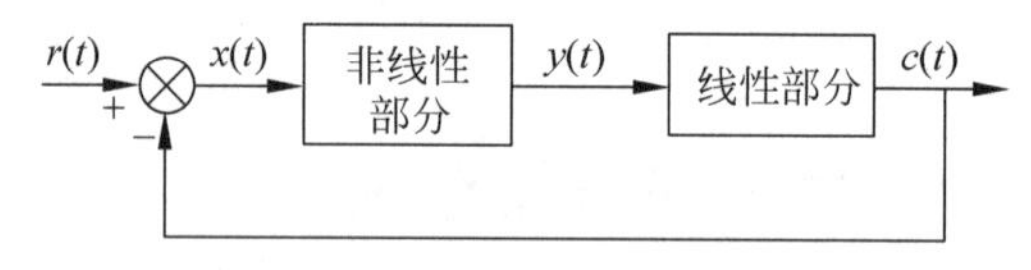

图8.8 典型非线性系统

对于非线性部分(元件),假设输入的正弦信号为

$$x(t)=A\sin\omega t \tag{8-1}$$

一般情况下,输出 $y(t)$ 是非正弦周期信号。经过傅里叶级数展开的 $y(t)$ 含有各次谐波,且频率越高的高次谐波信号越弱。因此,把非线性部分的输出 $y(t)$ 近似地看成仅有一次谐波分量的信号,则可用一个复数来描述非线性环节输入正弦信号和输出基波分量的关系,该复数称为非线性环节的描述函数,用 $N(A)$ 表示,即

$$N(A)=\frac{Y_1}{A}\mathrm{e}^{\mathrm{j}\varphi_1} \tag{8-2}$$

式中:Y_1 为非线性环节输出信号中基波分量的振幅;φ_1 为非线性环节输出信号中基波分量与输入正弦信号的相位差;A 为输入正弦信号的振幅。

式(8-2)表明该复数是输入正弦信号幅值 A 的函数,与频率无关。它反映非线性系统正弦响应中一次谐波分量的幅值和相位相对于输入信号的变化。因此忽略高次谐波分量,仅考虑基波分量,非线性环节的描述函数表现为复数增益的放大器。

这样一种仅取非线性环节输出中的基波(把非线性环节等效于一个线性环节)而忽略高次谐波的方法叫做谐波线性化法。

显然，非线性特性的描述函数是线性系统频率特性概念的推广。利用描述函数的概念，在一定条件下可以借用线性系统频域分析方法来分析非线性系统的稳定性和自振运动。

8.2.2 典型非线性特性的描述函数

设非线性环节的输入、输出特性为

$$y=f(x)$$

在正弦信号 $x=A\sin\omega t$ 作用下，输出 $y(t)$是非正弦周期信号。把 $y(t)$展开为傅里叶级数，得到输出的基波分量为

$$y_1=A_1\cos\omega t+B_1\sin\omega t=Y_1\sin(\omega t+\varphi_1)$$

式中

$$A_1=\frac{1}{\pi}\int_0^{2\pi}y(t)\cos\omega t\,\mathrm{d}(\omega t) \tag{8-3a}$$

$$B_1=\frac{1}{\pi}\int_0^{2\pi}y(t)\sin\omega t\,\mathrm{d}(\omega t) \tag{8-3b}$$

$$Y_1=\sqrt{A_1^2+B_1^2} \tag{8-3c}$$

$$\varphi_1=\arctan\frac{A_1}{B_1} \tag{8-3d}$$

非线性环节的描述函数为

$$N(A)=\frac{Y_1}{A}\mathrm{e}^{\mathrm{j}\varphi_1}=\frac{\sqrt{A_1^2+B_1^2}}{A}\mathrm{e}^{\mathrm{j}\arctan(A_1/B_1)}=\frac{B_1}{A}+\mathrm{j}\frac{A_1}{A}=b(A)+\mathrm{j}a(A) \tag{8-4}$$

［**例 8-1**］ 图 8.9 表示了饱和特性及其在正弦信号 $x(t)=A\sin\omega t$ 作用下的输出波形。输出 $y(t)$的数学表达式为

$$y(t)=\begin{cases}KA\sin\omega t, & 0\leqslant\omega t\leqslant\varphi_1\\ Ka, & \varphi_1\leqslant\omega t\leqslant\dfrac{\pi}{2}\end{cases}$$

式中：K 为线性部分的斜率；a 为线性范围，$\varphi_1=\arcsin\dfrac{a}{A}$。

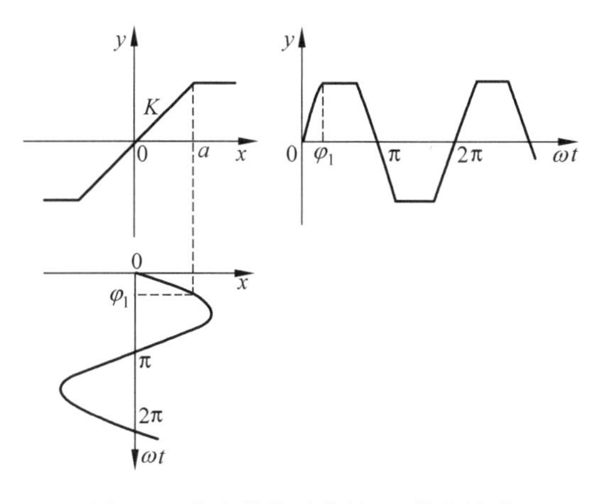

图 8.9 饱和特性及其输入、输出波形

解：由于饱和特性是单值奇对称的，$y(t)$是奇函数，所以 $A_1=0,\varphi_1=0$。因 $y(t)$具有半波和 1/4 波对称的性质，故 B_1 可按下式计算：

$$\begin{aligned}B_1&=\frac{1}{\pi}\int_0^{2\pi}y(t)\sin\omega t\,\mathrm{d}(\omega t)\\&=\frac{4}{\pi}\int_0^{\varphi_1}KA\sin^2\omega t\,\mathrm{d}(\omega t)+\frac{4}{\pi}\int_{\varphi_1}^{\frac{\pi}{2}}Ka\sin\omega t\,\mathrm{d}(\omega t)\\&=\frac{2KA}{\pi}\left[\arcsin\frac{a}{A}+\frac{a}{A}\sqrt{1-\left(\frac{a}{A}\right)^2}\right]\end{aligned}$$

饱和特性的描述函数为

$$N(A)=\frac{B_1}{A}=\frac{2K}{\pi}\left[\arcsin\frac{a}{A}+\frac{a}{A}\sqrt{1-\left(\frac{a}{A}\right)^2}\right]\quad(A\geqslant a)\tag{8-5}$$

由上式可见，饱和特性的描述函数也是一个与输入信号幅值有关的实数。饱和非线性特性等效于一个变系数的比例环节，当 $A>a$ 时，比例系数总小于 K。

常见非线性特性的描述函数列于表 8.1 中。

表 8.1　常见非线性特性的描述函数及负倒描述函数曲线

类　型	非线性特性	描述函数 $N(A)$	负倒描述函数曲线 $-1/N(A)$
理想继电器特性	M　0　$-M$	$\frac{4M}{\pi A}$	Im　$A=0$　$A\to\infty$　0　Re
死区继电器特性	M　0　h　$-M$	$\frac{4M}{\pi A}\sqrt{1-\left(\frac{h}{A}\right)^2}\quad(A\geqslant h)$	Im　$-\frac{\pi h}{2M}$　$A=h$　$A\to\infty$　0　Re
滞环继电器特性	M　$-h$　0　h　$-M$	$\frac{4M}{\pi A}\sqrt{1-\left(\frac{h}{A}\right)^2}-\mathrm{j}\frac{4Mh}{\pi A^2}\quad(A\geqslant h)$	Im　0　Re　$A=h$　$A\to\infty$　$-\mathrm{j}\frac{\pi h}{4M}$
死区加滞环继电器特性	M　0　mh　h　$-M$	$\frac{2M}{\pi A}\left[\sqrt{1-\frac{(mh)^2}{A}}+\sqrt{1-\left(\frac{h}{A}\right)^2}\right]+\mathrm{j}\frac{2Mh}{\pi A^2}(m-1)\quad(A\geqslant h)$	Im　0.5　0　-0.5　$m=-1$　0　Re　$-\mathrm{j}\frac{\pi h}{4M}$
饱和特性	k　$-a$　a	$\frac{2k}{\pi}\left[\arcsin\frac{a}{A}+\frac{a}{A}\sqrt{1-\left(\frac{h}{A}\right)^2}\right]$ $(A\geqslant a)$	Im　$-\frac{1}{k}$　$A\to\infty$　$A=a$　0　Re

续表

类　型	非线性特性	描述函数 $N(A)$	负倒描述函数曲线 $-1/N(A)$
死区特性		$\frac{2k}{\pi}\left[\frac{\pi}{2}-\arcsin\frac{\Delta}{A}-\frac{\Delta}{A}\sqrt{1-\left(\frac{\Delta}{A}\right)^2}\right]$ $(A\geqslant\Delta)$	
间隙特性		$\frac{k}{\pi}\left[\frac{\pi}{2}+\arcsin\left(1-\frac{2b}{A}\right)+2\left(1-\frac{2b}{A}\right)\sqrt{\frac{b}{A}\left(1-\frac{b}{A}\right)}\right]+\mathrm{j}\frac{4kb}{\pi A}\left(\frac{b}{A}-1\right)$ $(A\geqslant b)$	
死区加饱和特性		$\frac{2k}{\pi}\left[\arcsin\frac{a}{A}-\arcsin\frac{\Delta}{A}+\frac{a}{A}\sqrt{1-\left(\frac{a}{A}\right)^2}-\frac{\Delta}{A}\sqrt{1-\left(\frac{\Delta}{A}\right)^2}\right]$ $(A\geqslant a)$	

8.2.3　非线性系统的描述函数法分析

1. 运用描述函数法的基本条件

应用描述函数法分析非线性系统时，要求系统满足以下条件：

(1) 非线性系统的结构图可以简化成只有一个非线性环节 $N(A)$ 和一个线性部分 $G(s)$ 相串联的典型形式，如图 8.10 所示。

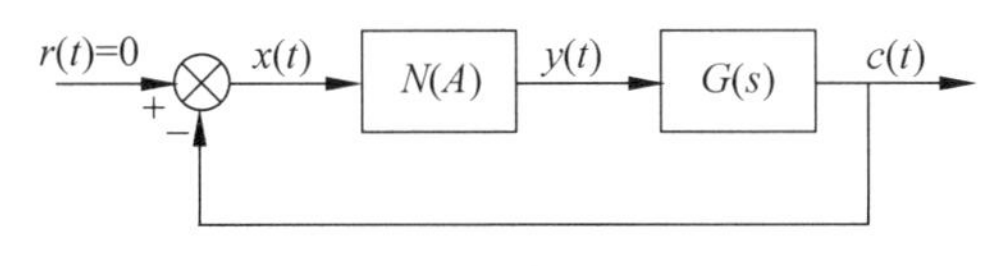

图 8.10　非线性系统典型结构图

(2) 非线性环节的输入、输出特性是奇对称的，即 $y(-x)=-y(x)$，保证非线性特性在正弦信号作用下的输出不包含常值分量，而且 $y(t)$ 中基波分量幅值占优。

(3) 线性部分具有较好的低通滤波性能。这样，当非线性环节输入正弦信号时，输出中的高次谐波分量将被大大削弱，因此闭环通道内近似只有基波信号流通，这样用描述函数法所得的分析结果比较准确。线性部分的阶次越高，低通滤波性能越好。

满足以上条件时，可以将非线性环节近似当作线性环节来处理，用其描述函数当作其“频率特性”，借用线性系统频域法中的奈氏判据分析非线性系统的稳定性。

2. 非线性系统的稳定性分析

设非线性系统结构图如图 8.10 所示，其图中 $G(s)$的极点均在左半 s 平面，则闭环系统的“频率特性”为

$$\Phi(\mathrm{j}\omega)=\frac{C(\mathrm{j}\omega)}{R(\mathrm{j}\omega)}=\frac{N(A)G(\mathrm{j}\omega)}{1+N(A)G(\mathrm{j}\omega)}$$

闭环系统的特征方程为

$$1+N(A)G(\mathrm{j}\omega)=0$$

或

$$G(\mathrm{j}\omega)=-\frac{1}{N(A)} \tag{8-6}$$

式中$-1/N(A)$叫做非线性特性的负倒描述函数。表 8.1 中给出了常见非线性特性对应的负倒描述函数曲线，供分析时查用。

由于系统中存在非线性元件，所以用来判断非线性系统的稳定性的不再是参考点$(-1,\mathrm{j}0)$，而是一条参考线$-1/N(A)$，即将它理解为广义$(-1,\mathrm{j}0)$点。由此可以得出判定非线性系统稳定性的推广奈氏判据，其内容如下：

若 $G(\mathrm{j}\omega)$曲线不包围$-1/N(A)$曲线，则非线性系统稳定，如图 8.11(a)所示；

若 $G(\mathrm{j}\omega)$曲线包围$-1/N(A)$曲线，则非线性系统不稳定，如图 8.11(b)所示；

若 $G(\mathrm{j}\omega)$曲线与$-1/N(A)$有交点，则在交点处必然满足式(8-6)对应非线性系统的等幅周期运动，即极限环，如图 8.11(c)所示。如果这种等幅运动能够稳定地持续下去，便是系统的自振。

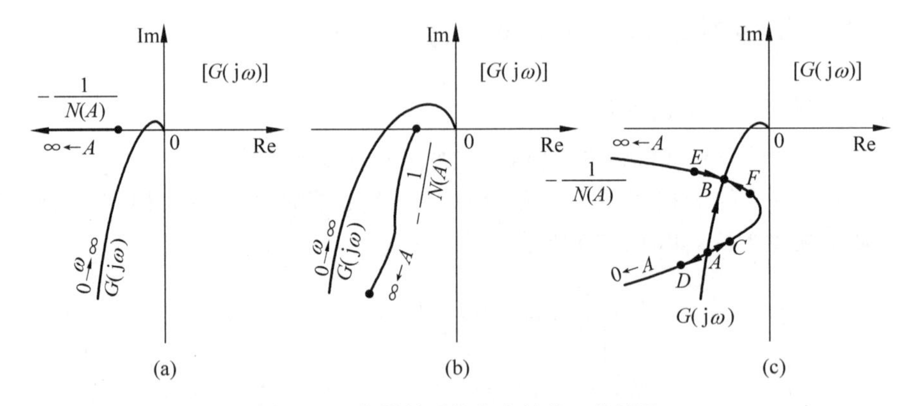

图 8.11 非线性系统稳定性的三种情况

3. 非线性系统的自振分析

自振是没有外部激励条件下，系统内部自身产生的稳定的周期运动，即当系统受到轻微扰动作用时偏离原来的周期运动状态，在扰动消失后，系统运动能重新回到原来的等幅持续振荡。

当 $G(\mathrm{j}\omega)$与$-1/N(A)$有交点时，在交点处必然满足条件

$$G(\mathrm{j}\omega)=-\frac{1}{N(A)}$$

即

$$G(\mathrm{j}\omega)\cdot N(A)=-1 \tag{8-7}$$

或

$$\begin{cases}|N(A)|\cdot|G(\mathrm{j}\omega)|=1\\ \angle N(A)+\angle G(\mathrm{j}\omega)=-\pi\end{cases} \tag{8-8}$$

式(8-7)表明,在无外作用的情况下,正弦信号经过非线性环节和线性环节后,输出信号幅值不变,相位正好相差了180°,经反馈口反相后,恰好与输入信号相吻合,系统输出满足自身输入的需求,因此系统可能产生不衰减的振荡。所以,式(8-7)是系统自振的必要条件。

设非线性系统的$G(\mathrm{j}\omega)$曲线与$-1/N(A)$曲线有两个交点A和B,如图8.11(c)所示,这说明系统中可能产生两个不同振幅和频率的周期运动,这两个周期运动是否都能够维持,需要具体分析。

假设系统最初工作在A点,假定给工作在A点的系统一个轻微的干扰,使非线性特性的输入振幅增大,工作点由A运动到C,$G(\mathrm{j}\omega)$轨迹包围了点C,系统振荡加剧,并且工作点进一步向右移动。反之,如果系统受到干扰使振幅减小,工作点从点A运动到点D,$G(\mathrm{j}\omega)$轨迹不包围点D,振幅将继续减小,并且工作点进一步从点D向左边移动,直至振荡消失。因此,点A具有发散的特性,即相当于一个不稳定的极限环。

同样,对工作在点B的系统给予一个轻微的干扰。工作点从点B移向点E,$G(\mathrm{j}\omega)$轨迹不包围点E,振幅自行减小,并且工作点向点B移动。反之,工作点从点B移向点F,$G(\mathrm{j}\omega)$轨迹包围了点F,振荡的振幅将增加,并且工作点从点F朝点B移动,所以点B具有收敛的特性,工作在点B的状态是稳定的,B点是自振点。换句话说,在这个点上的极限环是稳定的。

综上所述,非线性系统周期运动的稳定性可以这样判断:在复平面上,将线性部分$G(\mathrm{j}\omega)$曲线包围的区域看成是不稳定区域,而不被$G(\mathrm{j}\omega)$曲线包围的区域是稳定区域,如图8.12所示。当交点处的$-1/N(A)$曲线沿着振幅A增加的方向由不稳定区进入稳定区时,系统具有稳定的极限环,则该交点是自振点。反之,交点处的$-1/N(A)$曲线,沿着振幅A增加的方向由稳定区进入不稳定区时,该点不是自振点,所对应的周期运动实际上不能持续下去。这时,该点的幅值A_1确定了一个边界,当$x(t)$起始振幅小于A_1时,系统过程收敛;反之,当$x(t)$起始振幅大于A_1时,系统振荡过程会加剧。

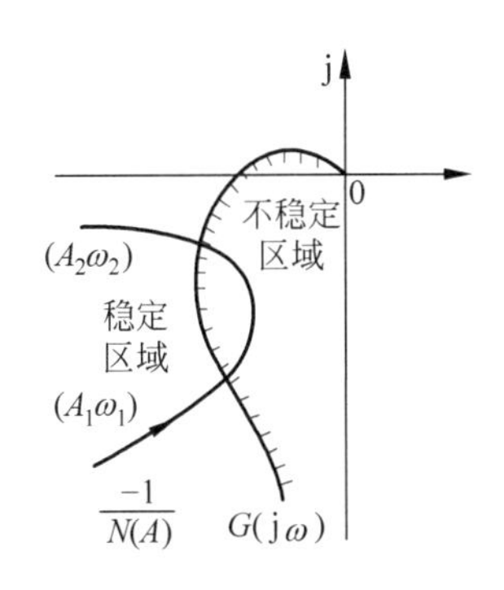

图8.12　周期运动的稳定性判别

[例8-2]　假设系统的结构图如图8.13(a)所示,其中线性部分的传递函数为

$$G(s)=\frac{15}{s(0.1s+1)(0.2s+1)}$$

非线性部分具有饱和特性,饱和特性的$a=1,K_n=1$。试对系统进行稳定性分析。

解:前面已知,其描述函数$N(A)$可以求出。

则稳定性表达式为

$$G(\mathrm{j}\omega)=\frac{-1}{N(A)}$$

分别将 $G(\mathrm{j}\omega)$ 轨迹和 $-1/N(X)$ 轨迹画出来，如图 8.13(b)曲线②所示。从图可知，两线交于 P 点。根据稳定判据，P 点具有收敛特性。系统是稳定的极限环，会产生持续简谐振荡，其振荡频率 ω 及幅值 X 可按 P 点处读数计算(曲线①对应 $K=K_1$，表示系统稳定)。

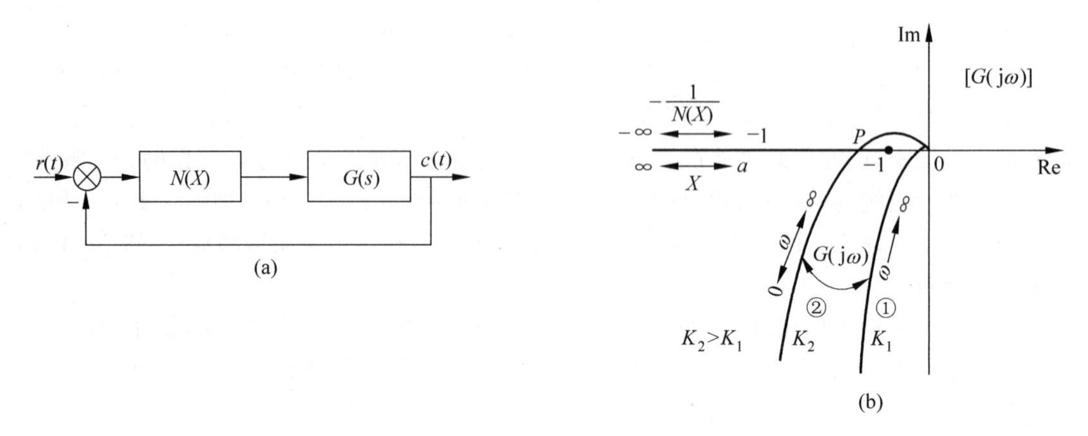

图 8.13 例 8-2 饱和非线性系统

[**例 8-3**] 如图 8.14(a)所示非线性系统，$M=1$。要使系统产生 $\omega=1, A=4$ 的周期信号，试确定参数 K, τ 的值。

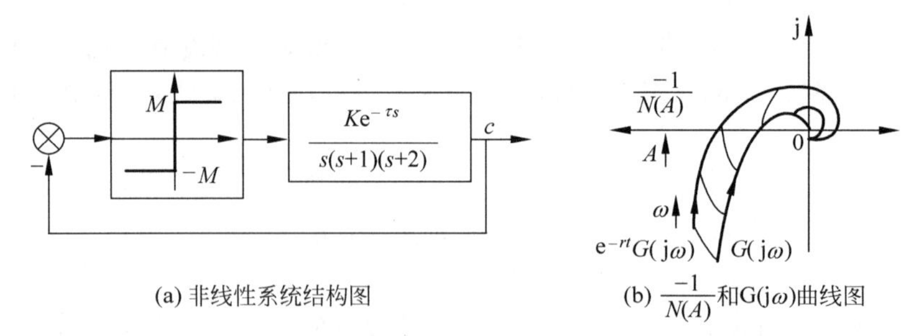

(a) 非线性系统结构图 (b) $\dfrac{-1}{N(A)}$和G(jω)曲线图

图 8.14 例 8-3 图

解：画出 $-1/N(A)$ 和 $G(\mathrm{j}\omega)$ 曲线如图 8.14(b)所示，由自振条件

$$N(A)G(\mathrm{j}\omega)\mathrm{e}^{-\mathrm{j}\tau\omega}=-1$$

可得

$$\frac{4M}{\pi A}\cdot\frac{K\mathrm{e}^{-\mathrm{j}\omega\tau}}{\mathrm{j}\omega(1+\mathrm{j}\omega)(2+\mathrm{j}\omega)}=-1$$

$$\frac{4MK\mathrm{e}^{-\mathrm{j}\omega\tau}}{\pi A}=3\omega^2-\mathrm{j}\omega(2-\omega^2)=\omega\sqrt{4+5\omega^2+\omega^4}\angle\left(-\arctan\frac{2-\omega^2}{3\omega}\right)$$

代入 $M=1, A=4, \omega=1$ 并比较模和相角，得

$$\begin{cases}\dfrac{K}{\pi}=\sqrt{10}\\ \tau=\arctan\dfrac{1}{3}\end{cases}$$

则 $K=\sqrt{10}\,\pi=9.93$，$\tau=\arctan\dfrac{1}{3}=0.322$。

即当参数 $K=9.93$，$\tau=0.322$ 时，系统可以产生振幅 $A=4$，频率 $\omega=1$ 的自振运动。

［例 8-4］ 已知非线性系统结构图如图 8.15(a)所示(图中 $M=h=1$)。

(1) 当 $G_1(s)=\dfrac{1}{s(s+1)}$,$G_2(s)=\dfrac{2}{s}$,$G_3(s)=1$ 时,试分析系统是否会产生自振,若产生自振,求自振的幅值和频率;

(2) 当上面问题中 $G_3(s)=s$ 时,试分析对系统的影响。

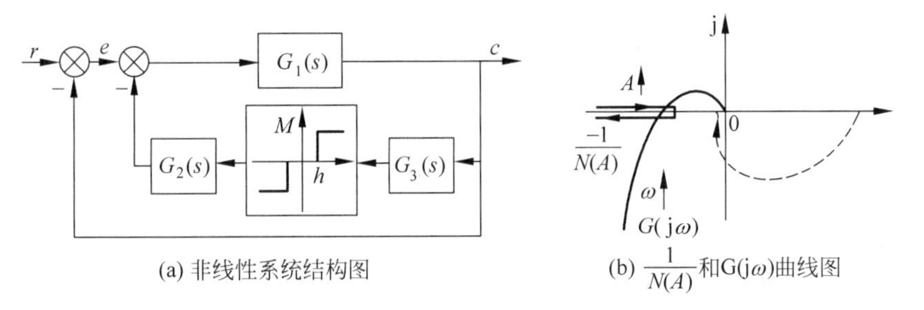

图 8.15　例 8-4 图

解:(1) 首先将结构图简化成非线性部分 $N(A)$和等效线性部分 $G(s)$相串联的结构形式,如图 8.16 所示。

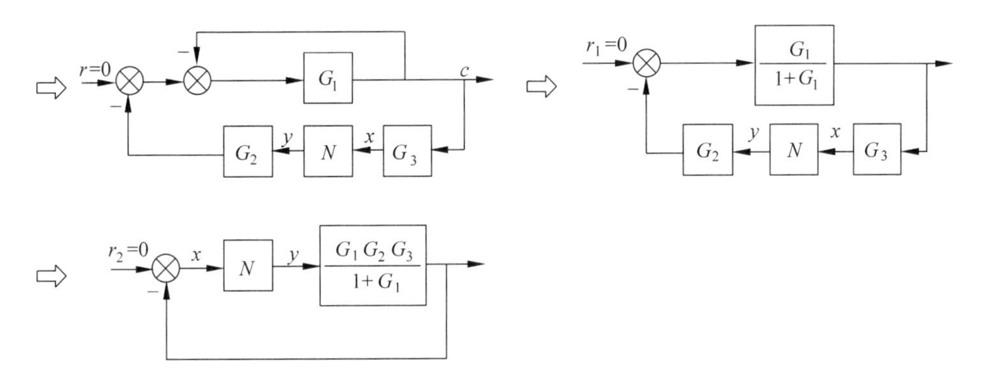

图 8.16　结构图化简过程图

所以,等效线性部分的传递函数为

$$G(s)=\frac{G_1(s)G_2(s)G_3(s)}{1+G_1(s)}=\frac{\dfrac{1}{s(s+1)}\times\dfrac{2}{s}\times 1}{1+\dfrac{1}{s(s+1)}}=\frac{2}{s(s^2+s+1)}$$

非线性部分的描述函数为

$$N(A)=\frac{4M}{\pi A}\sqrt{1-\left(\frac{h}{A}\right)^2}$$

画出$-1/N(A)$和 $G(\mathrm{j}\omega)$曲线如图 8.15(b)所示,可见系统存在自振点。由自振条件可得

$$-N(A)=\frac{1}{G(\mathrm{j}\omega)}$$

$$\frac{-4M}{\pi A}\sqrt{1-\left(\frac{h}{A}\right)^2}=\frac{\mathrm{j}\omega(1-\omega^2+\mathrm{j}\omega)}{2}=\frac{-\omega^2}{2}+\mathrm{j}\,\frac{\omega(1-\omega^2)}{2}$$

比较实部、虚部,得

$$\begin{cases} \dfrac{4M}{\pi A}\sqrt{1-\left(\dfrac{h}{A}\right)^2}=\dfrac{\omega^2}{2} \\ 1-\omega^2=0 \end{cases}$$

将 $M=1, h=1$ 代入,联立解出 $\omega=1, A=2.29$。

(2) 当 $G_3(s)=s$ 时,有

$$G(s)=\frac{\dfrac{1}{s(s+1)}\times\dfrac{2}{s}\times s}{1+\dfrac{1}{s(s+1)}}=\frac{2}{s^2+s+1}$$

$G(\mathrm{j}\omega)$如图 8.15(b)中虚线所示,此时 $G(\mathrm{j}\omega)$不包围 $-1/N(A)$曲线,系统稳定。可见,适当改变系统的结构和参数可以避免自振。

8.3 相平面分析法

8.3.1 基本概念

相平面法是由庞加莱于 1885 年首先提出来的。该方法通过图解法将系统的运动过程转化为位置和速度平面上的相轨迹,从而比较直观、准确地反映系统的稳定性、平衡状态和稳态精度,以及初始条件和参数对系统运动的影响。

设一个二阶系统的常微分方程为

$$\ddot{x}+f(x,\dot{x})=0$$

其中,$f(x,\dot{x})$是 x 和 $\dot{x}$ 的线性或非线性函数。

如果以 $x(t)$为横坐标,$\dot{x}(t)$为纵坐标,则该平面称为相平面,$x(t)$和 $\dot{x}(t)$称为系统的相变量。当 t 变化时,相变量在 x-$\dot{x}$ 平面上描绘出的轨迹,表征系统状态的变化过程,该轨迹就叫做相轨迹(如图 8.17(a)所示)。相平面和相轨迹曲线簇构成相平面图。相平面图清楚地表示了系统在各种初始条件下的运动过程。

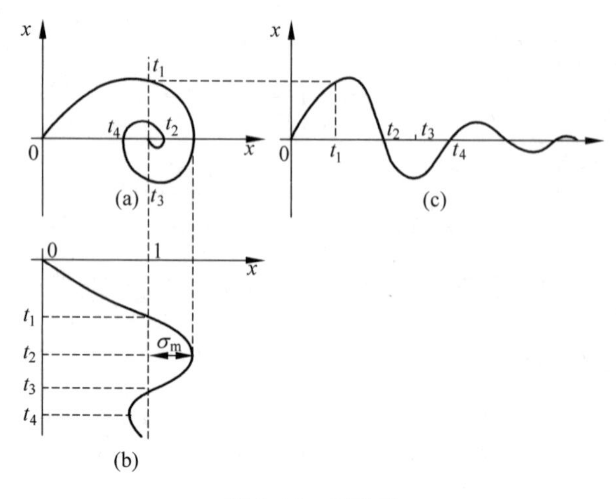

图 8.17 相轨迹

［例 8-5］ 已知某零阻尼二阶系统的微分方程为

$$\ddot{x}+\omega^2 x=0$$

初始条件为 $\dot{x}(0)=\dot{x}_0$，$x(0)=x_0$，试确定该系统的相轨迹。

解：$\ddot{x}+\omega^2 x=0$ 对应有一对虚根，即

$$-p_{1,2}=\pm \mathrm{j}\omega$$

$\ddot{x}+\omega^2 x=0$ 的解为

$$x=A\sin(\omega t+\varphi) \tag{8-9}$$

式中：

$$A=\sqrt{x_0^2+\frac{\dot{x}_0^2}{\omega^2}},\quad \varphi=\arctan\frac{x_0\omega}{\dot{x}_0}$$

设 x 为描述二阶线性系统的一个变量，取 $\dot{x}$ 为描述系统的另一状态变量，即

$$\dot{x}=\frac{\mathrm{d}x}{\mathrm{d}t}=A\omega\cos(\omega t+\varphi) \tag{8-10}$$

从式(8-9)、式(8-10)中消去变量 t，可得出系统运动过程中两个状态变量的关系为

$$x^2+\left(\frac{\dot{x}}{\omega}\right)^2=A^2$$

这是一个椭圆方程。椭圆的参数 A 取决于初始条件 x_0 和 $\dot{x}_0$。

选取不同的一组初始条件，可得到不同的 A，对应相平面上的相轨迹是不同的椭圆，这样便得到一个相轨迹簇。$\zeta=0$ 时的相平面图如图 8.18 所示，表明系统的响应是等幅周期运动。图中箭头表示时间 t 增大的方向。

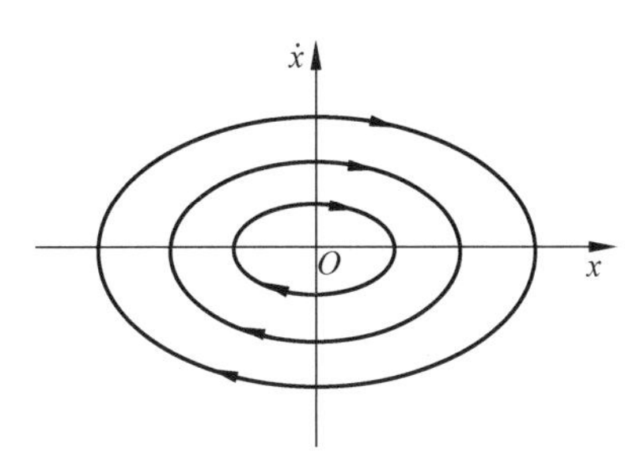

图 8.18　$\zeta=0$ 的相平面图

相平面的上半平面中，$\dot{x}>0$，相迹点沿相轨迹向 x 轴正方向移动，所以上半部分相轨迹箭头向右；同理，下半相平面 $\dot{x}<0$，相轨迹箭头向左。总之，相迹点在相轨迹上总是按顺时针方向运动。当相轨迹穿越 x 轴时，与 x 轴交点处有 $\dot{x}=0$，因此，相轨迹总是以 $\pm 90°$ 方向通过 x 轴的。

8.3.2　等倾斜线法

绘制相平面图可以采用解析法，由方程 $\ddot{x}+f(x,\dot{x})=0$ 解出 $x(t)$ 和 $\dot{x}(t)$，在 x-$\dot{x}$ 平面绘出系统相轨迹。但一般非线性微分方程求解比较困难，实际中通常采用“等倾斜线法”绘制系统相平面图。

等倾斜线法是一种不需要求解微分方程，通过图解方法求相轨迹的方法。其基本思想为：先确定相轨迹的等倾斜线，进而绘制出相轨迹的切线方向场，然后从初始条件出发，沿方向场逐步绘制相轨迹。

根据相轨迹微分方程

$$\frac{\mathrm{d}\dot{x}}{\mathrm{d}x}=\frac{-f(x,\dot{x})}{\dot{x}}$$

式中：$\mathrm{d}\dot{x}/\mathrm{d}x$ 表示相平面上相轨迹的斜率。取斜率为某一常数，则等倾斜线方程为

$$\alpha=\frac{f(x,\dot{x})}{\dot{x}} \tag{8-11}$$

相平面上经过满足上式各点的相轨迹的斜率都等于 α。若将这些点连成一线，则此线称为等倾斜线。给定不同的 α 值，则可在相平面上画出相应的等倾斜线。在各等倾斜线上画出斜率为 α 的短线段，则可以得到相轨迹切线的方向场。沿方向场画连续曲线就可以得到相平面图。

如果相平面上同时满足 $\dot{x}=0$ 和 $f(x,\dot{x})=0$ 的点处，α 不是一个确定的值，即

$$\alpha=\frac{\mathrm{d}\dot{x}}{\mathrm{d}x}=\frac{-f(x,\dot{x})}{\dot{x}}=\frac{0}{0}$$

通过该点的相轨迹有一条以上。这些点是相轨迹的交点，称为奇点。显然，奇点只分布在相平面的 x 轴上。由于奇点处 $\ddot{x}=\dot{x}=0$，故奇点也称为平衡点。

［**例 8-6**］ 设系统方程为

$$\ddot{x}=-(x+\dot{x})$$

$$\dot{x}\frac{\mathrm{d}\dot{x}}{\mathrm{d}x}=-(x+\dot{x})$$

试确定给定不同的 α 方向场。

解：设 $\alpha=\frac{\mathrm{d}\dot{x}}{\mathrm{d}x}$，则等倾线方程为

$$\dot{x}=\frac{-x}{1+\alpha}$$

等倾斜线的斜率为 $-1/(1+\alpha)$。给定不同的 α，便可以得出对应的等倾斜线斜率。表 8.2 列出了不同 α 值下等倾斜线的斜率以及等倾斜线与 x 轴的夹角 β。图 8.19 画出了 α 取不同值时的等倾斜线和代表相轨迹切线方向的短线段。画出方向场后，很容易绘制出从一点开始的特定的相轨迹。

表 8.2 不同 α 值下等倾斜线的斜率及 β

α	−6.68	−3.75	−2.73	−2.19	−1.84	−1.58	−1.36	−1.18	−1.00
$\frac{-1}{1+\alpha}$	0.18	0.36	0.58	0.84	1.19	1.73	2.75	5.67	∞
β	10°	20°	30°	40°	50°	60°	70°	80°	90°
α	−0.82	−0.64	−0.42	−0.16	0.19	0.73	1.75	4.68	∞
$\frac{-1}{1+\alpha}$	−5.76	−2.75	−1.73	−1.19	−0.84	−0.58	−0.36	−0.18	0.00
β	100°	110°	120°	130°	140°	150°	160°	170°	180°

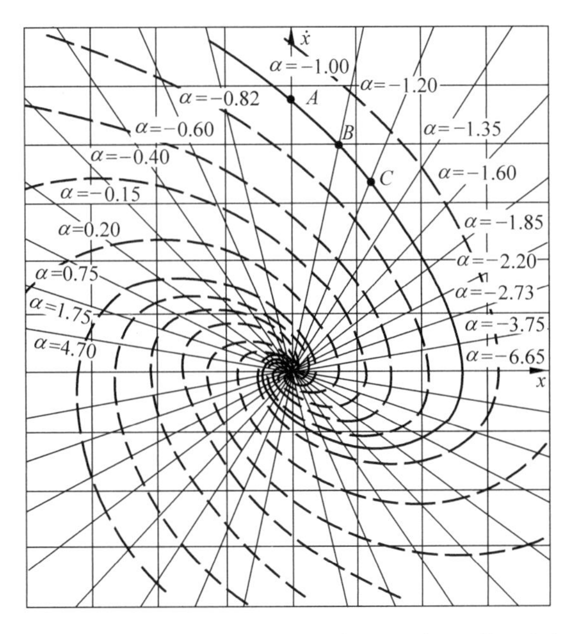

图 8.19 确定相轨迹切线方向的方向场及相平面上的一条相轨迹

8.3.3 二阶线性系统的相轨迹

描述二阶线性系统自由运动的微分方程为

$$\ddot{x}+2\zeta\omega_n\dot{x}+\omega_n^2x=0 \tag{8-12}$$

取 $x_1=x, x_2=\dot{x}$，则式(8-12)对应的状态方程为

$$\dot{x}_1=x_2$$

$$\dot{x}_2=-\omega_n^2x_1-2\zeta\omega_nx_2$$

合并以上两式，可得

$$\frac{\dot{x}_2}{\dot{x}_1}=-\frac{\omega_n^2x_1+2\zeta\omega_nx_2}{x_2}$$

由于 $\dot{x}_1=\frac{\mathrm{d}x_1}{\mathrm{d}t}, \dot{x}_2=\frac{\mathrm{d}x_2}{\mathrm{d}t}$，则二阶线性系统的相轨迹方程为

$$\frac{\mathrm{d}x_2}{\mathrm{d}x_1}=-\frac{\omega_n^2x_1+2\zeta\omega_nx_2}{x_2} \tag{8-13}$$

上式实际上表示了二阶系统相轨迹上各点的斜率。可以看出，在相平面原点处，有 $x_1=0, x_2=0$，即 $\frac{\mathrm{d}x_2}{\mathrm{d}x_1}=\frac{0}{0}$，说明原点是二阶系统的奇点(或平衡点)。

二阶系统的特征根为

$$\lambda_{1,2}=-\zeta\omega_n\pm\omega_n\sqrt{\zeta^2-1}$$

二阶系统相轨迹的形状和奇点的性质与特征根在复平面上的位置有关。

(1) 当 $\zeta=0$ 时,λ_1、λ_2 为一对共轭纯虚根,系统处于无阻尼运动状态,则由式(8-13)得

$$\dot{x}_1^2+\left(\frac{x_2}{\omega_n}\right)^2=R^2$$

式中:$R^2=x_{10}^2+\left(\frac{x_{20}}{\omega_n}\right)^2$,$x_{10}$、$x_{20}$ 为初始状态。上式表明,系统的相轨迹是一簇同心椭圆,如图 8.20(a)所示。

(2) 当 $0<\zeta<1$ 时,λ_1、λ_2 为一对具有负实部的共轭复根,系统处于欠阻尼状态。其零输入响应为衰减振荡,收敛于零。对应的相轨迹是一簇对数螺旋线,收敛于相平面原点,如图 8.22(b)所示。这时原点对应的奇点称为稳定的焦点。

(3) 当 $\zeta>1$ 时,λ_1、λ_2 为两个负实根,系统处于过阻尼状态。其零输入响应呈指数衰减状态。对应的相轨迹是一簇趋向相平面原点的抛物线,如图 8.20(c)所示。相平面原点为奇点,称为稳定的节点。

(4) 若系统的微分方程为 $\ddot{x}+2\zeta\omega_n\dot{x}+\omega_n^2x=0$,$\lambda_1$、$\lambda_2$ 为两个符号相反的实根,此时系统的零输入响应是非周期发散的。对应的相轨迹如图 8.20(d)所示。这时奇点称为鞍点,是不稳定的平衡状态。

(5) 当 $-1<\zeta<0$ 时,λ_1、λ_2 为一对具有正实部的共轭复根,系统的零输入响应是振荡发散的。对应的相轨迹是发散的对数螺旋线,如图 8.20(e)所示。这时奇点称为不稳定的焦点。

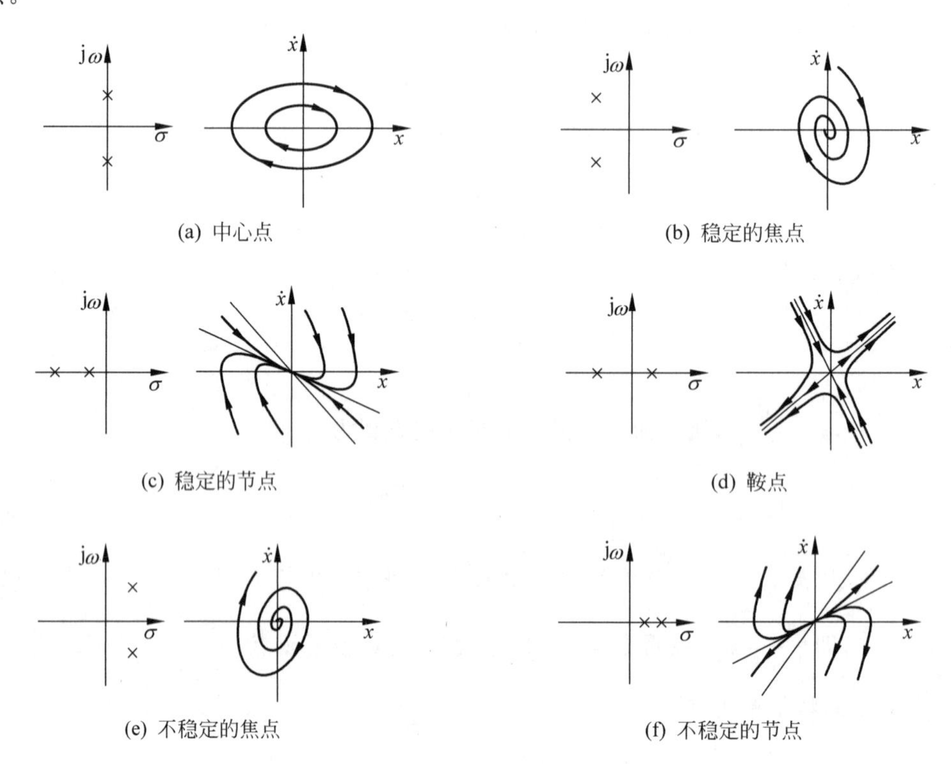

图 8.20 二阶系统特征根与奇点

(6) 当 $\zeta<-1$ 时，λ_1、λ_2 为两个正实根，系统的零输入响应为非周期发散的。对应的相轨迹是由原点出发的发散的抛物线簇，如图 8.20(f)所示。相应的奇点称为不稳定的节点。

[**例 8-7**] 求方程 $\ddot{x}-(1-x^2)\dot{x}+x=0$ 的奇点，并确定其奇点类型。

解：令 $\ddot{x}=\dot{x}=0$ 得系统奇点为

$$x_e=0$$

在 $x_e=0$ 处，将 $\ddot{x}=f(\dot{x},x)=(1-x^2)\dot{x}+x$ 展开为泰勒级数，保留一次项，有

$$\ddot{x}=f(0,0)+\left.\frac{\partial f(\dot{x},x)}{\partial \dot{x}}\right|_{\substack{x=0\\ \dot{x}=0}}\dot{x}+\left.\frac{\partial f(\dot{x},x)}{\partial x}\right|_{\substack{x=0\\ \dot{x}=0}}x=\dot{x}-x$$

得出奇点处的线性化方程为 $\ddot{x}=\dot{x}-x$，特征方程为 $s^2-s+1=0$，特征根为

$$s_{1,2}=\frac{1}{2}\pm \mathrm{j}\frac{\sqrt{3}}{2}$$

奇点 x_e 为不稳定的焦点。

8.3.4 非线性系统的相平面分析

大多数非线性控制系统所含有的非线性特性是分段线性的。用相平面法分析这类系统时，一般采用"分区-衔接"的方法。首先，根据非线性特性的线性分段情况，用几条分界线(开关线)把相平面分成几个线性区域，在各个线性区域内，各自用一个线性微分方程来描述。其次，画出各线性区的相平面图。最后，将相邻区间的相轨迹衔接成连续的曲线，即可获得系统的相平面图。

[**例 8-8**] 系统结构图如图 8.21 所示。试用等倾斜线法作出系统的 x-$\dot{x}$ 相平面图。系统参数为 $K=T=M=h=1$。

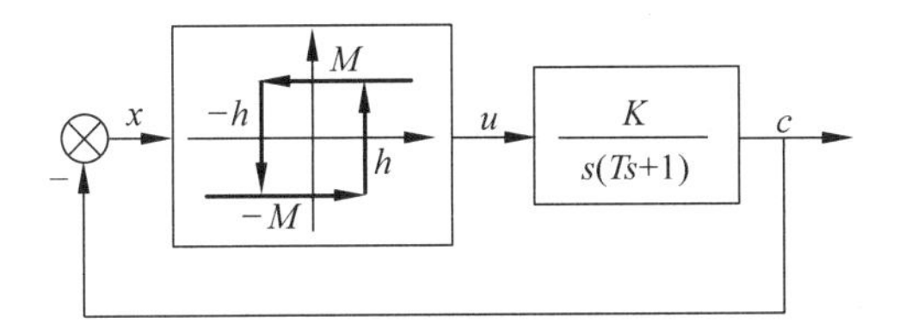

图 8.21 非线性系统结构图

解：对线性环节有

$$\frac{K}{s(Ts+1)}=\frac{C(s)}{U(s)}$$

$$(Ts^2+s)C(s)=KU(s)$$

$$T\ddot{c}+\dot{c}=Ku$$

将 $x=-c$ 代入上式，得出以 x 为变量的系统微分方程为

$$T\ddot{x}+\dot{x}=-Ku$$

对非线性环节，有

$$u=\begin{cases}M, & \begin{cases}x>h\\ x>-h,\dot{x}<0\end{cases}\\ -M, & \begin{cases}x<-h,\\ x<h,\dot{x}>0\end{cases}\end{cases}$$

代入微分方程,有

$$\text{Ⅰ}: T\ddot{x}+\dot{x}=-KM,\quad \begin{cases}x>h\\ x>-h,\dot{x}<0\end{cases}$$

$$\text{Ⅱ}: T\ddot{x}+\dot{x}=KM,\quad \begin{cases}x<-h\\ x<h,\dot{x}>0\end{cases}$$

开关线将相平面分为两个区域,各区域的等倾斜线方程如下:

$$\text{Ⅰ}\ : T\ddot{x}+\dot{x}=T\frac{\mathrm{d}\dot{x}}{\mathrm{d}x}\cdot\dot{x}+\dot{x}=\left(T\frac{\mathrm{d}\dot{x}}{\mathrm{d}x}+1\right)\dot{x}=-KM$$

令 $\alpha=\dfrac{\mathrm{d}\dot{x}}{\mathrm{d}x}$,得

$$\dot{x}=\frac{-KM}{T\alpha+1}\text{(水平线)}$$

同理可得Ⅱ区的等倾斜线方程

$$\dot{x}=\frac{KM}{T\alpha+1}$$

计算列表(取 $K=T=M=h=1$)如表 8.3 所示。

表 8.3 例 8-8 计算列表

α	$-\frac{1}{2}$	0	1	∞	-3	-2	$-\frac{3}{2}$
Ⅰ: $\frac{-1}{\alpha+1}$	-2	-1	$-\frac{1}{2}$	0	$\frac{1}{2}$	1	2
Ⅱ: $\frac{1}{\alpha+1}$	2	1	$\frac{1}{2}$	0	$-\frac{1}{2}$	-1	-2

绘制系统相平面图如图 8.22 所示。由图可见,系统运动最终全部趋向于一条封闭的相轨迹,称之为“极限环”,对应系统的一种稳定的周期运动,即自振。不论初始条件如何,系统自由响应运动最终都是自振。

非线性系统运动最终全部趋向于一条封闭的相轨迹,称之为“极限环”,它附近的相轨迹都渐近地趋向它或从它离开。极限环分为稳定极限环、不稳定极限环和半稳定极限环。

1. 稳定极限环

如果由极限环外部和内部起始的相轨迹都渐近地趋向这个极限环,任何较小的扰动使系统运动离开极限环后,最后仍能回到极限环上。这样的极限环称为稳定极限环,对应系统的自振,如图 8.23 所示。

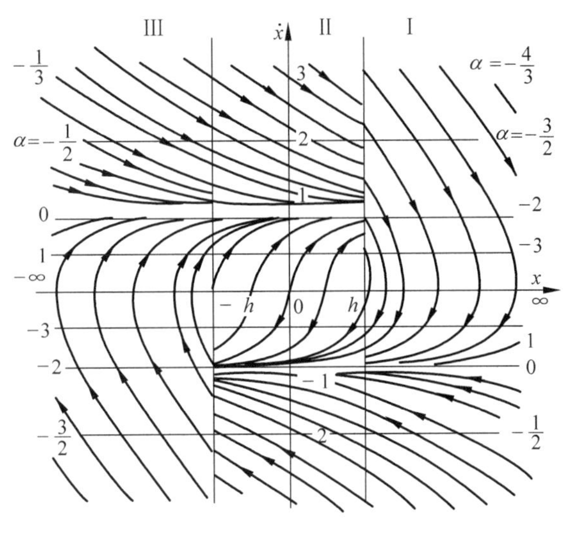

图 8.22　相轨迹图

2. 不稳定极限环

如果由极限环外部和内部起始的相轨迹都从极限环发散出去,任何较小的扰动使系统运动离开极限环后,系统状态将远离极限环或趋向平衡点,这样的极限环称为不稳定极限环。相应系统的平衡状态在小范围内稳定而在大范围内不稳定,如图 8.24 所示。

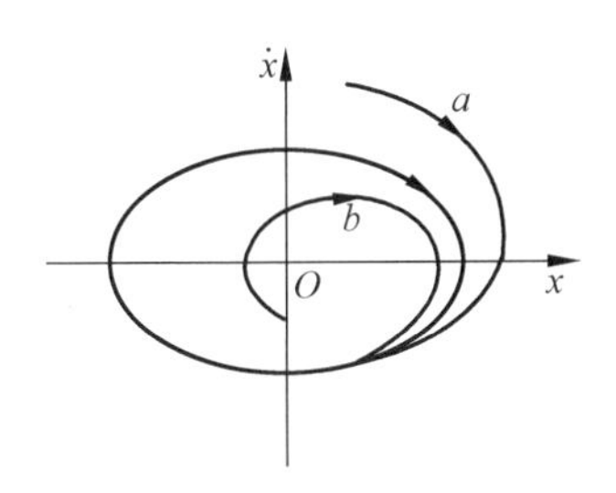

图 8.23　稳定极限环

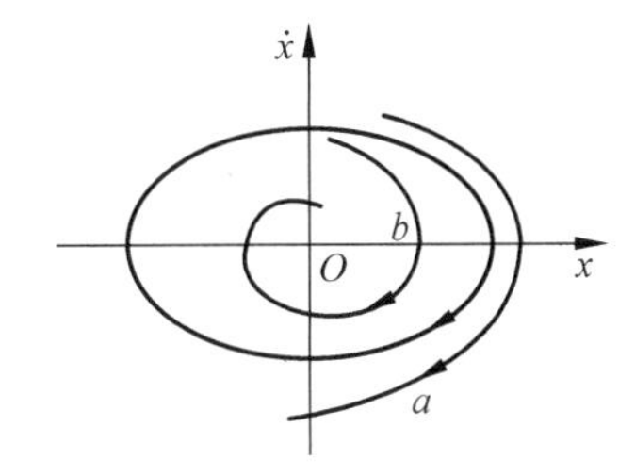

图 8.24　不稳定极限环

3. 半稳定极限环

如果由极限环外部起始的相轨迹渐近地趋向于极限环,由内部起始的相轨迹逐渐离开极限环;或者由外部起始的相轨迹从极限环发散出去,由内部起始的相轨迹渐近地趋向于极限环,这样的极限环称为半稳定极限环。具有这种极限环的系统不会产生自振。系统的运动最终会趋向于极限环内的奇点(见图 8.25(a)),或远离极限环(见图 8.25(b))。

[**例 8-9**]　已知非线性系统结构图及非线性环节特性如图 8.26 所示。系统原来处于静止状态,$0<\beta<1$,$r(t)=-R\cdot 1(t)$,$R>a$。分别画出没有局部反馈和有局部反馈时系统相平面的大致图形。

解:(1) 没有局部反馈时,$e_1=e$,由系统结构图可知$\frac{C(s)}{X(s)}=\frac{1}{s^2}$。系统运动方程为

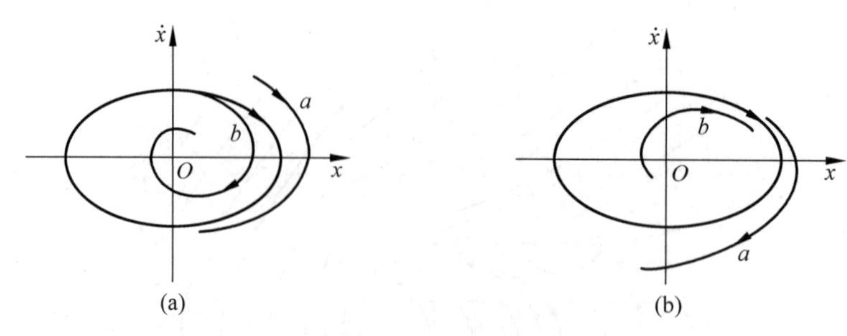

图 8.25 半稳定极限环

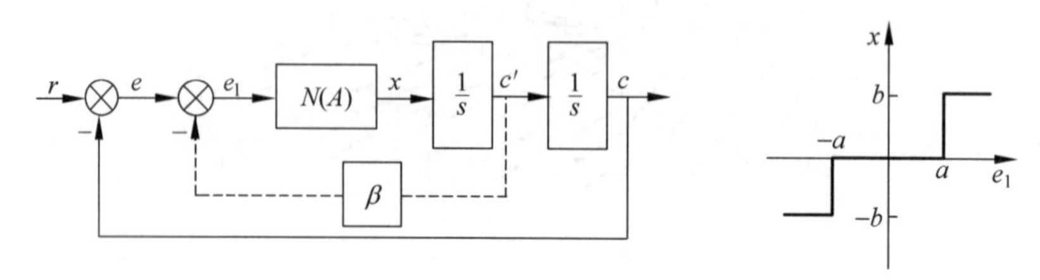

图 8.26 非线性系统结构图及非线性环节特性

$$\ddot{c}=x=\begin{cases}0, & |e|<a\\ b, & e>a\\ -b, & e<-a\end{cases}$$

因为 $e=r-c$，$r(t)=-R\times 1(t)$，$\dot{r}=\ddot{r}=0$，$\ddot{e}=\ddot{r}-\ddot{c}=-\ddot{c}$，以 $\ddot{e}=-\ddot{c}$ 代入上式可得

$$\begin{cases}\ddot{e}=0, & |e|<a & \text{Ⅰ 区}\\ \ddot{e}=-b, & e>a & \text{Ⅱ 区}\\ \ddot{e}=b, & e<-a & \text{Ⅲ 区}\end{cases}$$

因为 $\ddot{e}=\dot{e}\dfrac{\mathrm{d}\dot{e}}{\mathrm{d}e}$，所以

Ⅰ区：

$$\dot{e}\frac{\mathrm{d}\dot{e}}{\mathrm{d}e}=0,\quad \dot{e}\,\mathrm{d}\dot{e}=0$$

$$\int\dot{e}\,\mathrm{d}\dot{e}=0,\quad \frac{(\dot{e})^2}{2}=c',\quad (\dot{e})^2=2c'=A$$

得

$$\dot{e}=\pm\sqrt{A}$$

式中：A 为任意常数。相轨迹为一簇水平线。

Ⅱ 区：

$$\dot{e}\frac{\mathrm{d}\dot{e}}{\mathrm{d}e}=-b,\quad \dot{e}\,\mathrm{d}\dot{e}=-b\cdot\mathrm{d}e$$

$$\int\dot{e}\,\mathrm{d}\dot{e}=-b\int\mathrm{d}e,\quad \frac{(\dot{e})^2}{2}=-be+A$$

式中：A 为任意常数。相轨迹为一簇抛物线，开口向左。

Ⅲ 区：

$$\dot{e}\frac{\mathrm{d}\dot{e}}{\mathrm{d}e}=b,\quad \dot{e}\,\mathrm{d}\dot{e}=b\cdot\mathrm{d}e$$

$$\int\dot{e}\,\mathrm{d}\dot{e}=\int b\,\mathrm{d}e,\quad \frac{(\dot{e})^2}{2}=be+A$$

式中：A 为任意常数。相轨迹为一簇抛物线，开口向右。

开关线方程 $e=a, e=-a$。它是 e-$\dot{e}$ 平面上两条垂直线。初始位置为

$$e(0_+)=r(0_+)-c(0_+)=-R-0=-R$$

$$\dot{e}(0_+)=\dot{r}(0_+)-\dot{c}(0_+)=0-0=0$$

相轨迹如图 8.27(a)所示，表明系统的自由响应运动是一个等幅振荡的过程。

(2) 有局部反馈时，非线性环节的输入信号由 e 变为 e_1，系统方程为

$$\ddot{e}=-x$$

$$\begin{cases}\ddot{e}=0, & |e_1|<a \quad \text{Ⅰ 区} \\ \ddot{e}=-b, & e_1>a \quad \text{Ⅱ 区} \\ \ddot{e}=b, & e_1<-a \quad \text{Ⅲ 区}\end{cases}$$

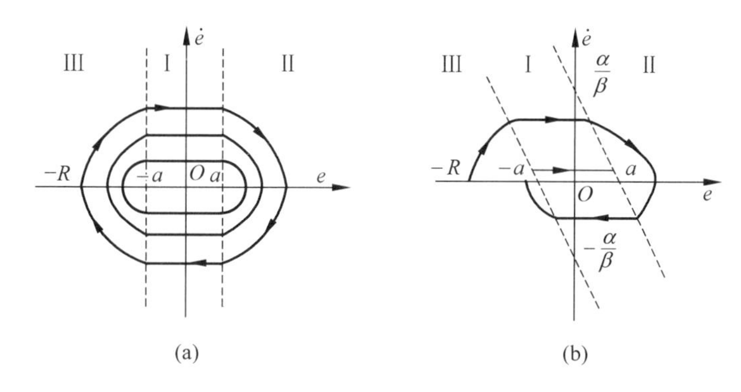

图 8.27 相轨迹图

系统的方程没有变，方程所表示的图形也没有变，只是分区的条件变了，开关线方程是 $e_1=a, e_1=-a$。要画 e-$\dot{e}$ 平面上的相轨迹，开关线方程必须消去中间变量 e_1，用 e 和 $\dot{e}$ 来表示。由系统结构图可知

$$e_1=e-\beta\dot{c}=e+\beta\dot{e}$$

令 $e_1=a$，即

$$e+\beta\dot{e}=a, \quad \dot{e}=-\frac{1}{\beta}e+\frac{\alpha}{\beta}$$

令 $e_1=-a$，有

$$e+\beta\dot{e}=-a, \quad \dot{e}=-\frac{1}{\beta}e-\frac{\alpha}{\beta}$$

开关线方程为两条斜率为 $-\frac{1}{\beta}$、在纵轴上截距分别为 $\frac{\alpha}{\beta}$ 和 $-\frac{\alpha}{\beta}$ 的斜线。当 $\dot{e}=0$ 时，e 分别等于 a 和 $-a$，如图 8.27(b)所示。

相轨迹起始点的位置仍为

$$\dot{e}=0, \quad e=-R$$

相轨迹如图 8.27(b)所示。可见，加入测速反馈时，系统振荡消除，系统响应最终会收敛。

8.4 逆系统方法

描述函数法和相平面法的基础是图解和近似分析，结果也只是近似的，更重要的是控制器的设计尚需要对具体系统的运动性质有一定的了解。逆系统方法围绕反馈控制设计这一目的，应用数学工具直接研究非线性控制问题，不再依赖对非线性系统运动的求解和稳定性分析，因而具有一定的普遍性，并在工程中得到成功应用。逆系统方法要求系统的非线性特性是解析的。

设非线性系统的微分方程为

$$y^{(n)}=f[y,\dot{y},\cdots,y^{(n-1)},u,\dot{u},\cdots,u^{(m)}]$$

原系统的结构图如图 8.28 所示。

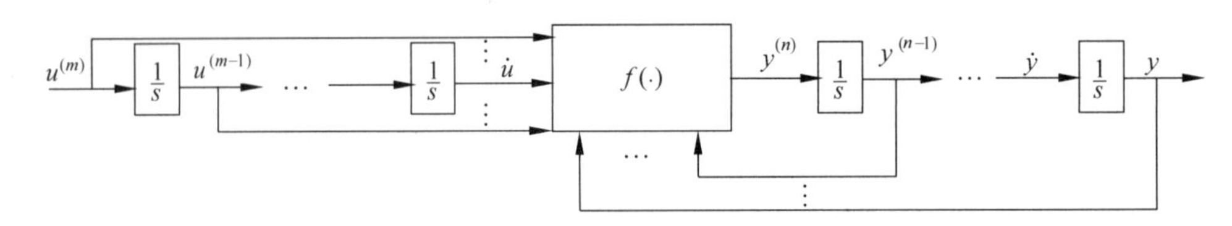

图 8.28 原非线性系统结构

设原非线性系统存在连续解

$$u^{(m)}=g[y,\dot{y},\cdots,y^{(n)},u,\dot{u},\cdots,u^{(m-1)}]$$

且满足原系统所给的初始条件，取 $\phi=y^{(n)}(t)$，则 n 阶积分逆系统结构如图 8.29 所示。

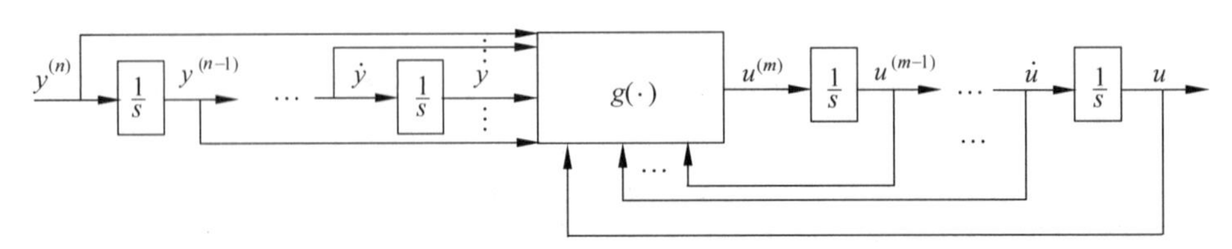

图 8.29 n 阶积分逆系统结构

将 n 阶积分逆系统和原系统相串联构成复合系统，称为伪线性系统，如图 8.30(a)所示。图 8.30(b)为等效环节。

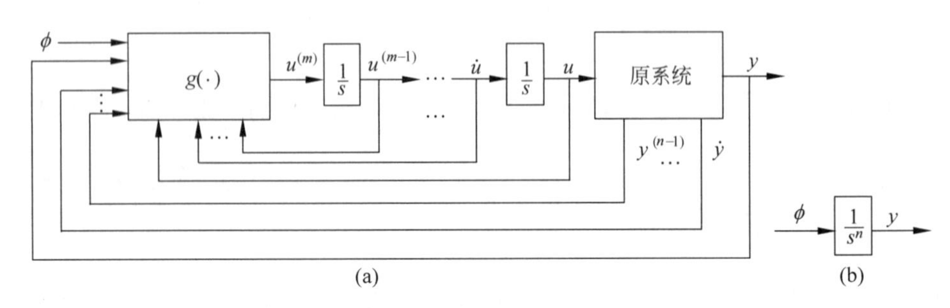

图 8.30 伪线性系统

综上所述，伪线性系统是非线性系统反馈线性化的结果，表现为 n 重积分环节的标准形式。关于非线性系统的逆系统设计方法请参阅有关文献。

8.5 MATLAB 方法在非线性系统中的应用

［**例 8-10**］ 设系统如图 8.31 所示，试分别用描述函数和相平面法判断系统的稳定性，并画出系统 $c(0)=-3, \dot{c}(0)=0$ 的相轨迹和相应的时间响应曲线。

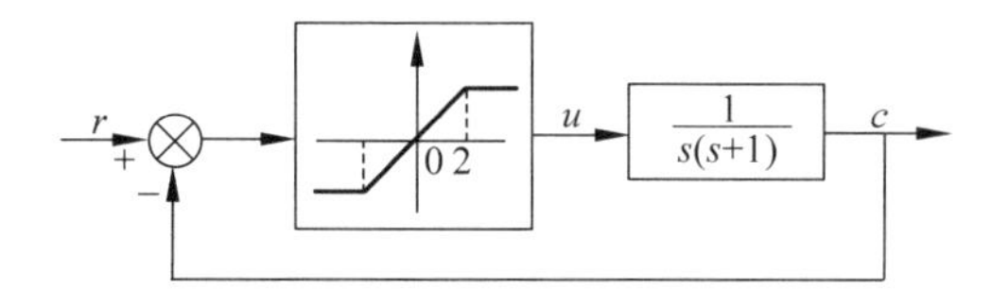

图 8.31　饱和非线性系统

解：(1) 描述函数法。

非线性环节的描述函数为

$$N(A)=\frac{2}{\pi}\left[\arcsin\frac{2}{A}+\frac{2}{A}\sqrt{1-\left(\frac{2}{A}\right)^2}\right]\quad (A\geqslant 2)$$

则

$$G(s)=-\frac{1}{N(A)}$$

MATLAB 程序如下：

```
G=zpk([], [0 -1], 1); nyquist(G); hold on; A=2:0.01:60;
x=real(-1./((2*(asin(2./A)+(2./A).*sqrt(1-(2./A).^2)))/pi+j*0));
y=imag(-1./((2*(asin(2./A)+(2./A).*sqrt(1-(2./A).^2)))/pi+j*0));
plot(x,y); axis([-1.5 0 -1 1]); hold off
```

描述函数法如图 8.32 所示。图中线性环节的曲线不包围 $-\dfrac{1}{N(A)}$ 曲线，根据非线性稳定判据，该非线性系统稳定。

(2) 相平面法。

该系统的微分方程为

$$\ddot{c}+\dot{c}=\begin{cases}2, & c<2\\ -c, & |c|<2\\ -2, & c>2\end{cases}$$

MATLAB 程序如下：

```
t=0:0.01:30; c0=[-3 0]';
[t,c]=ode45('fun', t, c0);
figure(1);
plot(c(:,1),c(:,2)); grid;
figure(2);
plot(t,c(:,1)); grid;
xlabel('t(s)'); ylabel('c(t)');
```

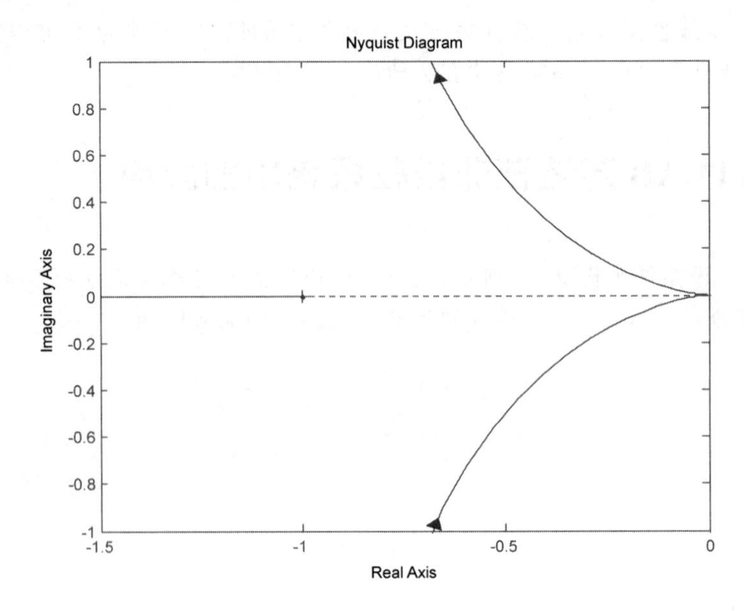

图 8.32 描述函数法

调用函数 fun.m 如下：

```
Function dc=fun(t,c)
dc1=c(2);
if (c(1)<-2)
  dc2=2-c(2);
else if (abs(c(1))<2)
  dc2=- c(1)-c(2);
else dc2=-2-c(2);
end
dc=[dc1, dc2]';
```

系统相轨迹和时间响应曲线如图 8.33 和图 8.34 所示。由图可知，系统振荡收敛，系统的奇点为稳定焦点。

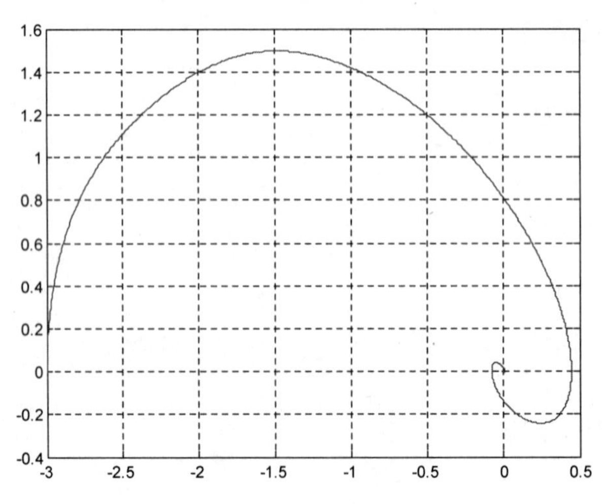

图 8.33 相轨迹

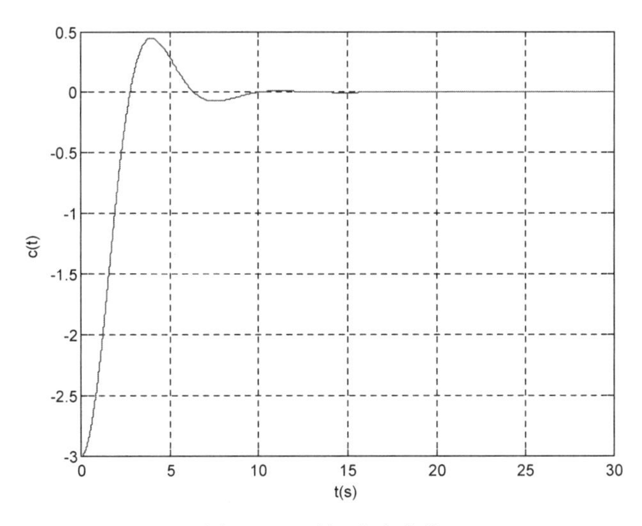

图 8.34　时间响应曲线

小结

非线性系统不满足叠加原理，因而线性定常系统的分析方法原则上不适合用于非线性系统。本章介绍了研究非线性控制系统的三种常用方法：相平面法、描述函数法和逆系统法。

(1) 相平面分析法不仅能给出系统的稳定信息和时间响应信息，而且能给出系统运动轨迹的清晰图像。

(2) 描述函数法实质是线性理论频率法的推广和延伸，是一种工程近似方法，主要用于分析非线性系统的稳定性和自振，而不能得到系统的响应。

(3) 逆系统方法围绕反馈控制设计这一目的，应用数学工具直接研究非线性控制问题，不再依赖对非线性系统运动的求解和稳定性分析，具有一定的普遍性。

习题

8-1　设一阶非线性系统的微分方程为

$$\dot{x} = -x + x^3$$

试确定系统有几个平衡状态，分析平衡状态的稳定性，并画出系统的相轨迹。

8-2　已知具有理想继电器的非线性系统如图 8.35 所示。

试用相平面法分析：

(1) $T_d = 0$ 时系统的运动；

(2) $T_d = 0.5$ 时系统的运动，并说明比例微分控制对改善系统性能的作用；

(3) $T_d = 2$ 时系统的运动特点。

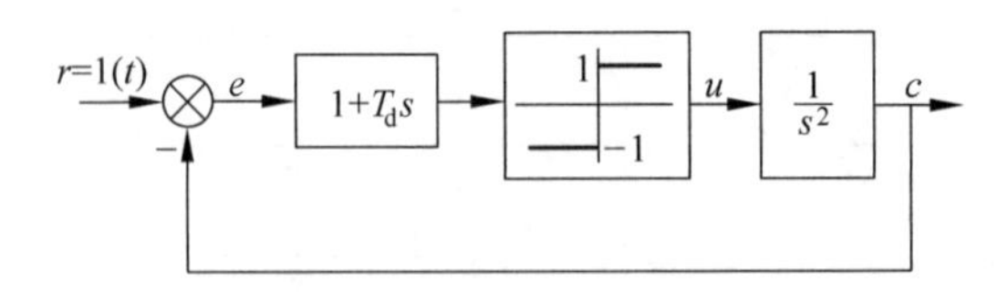

图 8.35 具有理想继电器的非线性系统

8-3 三个单位负反馈非线性系统的非线性环节一样,线性部分分别如下:

(1) $G(s)=\dfrac{2}{s(0.1s+1)}$; (2) $G(s)=\dfrac{2}{s(s+1)}$; (3) $G(s)=\dfrac{2(1.5s+1)}{s(s+1)(0.1s+1)}$

试问,当用描述函数法分析时,哪个系统分析的准确度高?

8-4 判断图 8.36 中各系统是否稳定;$-1/N(A)$与$G(\mathrm{j}\omega)$两曲线交点是否为自振点。

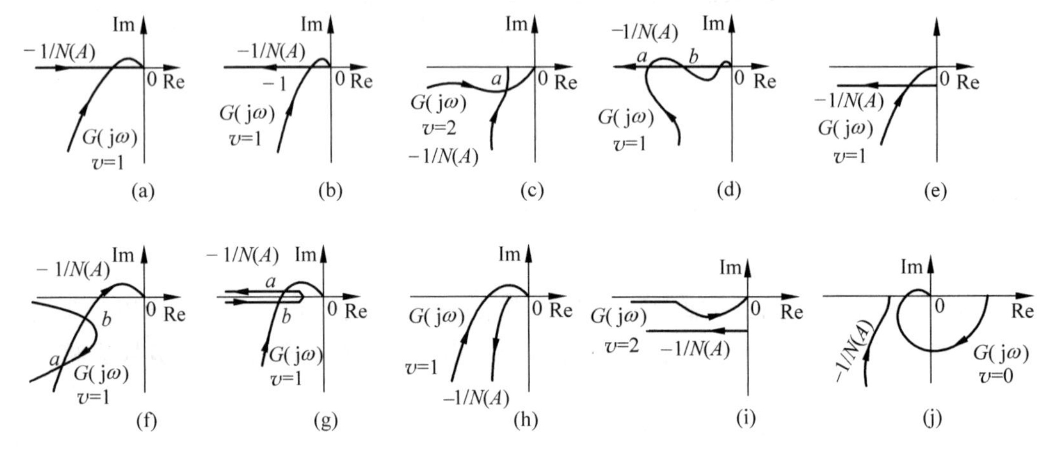

图 8.36 自振分析

8-5 已知非线性系统的结构图如图 8.37 所示。图中非线性环节的描述函数为

$$N(A)=\frac{A+6}{A+2}\quad (A>0)$$

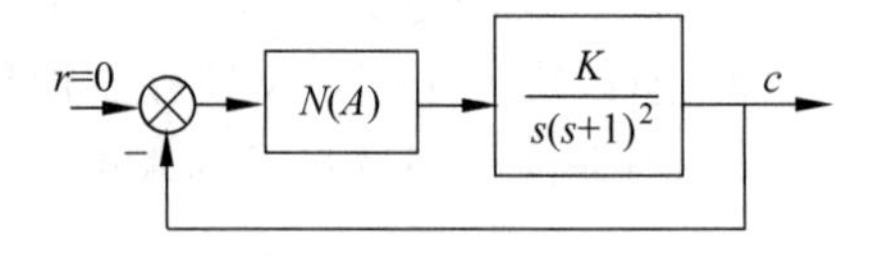

图 8.37 题 8-5 图

试用描述函数法确定:

(1) 使该非线性系统稳定、不稳定以及产生周期运动时,线性部分的 K 值范围;

(2) 判断周期运动的稳定性,并计算稳定周期运动的振幅和频率。

8-6 具有滞环继电特性的非线性控制系统如图 8.38 所示,其中 $M=1,h=1$。

(1) 当 $T=0.5$ 时,分析系统的稳定性,若存在自振,确定自振参数;

(2) 讨论 T 对自振的影响。

8-7 用描述函数法分析图 8.39 所示系统的稳定性,并判断系统是否存在自振。若存在自振,求出自振振幅和自振频率($M>h$)。

8-8 描述非线性系统的方程为

$$\begin{cases}\dot{x}_1=x_2\\ \dot{x}_2=(x_1-1)x_1\end{cases}$$

(1) 求系统在相平面$[x-\dot{x}]$内的平衡点;

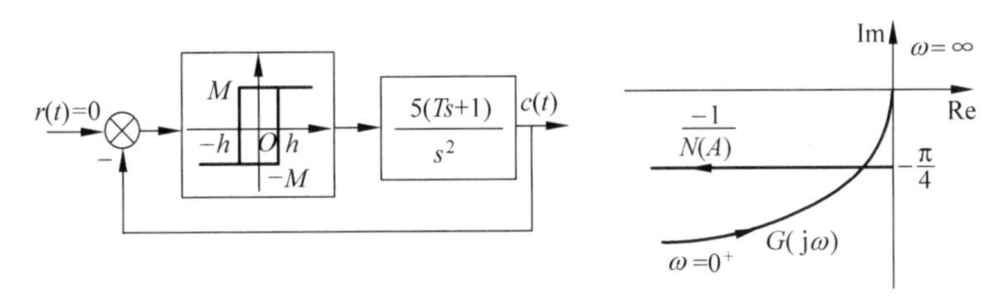

图 8.38 非线性系统结构图及自振分析

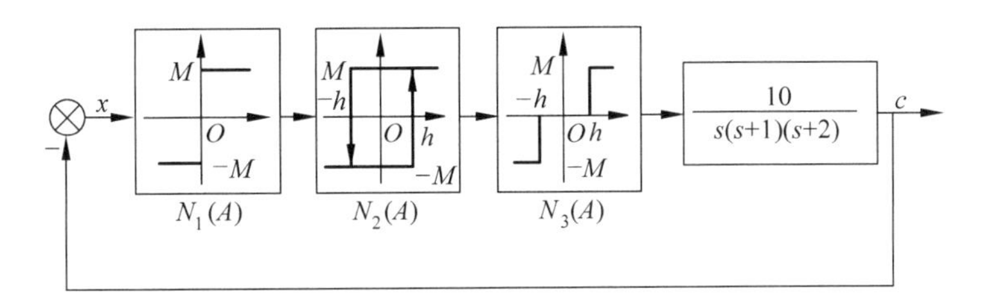

图 8.39 非线性系统结构图

(2) 在平衡点附近线性化,推导系统的线性化方程;

(3) 确定平衡点类型;

(4) 给定系统的初始状态 $X(0)=\begin{bmatrix}x_1(0)\\x_2(0)\end{bmatrix}=\begin{bmatrix}1\\1\end{bmatrix}$,画出系统的相轨迹。

8-9 二阶非线性系统的微分方程为

$$\ddot{x}+5\dot{x}+6x+x^2=0$$

(1) 在相平面$[x-\dot{x}]$内确定系统的平衡点;

(2) 求非线性系统方程在平衡点邻域内的线性化模型;

(3) 确定平衡点类型;

(4) 当初始状态分别为 $A(1,-2)$,$B(-7,-1)$时,在相平面$[x-\dot{x}]$内画出系统的相轨迹。

8-10 设如图 8.40 所示系统开始处于静止状态,参考输入为单位阶跃函数 $r(t)=1(t)$,如果速度反馈系数 $K_D=0$、$K_D=1$,在相平面$[e-\dot{e}]$内分别画出系统的相轨迹。

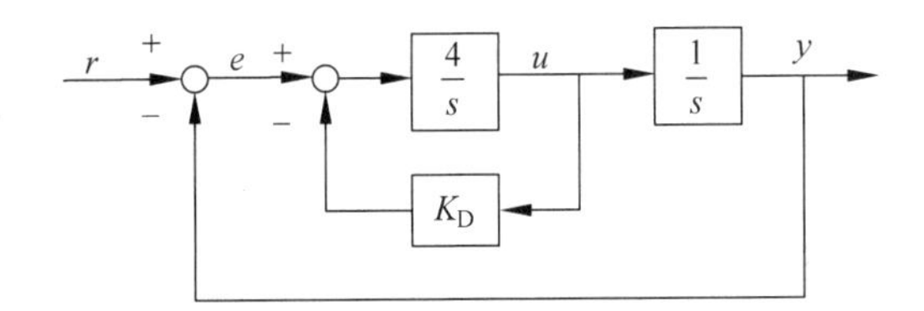

图 8.40 题 8-10 系统方框图

现代控制理论概述

9.1 线性控制系统的状态空间模型

9.1.1 系统的状态空间表达式

20世纪60年代初，在航天技术和计算机技术的推动下，现代控制理论开始发展。该理论运用状态空间法描述输入-状态-输出诸变量间的因果关系，不但反映了系统的外部特征，而且揭示了系统内部信息。

系统的数学描述通常可分为两种类型。一种是系统的外部描述，称为输出-输出描述。这种描述将系统视为一个“黑箱”，没有表征系统的内部结构和内部变量，如传递函数。另一种是系统的内部描述，即状态空间描述，以状态空间表达式表征。

所谓控制系统的“状态”，是指描述系统的一个最小变量组。或者说，确定系统状态的个数最少的一组变量。最小变量组中的每个变量称为**状态变量**，以这组状态变量组成的矢量称为**状态矢量**。状态实际上是状态矢量的简称。

设 $x_1(t), x_2(t), \cdots, x_n(t)$ 是系统的一组状态变量，则状态矢量就是以这组状态变量为分量的矢量，记为

$$\boldsymbol{x}(t)=[x_1(t), x_2(t), \cdots, x_n(t)]^{\mathrm{T}}$$

基于状态的概念，控制系统在时刻 t 的状态是由 t_0 时刻的状态和 $t \geqslant t_0$ 时刻的输入唯一确定，而与 t_0 时刻以前的状态和输入无关。

由状态变量 $x_1(t), x_2(t), \cdots, x_n(t)$ 作为基底所组成的 n 维空间称为**状态空间**。

设一多输入-多输出系统输入矢量 $\boldsymbol{u}=[u_1, u_2, \cdots, u_m]^{\mathrm{T}}$，输出向量 $\boldsymbol{y}=[y_1, y_2, \cdots, y_k]^{\mathrm{T}}$，状态向量 $\boldsymbol{x}=[x_1, x_2, \cdots, x_n]^{\mathrm{T}}$，如图 9.1 所示。则状态矢量 $\boldsymbol{x}$ 与输入矢量 $\boldsymbol{u}$ 的关系用一阶微分方程组来表示：

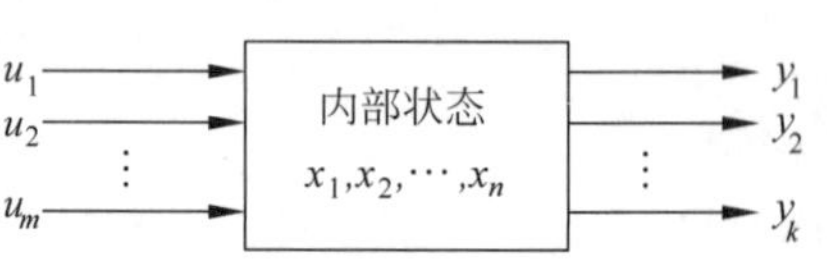

图 9.1　多输入-多输出系统

$$\dot{x}_1 = a_{11}x_1 + a_{12}x_2 + \cdots + a_{1n}x_n + b_{11}u_1 + b_{12}u_2 + \cdots + b_{1m}u_m$$
$$\dot{x}_2 = a_{21}x_1 + a_{22}x_2 + \cdots + a_{2n}x_n + b_{21}u_1 + b_{22}u_2 + \cdots + b_{2m}u_m$$
$$\vdots$$
$$\dot{x}_n = a_{n1}x_1 + a_{n2}x_2 + \cdots + a_{nn}x_n + b_{n1}u_1 + b_{n2}u_2 + \cdots + b_{nm}u_m$$

用矩阵方程表示时，该 n 个方程组为

$$\dot{\boldsymbol{x}} = \boldsymbol{A}\boldsymbol{x} + \boldsymbol{B}\boldsymbol{u} \tag{9-1}$$

式中：状态矢量 $\boldsymbol{x}$、输入矢量 $\boldsymbol{u}$、矩阵 $\boldsymbol{A}$ 和 $\boldsymbol{B}$ 分别为

$$\boldsymbol{x} = \begin{bmatrix} x_1 \\ x_2 \\ \vdots \\ x_n \end{bmatrix},\quad \boldsymbol{u} = \begin{bmatrix} u_1 \\ u_2 \\ \vdots \\ u_m \end{bmatrix},\quad \boldsymbol{A} = \begin{bmatrix} a_{11} & a_{12} & \cdots & a_{1n} \\ a_{21} & a_{22} & \cdots & a_{2n} \\ \vdots & \vdots & & \vdots \\ a_{n1} & a_{n2} & \cdots & a_{nn} \end{bmatrix},\quad \boldsymbol{B} = \begin{bmatrix} b_{11} & b_{12} & \cdots & b_{1m} \\ b_{21} & b_{22} & \cdots & b_{2m} \\ \vdots & \vdots & & \vdots \\ b_{n1} & b_{n2} & \cdots & b_{nm} \end{bmatrix}$$

方程式(9-1)称为系统的状态方程。该方程反映系统内部变量组和输入变量组的因果关系。

系统的输出量表示为

$$y_1 = c_{11}x_1 + c_{12}x_2 + \cdots + c_{1n}x_n + d_{11}u_1 + d_{12}u_2 + \cdots + d_{1m}u_m$$
$$y_2 = c_{21}x_1 + c_{22}x_2 + \cdots + c_{2n}x_n + d_{21}u_1 + d_{22}u_2 + \cdots + d_{2m}u_m$$
$$\vdots$$
$$y_k = c_{k1}x_1 + c_{k2}x_2 + \cdots + c_{kn}x_n + d_{k1}u_1 + d_{k2}u_2 + \cdots + d_{km}u_m$$

用矩阵方程来表示，即为

$$\boldsymbol{y} = \boldsymbol{C}\boldsymbol{x} + \boldsymbol{D}\boldsymbol{u} \tag{9-2}$$

式中：输出矢量 $\boldsymbol{y}$，矩阵 $\boldsymbol{C}$ 和 $\boldsymbol{D}$ 分别为

$$\boldsymbol{Y} = \begin{bmatrix} y_1 \\ y_2 \\ \vdots \\ y_k \end{bmatrix},\quad \boldsymbol{C} = \begin{bmatrix} c_{11} & c_{12} & \cdots & c_{1n} \\ c_{21} & c_{22} & \cdots & c_{2n} \\ \vdots & \vdots & & \vdots \\ c_{k1} & c_{k2} & \cdots & c_{kn} \end{bmatrix},\quad \boldsymbol{D} = \begin{bmatrix} d_{11} & d_{12} & \cdots & d_{1m} \\ d_{21} & d_{22} & \cdots & d_{2m} \\ \vdots & \vdots & & \vdots \\ d_{k1} & d_{k2} & \cdots & d_{km} \end{bmatrix}$$

方程式(9-2)称为系统的输出方程。该方程反映内部变量组和输入变量组与输出变量组间的转换关系。

系统的状态方程和输出方程的组合，完成一个系统完整的动态描述，称为系统的动态方程式或状态空间表达式。状态空间表达式是基于系统的内部结构分析的一类数学模型，完全确定了系统的动态特性。即系统的动态过程由两部分组成，当输入量作用于系统时，输入引起内部状态发生变化，然后由于内部状态变化，使得输出量发生变化。对于线性连续时间系统，其系统结构图如图 9.2 所示。

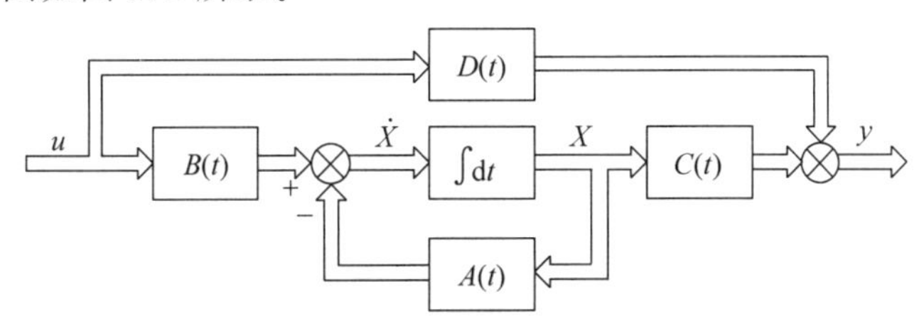

图 9.2　线性连续时间系统结构图

则状态空间表达式联立写成

$$\begin{cases}\dot{\boldsymbol{x}}(t)=\boldsymbol{A}(t)\boldsymbol{x}(t)+\boldsymbol{B}(t)\boldsymbol{u}(t)\\ \boldsymbol{y}(t)=\boldsymbol{C}(t)\boldsymbol{x}(t)+\boldsymbol{D}(t)\boldsymbol{u}(t)\end{cases} \tag{9-3}$$

对于线性离散时间系统,其状态空间表达式联立写成

$$\begin{cases}\boldsymbol{x}(k+1)=\boldsymbol{G}(k)\boldsymbol{x}(k)+\boldsymbol{H}(k)\boldsymbol{u}(k)\\ \boldsymbol{y}(k)=\boldsymbol{C}(k)\boldsymbol{x}(k)+\boldsymbol{D}(k)\boldsymbol{u}(k)\end{cases} \tag{9-4}$$

式中:$\boldsymbol{A}(t)$及$\boldsymbol{G}(k)$为系数矩阵或状态矩阵,取决于系统内部的参数;$\boldsymbol{B}(t)$及$\boldsymbol{H}(k)$为控制矩阵或输入矩阵,表明每个输入量对系统内部状态变量的影响;$\boldsymbol{C}(t)$及$\boldsymbol{C}(k)$为输出矩阵或观测矩阵,表明输出量和状态变量间的关系;$\boldsymbol{D}(t)$及$\boldsymbol{D}(k)$为前馈矩阵或输入输出矩阵,表明输入量对输出量的影响。

在线性系统的状态空间表达式中,若$\boldsymbol{A}(t)$,$\boldsymbol{B}(t)$,$\boldsymbol{C}(t)$,$\boldsymbol{D}(t)$或$\boldsymbol{G}(k)$,$\boldsymbol{H}(k)$,$\boldsymbol{C}(k)$,$\boldsymbol{D}(k)$的各元素都是常数,则为线性定常系统,其状态空间表达式为

$$\begin{cases}\dot{\boldsymbol{x}}(t)=\boldsymbol{A}\boldsymbol{x}(t)+\boldsymbol{B}\boldsymbol{u}(t)\\ \boldsymbol{y}(t)=\boldsymbol{C}\boldsymbol{x}(t)+\boldsymbol{D}\boldsymbol{u}(t)\end{cases} \tag{9-5}$$

或

$$\begin{cases}\boldsymbol{x}(k+1)=\boldsymbol{G}\boldsymbol{x}(k)+\boldsymbol{H}\boldsymbol{u}(k)\\ \boldsymbol{y}(k)=\boldsymbol{C}\boldsymbol{x}(k)+\boldsymbol{D}\boldsymbol{u}(k)\end{cases} \tag{9-6}$$

当$\boldsymbol{D}=0$时,系统称为绝对固有系统,否则称为固有系统。

9.1.2 状态空间表达式的建立

用状态空间分析法分析系统时,首先要建立状态空间表达式。求取状态空间表达式的方法有三种:

(1) 直接根据系统的机理建立相应的微分方程或差分方程,并选择有关的物理量作为状态变量,从而导出其状态空间表达式;

(2) 由已知的系统其他数学模型经过转化得到状态空间表达式;

(3) 通过系统框图建立。

1. 根据系统的机理建立状态空间表达式

[**例 9-1**] 设有如图 9.3 所示的 RLC 网络,$u_2(t)$为输出信号,$u_1(t)$为输入信号,试求其状态空间描述。

解:根据基尔霍夫定律,可列出

$$L\frac{\mathrm{d}i(t)}{\mathrm{d}t}+Ri(t)+u_2(t)=u_1(t)$$

$$u_2(t)=\frac{1}{C}\int i(t)\mathrm{d}t$$

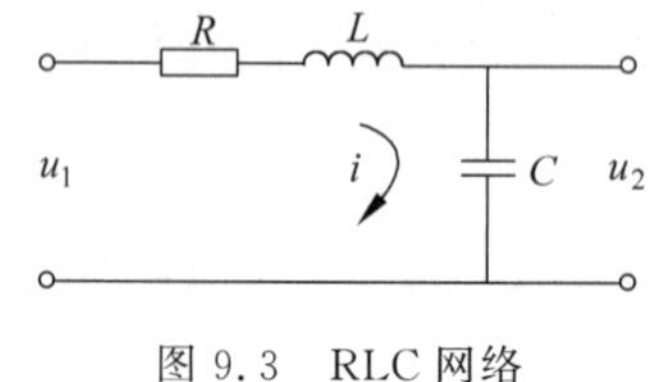

图 9.3 RLC 网络

设状态变量$x_1=u_2$,$x_2=i$,则状态方程矢量-矩阵形式为

$$\begin{bmatrix}\dot{x}_1\\ \dot{x}_2\end{bmatrix}=\begin{bmatrix}\dfrac{\mathrm{d}u_2}{\mathrm{d}t}\\ \dfrac{\mathrm{d}i}{\mathrm{d}t}\end{bmatrix}=\begin{bmatrix}0 & \dfrac{1}{C}\\ -\dfrac{1}{L} & -\dfrac{R}{L}\end{bmatrix}\begin{bmatrix}u_2\\ i\end{bmatrix}+\begin{bmatrix}0\\ \dfrac{1}{L}\end{bmatrix}u_1 \tag{9-7}$$

输出方程矢量-矩阵形式为

$$y=\begin{bmatrix}1 & 0\end{bmatrix}\begin{bmatrix}x_1\\ x_2\end{bmatrix} \tag{9-8}$$

则状态空间表达式为

$$\begin{cases}\dot{\boldsymbol{x}}=\boldsymbol{A}\boldsymbol{x}+\boldsymbol{B}\boldsymbol{u}_1\\ \boldsymbol{y}=\boldsymbol{C}\boldsymbol{x}\end{cases}$$

若令 $x_1=u_2$，$x_2=\dot{u}_2$，则状态方程矢量-矩阵形式为

$$\begin{bmatrix}\dot{x}_1\\ \dot{x}_2\end{bmatrix}=\begin{bmatrix}0 & 1\\ -\dfrac{1}{LC} & -\dfrac{R}{L}\end{bmatrix}\begin{bmatrix}u_2\\ \dot{u}_2\end{bmatrix}+\begin{bmatrix}0\\ \dfrac{1}{LC}\end{bmatrix}u_1$$

显然，状态变量选取不同，系统的状态空间表达式也不同。

［**例 9-2**］　设有一个弹簧-质量-阻尼器组成的机械平移系统，如图 9.4 所示，试列写出以外力 $F(t)$为输入信号、以位移 $y(t)$为输出信号的状态空间表达式。

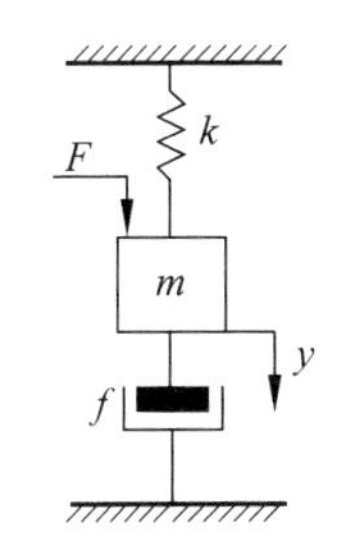

图 9.4　机械平移系统

解：根据力学中的牛顿第二定律有

$$ma(t)=\sum F(t)$$

$$m\frac{\mathrm{d}^2y(t)}{\mathrm{d}t^2}=F(t)-F_f(t)-F_k(t)=F(t)-f\frac{\mathrm{d}y(t)}{\mathrm{d}t}-ky(t)$$

即

$$m\frac{\mathrm{d}^2y}{\mathrm{d}t^2}+f\frac{\mathrm{d}y}{\mathrm{d}t}+ky=F$$

选取 $x_1=y$，$x_2=\dot{y}$，则

$$\begin{cases}\dot{x}_1=x_2\\ \dot{x}_2=-\dfrac{k}{m}x_1-\dfrac{f}{m}x_2+\dfrac{1}{m}F\end{cases}$$

则系统状态空间表达式为

$$\begin{cases}\begin{bmatrix}\dot{x}_1\\ \dot{x}_2\end{bmatrix}=\begin{bmatrix}0 & 1\\ -\dfrac{k}{m} & -\dfrac{f}{m}\end{bmatrix}\begin{bmatrix}x_1\\ x_2\end{bmatrix}+\begin{bmatrix}0\\ \dfrac{1}{m}\end{bmatrix}F\\ y=\begin{bmatrix}1 & 0\end{bmatrix}\begin{bmatrix}x_1\\ x_2\end{bmatrix}\end{cases} \tag{9-9}$$

比较式(9-7)、式(9-8)和式(9-9)，可见虽然一个是 RLC 电路，一个为机械系统，但它们具有相似的状态空间表达式。这与经典控制理论中的力-电压系统数学模型相似的结果是一致的。

2. 根据系统的微分方程建立状态空间表达式

［**例 9-3**］ 设控制系统的运动方程为

$$\dddot{y}+6\ddot{y}+11\dot{y}+8y=6u$$

试写出该系统的状态空间表达式。

解：系统的微分方程中不含输入量的导数项，选取 $y(t)$ 及 $y^{(i)}(t)(i=1,2,\cdots,n-1)$ 为系统的状态变量，即 $x_1=y, x_2=\dot{y}, x_3=\ddot{y}$，因此，系统的状态空间表达式为

$$\begin{cases}\begin{bmatrix}\dot{x}_1\\ \dot{x}_2\\ \dot{x}_3\end{bmatrix}=\begin{bmatrix}0 & 1 & 0\\ 0 & 0 & 1\\ -8 & -11 & -6\end{bmatrix}\begin{bmatrix}x_1\\ x_2\\ x_3\end{bmatrix}+\begin{bmatrix}0\\ 0\\ 6\end{bmatrix}u\\ y=\begin{bmatrix}1 & 0 & 0\end{bmatrix}\begin{bmatrix}x_1\\ x_2\\ x_3\end{bmatrix}\end{cases}$$

［**例 9-4**］ 设控制系统的运动方程为

$$\dddot{y}+18\ddot{y}+192\dot{y}+640y=160\dot{u}+640u$$

试写出该系统的状态空间表达式。

解：系统的微分方程中含有输入量的导数项，因为 $n=3$，选取系统的状态变量为

$$h_0=b_3=0$$

$$h_1=b_2-a_2h_0=0$$

$$h_2=b_1-a_1h_0-a_2h_1=160$$

$$h_3=b_0-a_0h_0-a_1h_1-a_2h_2=640-18\times 160=-2240$$

则系统的状态空间表达式为

$$\begin{cases}\begin{bmatrix}\dot{x}_1\\ \dot{x}_2\\ \dot{x}_3\end{bmatrix}=\begin{bmatrix}0 & 1 & 0\\ 0 & 0 & 1\\ -640 & -192 & -18\end{bmatrix}\begin{bmatrix}x_1\\ x_2\\ x_3\end{bmatrix}+\begin{bmatrix}0\\ 164\\ -2240\end{bmatrix}u\\ y=\begin{bmatrix}1 & 0 & 0\end{bmatrix}\begin{bmatrix}x_1\\ x_2\\ x_3\end{bmatrix}\end{cases}$$

3. 根据系统框图建立状态空间表达式

该方法首先将系统的各个环节变换成相应的模拟结构图，并把每个积分器的输出选作一个状态变量 x_i，其输入便是相应的 $\dot{x}_i$，然后，由模拟图直接写出系统的状态方程和输出方程。

设线性定常系统的方框图如图 9.5 所示，它是一个积分器，输出量 $y(t)$、输入量 $u(t)$之间的关系是一阶微分方程：

$$\dot{y}(t)=u(t)$$

从上式看出，积分器的输出完全可以作状态变量。

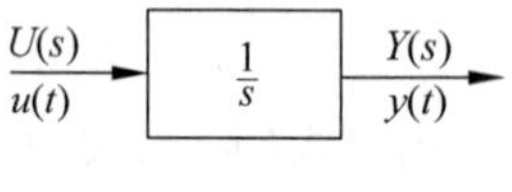

U(s)
u(t)
$\frac{1}{s}$
Y(s)
y(t)

图 9.5 积分器

图 9.6(a)所示的一阶传递函数,用一个积分器来模拟,其等效框图如图 9.6(b)所示。对于这个简单系统,其积分器的输出 $y(t)$便是状态变量,而积分器的输入为 $\dot{y}(t)$。由图可得

$$\dot{y}(t)=-ay(t)+u(t)$$

这就是此系统状态方程的简单形式。

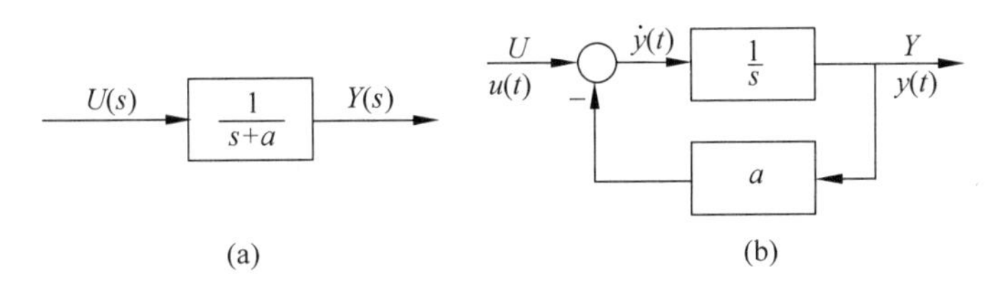

图 9.6　一阶控制系统

[**例 9-5**]　设系统框图如图 9.7(a)所示,输入为 u,输出为 y。试求其状态空间表达式。

解:各环节的模拟结构如图 9.7(b)所示。

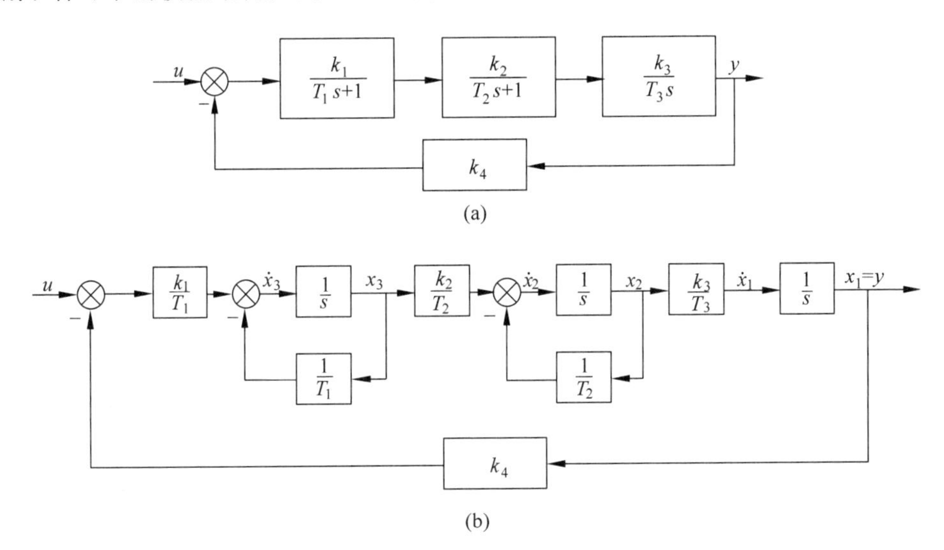

图 9.7　系统框图及结构模拟图

从图 9.7(b)可得

$$\begin{cases}\dot{x}_1=\dfrac{k_3}{T_3}x_2\\[2mm]\dot{x}_2=-\dfrac{1}{T_2}x_2+\dfrac{k_2}{T_2}x_3\\[2mm]\dot{x}_3=-\dfrac{1}{T_1}x_3-\dfrac{k_1k_4}{T_1}x_1+\dfrac{k_1}{T_1}u\\[2mm]y=x_1\end{cases}$$

写成矢量矩阵形式,系统的状态空间表达式为

$$
\dot{\boldsymbol{x}} = \begin{bmatrix} 0 & \dfrac{k_3}{T_3} & 0 \\ 0 & -\dfrac{1}{T_2} & \dfrac{k_2}{T_2} \\ -\dfrac{k_1 k_4}{T_1} & 0 & -\dfrac{1}{T_1} \end{bmatrix} \boldsymbol{x} + \begin{bmatrix} 0 \\ 0 \\ \dfrac{k_1}{T_1} \end{bmatrix} u
$$

$$
y = \begin{bmatrix} 1 & 0 & 0 \end{bmatrix} \boldsymbol{x}
$$

9.1.3 系统的传递函数矩阵

设初始条件为零时,输出矢量的拉氏变换式与输入矢量的拉氏变换式之间的传递关系称为传递函数矩阵,简称传递矩阵。

设线性定常系统的动态方程为

$$
\begin{cases} \dot{\boldsymbol{x}}(t) = \boldsymbol{A}\boldsymbol{x}(t) + \boldsymbol{B}\boldsymbol{u}(t) \\ \boldsymbol{y}(t) = \boldsymbol{C}\boldsymbol{x}(t) + \boldsymbol{D}\boldsymbol{u}(t) \end{cases}
$$

对上式进行拉氏变换,则系统的传递函数矩阵表达式为

$$
G(s) = \boldsymbol{C}(s\boldsymbol{I} - \boldsymbol{A})^{-1}\boldsymbol{B} + \boldsymbol{D}
$$

[**例 9-6**] 设控制系统的动态方程为

$$
\begin{bmatrix} \dot{x}_1 \\ \dot{x}_2 \end{bmatrix} = \begin{bmatrix} 0 & 1 \\ 0 & -2 \end{bmatrix} \begin{bmatrix} x_1 \\ x_2 \end{bmatrix} + \begin{bmatrix} 1 & 0 \\ 0 & 1 \end{bmatrix} \begin{bmatrix} u_1 \\ u_2 \end{bmatrix}
$$

$$
\begin{bmatrix} y_1 \\ y_2 \end{bmatrix} = \begin{bmatrix} 1 & 0 \\ 0 & 1 \end{bmatrix} \begin{bmatrix} x_1 \\ x_2 \end{bmatrix}
$$

试求系统的传递函数矩阵。

解:已知

$$
\boldsymbol{A} = \begin{bmatrix} 0 & 1 \\ 0 & -2 \end{bmatrix}, \quad \boldsymbol{B} = \begin{bmatrix} 1 & 0 \\ 0 & 1 \end{bmatrix}, \quad \boldsymbol{C} = \begin{bmatrix} 1 & 0 \\ 0 & 1 \end{bmatrix}, \quad \boldsymbol{D} = 0
$$

故

$$
(s\boldsymbol{I} - \boldsymbol{A})^{-1} = \begin{bmatrix} s & -1 \\ 0 & s+2 \end{bmatrix}^{-1} = \begin{bmatrix} \dfrac{1}{s} & \dfrac{1}{s(s+2)} \\ 0 & \dfrac{1}{s+2} \end{bmatrix}
$$

$$
G(s) = \boldsymbol{C}(s\boldsymbol{I} - \boldsymbol{A})^{-1}\boldsymbol{B} = \begin{bmatrix} 1 & 0 \\ 0 & 1 \end{bmatrix} \begin{bmatrix} \dfrac{1}{s} & \dfrac{1}{s(s+2)} \\ 0 & \dfrac{1}{s+2} \end{bmatrix} \begin{bmatrix} 1 & 0 \\ 0 & 1 \end{bmatrix} = \begin{bmatrix} \dfrac{1}{s} & \dfrac{1}{s(s+2)} \\ 0 & \dfrac{1}{s+2} \end{bmatrix}
$$

在实际物理系统中,一个系统往往由若干个子系统相互连接组成,该系统称为组合系统。组合系统最基本的连接方式有串联、并联和反馈。现在分别给出三种连接方式的状态空间表达式和传递函数阵,如表 9.1 所示。

表 9.1　组合系统状态空间表达式和传递函数阵

连接方式	连　接　图	状态空间表达式	传递函数矩阵
串联	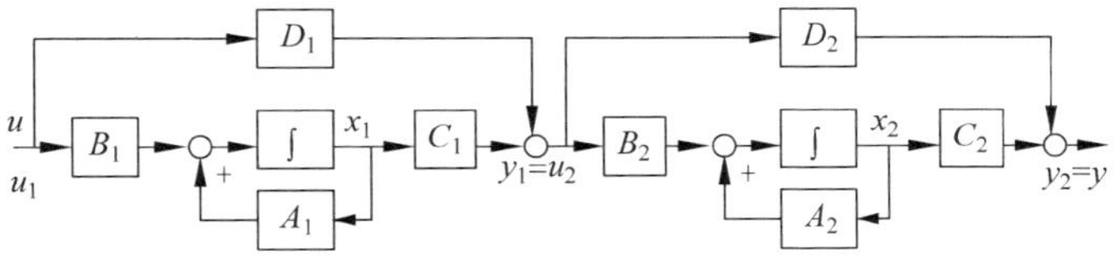 u u_1 B_1 $+$ $\int$ x_1 A_1 C_1 D_1 $y_1=u_2$ B_2 $+$ $\int$ x_2 A_2 C_2 D_2 $y_2=y$	$\begin{bmatrix}\dot{x}_1\\ \dot{x}_2\end{bmatrix}=\begin{bmatrix}A_1 & 0\\ B_2C_1 & A_2\end{bmatrix}\begin{bmatrix}x_1\\ x_2\end{bmatrix}+\begin{bmatrix}B_1\\ B_2D_1\end{bmatrix}u$ $y=[D_2C_1 \quad C_2]\begin{bmatrix}x_1\\ x_2\end{bmatrix}+D_2D_1u$	$G(s)=G_N(s)G_{N-1}(s)\cdots G_1(s)$
并联	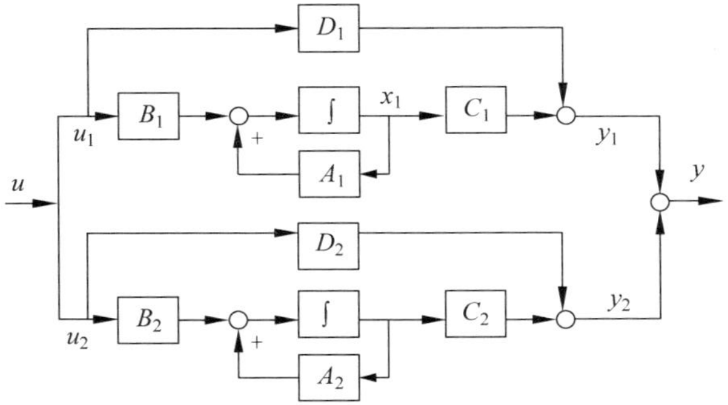 u u_1 B_1 $+$ $\int$ x_1 A_1 C_1 D_1 y_1 u_2 B_2 $+$ $\int$ A_2 C_2 D_2 y_2 y	$\begin{bmatrix}\dot{x}_1\\ \dot{x}_2\end{bmatrix}=\begin{bmatrix}A_1 & 0\\ 0 & A_2\end{bmatrix}\begin{bmatrix}x_1\\ x_2\end{bmatrix}+\begin{bmatrix}B_1\\ B_2\end{bmatrix}u$ $y=[C_1 \quad C_2]\begin{bmatrix}x_1\\ x_2\end{bmatrix}+[D_1+D_2]u$	$G(s)=\sum_{i=1}^{N}G_i(s)$
反馈	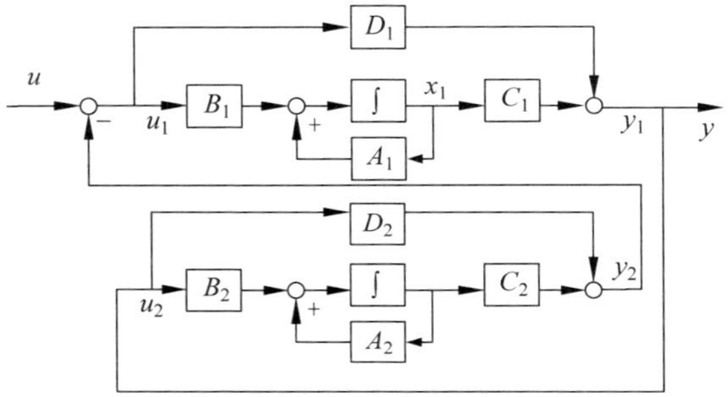 u $-$ u_1 B_1 $+$ $\int$ x_1 A_1 C_1 D_1 y_1 y u_2 B_2 $+$ $\int$ A_2 C_2 D_2 y_2	$\begin{bmatrix}\dot{x}_1\\ \dot{x}_2\end{bmatrix}=\begin{bmatrix}A_1 & -B_1C_2\\ B_2C_1 & A_2\end{bmatrix}\begin{bmatrix}x_1\\ x_2\end{bmatrix}+\begin{bmatrix}B_1\\ 0\end{bmatrix}u$ $y=[C_1 \quad 0]\begin{bmatrix}x_1\\ x_2\end{bmatrix}$	$G(s)=G_1(s)[I+G_2(s)G_1(s)]^{-1}$

9.2 控制系统的可控性和可观测性

9.2.1 可控性

1. 可控性定义

设线性时变系统的状态方程为

$$\dot{\boldsymbol{x}}(t)=\boldsymbol{A}(t)\boldsymbol{x}(t)+\boldsymbol{B}(t)\boldsymbol{u}(t) \tag{9-10}$$

式中：$\boldsymbol{x}$ 为 n 维状态矢量；$\boldsymbol{u}$ 为 p 维输入矢量；$\boldsymbol{A}(t)$为 $n\times n$ 矩阵；$\boldsymbol{B}(t)$为 $n\times p$ 矩阵。

状态可控：对于式(9-10)所示的线性时变系统，如果对初始时刻 $t_0\in T_t$ 的一个非零初始状态 $\boldsymbol{x}(t_0)=\boldsymbol{x}_0$，存在一个时刻 $t_1\in T_t$，$t_1>t_0$，和一个无约束的控制信号 $\boldsymbol{u}(t)$，$t\in[t_0,t_1]$，使初始状态 $\boldsymbol{x}(t_0)=\boldsymbol{x}_0$ 转移到 t_1 时刻的 $\boldsymbol{x}(t_1)=0$，则称 $\boldsymbol{x}_0$ 在 $t=t_0$ 时状态可控。如果每一个状态都可控，则此系统便是状态完全可控的。状态可控性只与状态方程有关，与输出方程无关。

系统不可控：对于式(9-10)所示的线性时变系统，如果对初始时刻 $t_0\in T_t$，如果状态空间中存在一个或一些非零状态 $t=t_0$ 是不可控的，则称系统是不完全可控的，简称为系统不可控。

2. 线性定常系统可控性判据

设线性定常系统的状态方程为

$$\dot{\boldsymbol{x}}(t)=\boldsymbol{A}\boldsymbol{x}(t)+\boldsymbol{B}\boldsymbol{u}(t) \tag{9-11}$$

当矢量 $\boldsymbol{B},\boldsymbol{AB},\cdots,\boldsymbol{A}^{n-1}\boldsymbol{B}$ 是线性无关的或 $n\times n$ 矩阵$[\boldsymbol{B}\quad \boldsymbol{AB}\quad \cdots\quad \boldsymbol{A}^{n-1}\boldsymbol{B}]$的秩为 n 时，由式(9-11)所给定的系统才是状态完全可控的。

标准型可控性判据：当线性系统的矩阵 $\boldsymbol{A}$ 为对角标准型或约当标准型时，①若系统矩阵 $\boldsymbol{A}$ 为对角标准型，且对角线上元素均不相同，则状态可控的充要条件是矩阵 $\boldsymbol{B}$ 无完全为零的行；②若系统矩阵 $\boldsymbol{A}$ 为约当标准型，并且每个约当块对应的特征值均不相同，则状态完全可控的充要条件是矩阵 $\boldsymbol{B}$ 中与每个约当块最后一行所对应的各行，没有一行元素全为零。

［**例 9-7**］ 设某一个常系数线性连续系统状态方程为

$$\begin{bmatrix}\dot{x}_1\\ \dot{x}_2\end{bmatrix}=\begin{bmatrix}-3 & 1\\ -2 & 1.5\end{bmatrix}\begin{bmatrix}x_1\\ x_2\end{bmatrix}+\begin{bmatrix}0\\ 1\end{bmatrix}u$$

问系统是否状态完全可控？

解：对上述系统有

$$\boldsymbol{A}=\begin{bmatrix}-3 & 1\\ -2 & 1.5\end{bmatrix},\quad \boldsymbol{B}=\begin{bmatrix}0\\ 1\end{bmatrix}$$

$$\boldsymbol{AB}=\begin{bmatrix}-3 & 1\\ -2 & 1.5\end{bmatrix}\begin{bmatrix}0\\ 1\end{bmatrix}=\begin{bmatrix}1\\ 1.5\end{bmatrix}$$

可看出，矢量 $\boldsymbol{B}$ 和 $\boldsymbol{AB}$ 是线性无关的，即矩阵$[\boldsymbol{B}\quad \boldsymbol{AB}]$的秩为 2，因此系统是状态完全可

控的。

3. 输出可控性

通常，对系统需要控制的是输出，而不是系统的状态。为了控制系统的输出，亦不一定要求状态完全可控，而是输出完全可控。

输出完全可控性：若在有限的时间间隔$[t_0, t_1]$内，存在无约束的控制信号$\boldsymbol{u}(t)$，$t \in [t_0, t_1]$，能使任意初始输出$\boldsymbol{y}(t_0)$转移到任意最终输出$\boldsymbol{y}(t_1)$，则称该系统是输出完全可控，简称输出可控。

输出可控性判据：设线性定常连续系统的状态方程和输出方程为

$$\begin{cases} \dot{\boldsymbol{x}}(t) = \boldsymbol{A}\boldsymbol{x}(t) + \boldsymbol{B}\boldsymbol{u}(t) \\ \boldsymbol{y}(t) = \boldsymbol{C}\boldsymbol{x}(t) + \boldsymbol{D}\boldsymbol{u}(t) \end{cases} \tag{9-12}$$

式中：$\boldsymbol{x}$为n维状态矢量；$\boldsymbol{u}$为p维控制矢量；$\boldsymbol{y}$为q维输出矢量。

可以证明，只有当$q \times (n+1)p$矩阵

$$[\boldsymbol{CB} \quad \boldsymbol{CAB} \quad \boldsymbol{CA}^2\boldsymbol{B} \quad \cdots \quad \boldsymbol{CA}^{n-1}\boldsymbol{B} \quad \boldsymbol{D}]$$

的秩为q时，由式(9-12)所描述的系统才是输出完全可控的。

9.2.2 可观测性

如果在有限时间间隔$t_0 \leqslant t \leqslant t_1$内，对系统输出矢量$\boldsymbol{y}(t)$的观测能够唯一地确定系统的状态矢量$\boldsymbol{x}(t)$，那么这一系统称为状态完全可观测的。反之，则称系统是不完全可观测的，简称为系统不可观测。

连续定常系统完全可观测的充要条件为

$$\operatorname{rank}\begin{bmatrix} \boldsymbol{C} \\ \boldsymbol{CA} \\ \vdots \\ \boldsymbol{CA}^{n-1} \end{bmatrix} = n$$

证明从略。

［**例 9-8**］ 设系统动态方程为

$$\begin{bmatrix} \dot{x}_1 \\ \dot{x}_2 \end{bmatrix} = \begin{bmatrix} 1 & 1 \\ -2 & -1 \end{bmatrix} \begin{bmatrix} x_1 \\ x_2 \end{bmatrix} + \begin{bmatrix} 0 \\ 1 \end{bmatrix} u$$

$$\boldsymbol{Y} = [1 \quad 0] \begin{bmatrix} \boldsymbol{x}_1 \\ \boldsymbol{x}_2 \end{bmatrix}$$

所描述的系统是否可控和可观测的？

解：由于矩阵$[\boldsymbol{B} \quad \boldsymbol{AB}]\begin{bmatrix} 0 & 1 \\ 1 & -1 \end{bmatrix}$的秩为2，所以系统是状态完全可控的。

由于矩阵$[\boldsymbol{CB} \quad \boldsymbol{CAB}] = [0 \quad 1]$的秩是1，所以系统是输出完全可控的。

又因为矩阵$\begin{bmatrix} \boldsymbol{C} \\ \boldsymbol{CA} \end{bmatrix} = \begin{bmatrix} 1 & 0 \\ 1 & 1 \end{bmatrix}$的秩为2，因而系统是完全可观测的。

9.2.3 可观测性和可控性的关系

由卡尔曼提出的对偶原理确定了可观测性和可控性的内在关系。利用对偶关系可以把对系统可控性分析转化为对其对偶系统可观测性的分析。

设一个系统 $\boldsymbol{S}_1$ 表示为

$$\begin{cases}\dot{\boldsymbol{x}}_1=\boldsymbol{A}_1\boldsymbol{x}_1+\boldsymbol{B}_1\boldsymbol{u}_1\\ \boldsymbol{y}_1=\boldsymbol{C}_1\boldsymbol{x}_1\end{cases}\tag{9-13}$$

另一个系统 $\boldsymbol{S}_2$ 表示为

$$\begin{cases}\dot{\boldsymbol{x}}_2=\boldsymbol{A}_2\boldsymbol{x}_2+\boldsymbol{B}_2\boldsymbol{u}_2\\ \boldsymbol{y}_2=\boldsymbol{C}_2\boldsymbol{x}_2\end{cases}\tag{9-14}$$

式中：$\boldsymbol{x}_1,\boldsymbol{x}_2$ 为 n 维状态矢量；$\boldsymbol{u}_1,\boldsymbol{u}_2$ 分别为 r 维和 m 维控制矢量；$\boldsymbol{y}_1,\boldsymbol{y}_2$ 分别为 m 维和 r 维输出矢量；$\boldsymbol{A}_1,\boldsymbol{A}_2$ 为 $n\times n$ 矩阵；$\boldsymbol{B}_1,\boldsymbol{B}_2$ 分别为 $n\times r$ 矩阵与 $n\times m$ 矩阵；$\boldsymbol{C}_1$、$\boldsymbol{C}_2$ 分别为 $m\times n$ 矩阵与 $r\times n$ 矩阵。

如果 $\boldsymbol{A}_1$ 的共轭转置矩阵为 $\boldsymbol{A}_2$，$\boldsymbol{B}_1$ 的共轭转置矩阵为 $\boldsymbol{B}_2$，$\boldsymbol{C}_1$、$\boldsymbol{C}_2$ 互为共轭转置矩阵，则称系统 $\boldsymbol{S}_2$ 为系统 $\boldsymbol{S}_1$ 的对偶系统。

对偶原理表明：只有当系统 $\boldsymbol{S}_2$ 是完全可观测时，系统 $\boldsymbol{S}_1$ 才是状态完全可控的。相反，只有当系统 $\boldsymbol{S}_2$ 是状态完全可控时，系统 $\boldsymbol{S}_1$ 才是完全可观测的。

利用这个原理，一个给定系统的可观测性可用它的对偶系统的状态可控性来校验，反之亦然。

9.3 李雅普诺夫稳定性分析

9.3.1 李雅普诺夫稳定性定义

当系统采用状态空间描述以后，李雅普诺夫(Lyapunov)在19世纪末提出的稳定性理论，不仅适于单变量、线性、定常系统，还适于多变量、非线性、时变系统。

稳定性的物理意义是指一个系统的响应是否有界，这就是李雅普诺夫稳定性数学概念的基础。对于系统初值的一个扰动，如果系统响应的幅值是有界的，那么这个系统就是稳定的，反之就是不稳定的。另外，如果系统的响应最终回到初始状态，则这个系统就叫渐近稳定的。因此，李雅普诺夫定义的三种情况：稳定，渐近稳定，不稳定。

设系统

$$\dot{\boldsymbol{x}}=\boldsymbol{f}(\boldsymbol{x},t)$$

式中：$\boldsymbol{x}$ 为 n 维状态矢量；$\boldsymbol{f}(\boldsymbol{x},t)$是变量 $x_1,x_2,\cdots,x_n$ 和 t 的 n 维矢量函数。

若存在某一状态 x_{e}，对任意时间都能满足

$$f(x_{\mathrm{e}},t)\equiv 0\tag{9-15}$$

则称 x_e 为系统的平衡状态或平衡点。

凡满足式(9-15)的一切 $\boldsymbol{x}$ 值均是系统的平衡点，对于线性定常系统 $\dot{\boldsymbol{x}}=\boldsymbol{A}\boldsymbol{x}$，则当 $\boldsymbol{A}$ 为非奇异时，$\boldsymbol{x}=0$，即状态空间的坐标原点(零状态)是其唯一的平衡状态；如果 $\boldsymbol{A}$ 为奇异时，式(9-15)有无穷多解，系统有无穷多个平衡状态。

设系统初始状态位于以平衡状态 x_e 为球心、δ 为半径的闭球域 $\boldsymbol{S}(\delta)$ 内，即

$$\|\boldsymbol{x}_0-\boldsymbol{x}_e\|\leqslant\delta\quad(t=t_0)$$

若能使系统方程的解 $\boldsymbol{x}(t,\boldsymbol{x}_0,t_0)$ 在 $t\to\infty$ 的过程中，都位于以 x_e 为球心，任意规定的半径为 ε 的闭球域 $\boldsymbol{S}(\varepsilon)$ 内，即

$$\|\boldsymbol{x}(t,\boldsymbol{x}_0,t_0)-\boldsymbol{x}_e\|\leqslant\varepsilon\quad(t\geqslant t_0)$$

则称系统的平衡状态 x_e 在李雅普诺夫意义下是稳定的，简称李氏稳定。

式中 $\|\cdot\|$ 为矢量的 2 范数或欧几里得范数，其几何意义是空间距离的尺度，即

$$\|\boldsymbol{x}-\boldsymbol{x}_e\|=[(x_1-x_{1e})^2+(x_2-x_{2e})^2+\cdots+(x_n-x_{ne})^2]^{1/2}$$

以上定义意味着：首先选择一个域 $S(\varepsilon)$，对应于每一个 $S(\varepsilon)$，必存在一个域 $S(\delta)$，使得当 $t\to\infty$ 时，始于 $S(\delta)$ 的轨迹总不脱离域 $S(\varepsilon)$，如图 9.8 中曲线 b 所示。

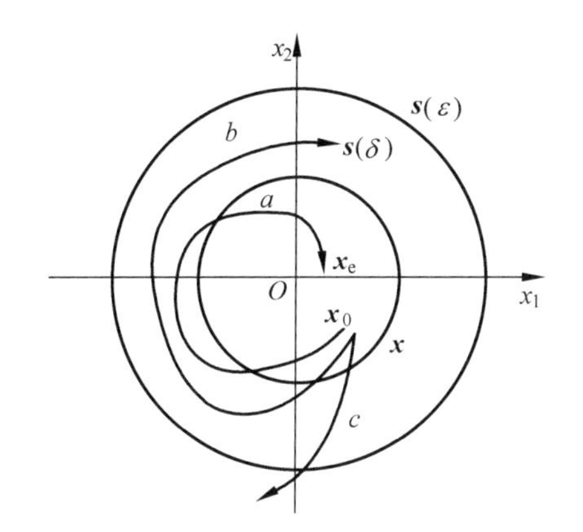

图 9.8 李雅普诺夫意义下稳定性的几何意义

a—渐近稳定；b—稳定；c—不稳定

若系统不仅是李雅普诺夫意义下稳定，且有 $\lim\limits_{t\to\infty}\boldsymbol{x}(t,\boldsymbol{x}_0,t_0)=\boldsymbol{x}_e$，则称平衡状态 x_e 是渐近稳定的。若 δ 与初始时刻 t_0 无关，则称平衡状态 x_e 为渐近一致稳定。$S(\delta)$ 被称为平衡状态 $x_e=0$ 的吸引域，发生于吸引域内的每一个轨迹都是渐近稳定的。如图 9.8 中曲线 a 所示。

若对任意初始状态 $\boldsymbol{x}_0$，都有 $\lim\limits_{t\to\infty}\boldsymbol{x}(t,\boldsymbol{x}_0,t_0)=\boldsymbol{x}_e$，则称平衡状态 x_e 是大范围渐近稳定的。显然，大范围渐近稳定的必要条件是在整个状态空间中只有一个平衡状态。对于线性系统，渐近稳定等价于大范围渐近稳定。

若对任意给定实数 $\varepsilon>0$，不论 δ 如何小，至少有一个 $\boldsymbol{x}_0$，当 $\|\boldsymbol{x}_0-\boldsymbol{x}_e\|\leqslant\delta$，则有 $\|\boldsymbol{x}(t,\boldsymbol{x}_0,t_0)-\boldsymbol{x}_e\|>\varepsilon$，则称此平衡状态 x_e 是不稳定的。如图 9-8 中曲线 c 所示。

最后指出，在经典控制理论中，所学的稳定性概念与李雅普诺夫意义下的稳定性概念是有一定的区别的，如表 9.2 所示。

表 9.2 经典控制理论和李雅普诺夫意义下的稳定性区别

经典控制理论(线性系统)	不稳定(Re(s)>0)	临界情况(Re(s)=0)	稳定(Re(s)<0)
李雅普诺夫意义下	不稳定	稳定	渐近稳定

9.3.2 李雅普诺夫稳定性定理

1. 李雅普诺夫第一法(间接法)

李雅普诺夫第一法(也称为李雅普诺夫间接法)是通过状态方程解的特性来判断系统稳定性的方法,或者说是根据 $\boldsymbol{A}$ 的特征值(极点)来判断系统的稳定性。

1) 线性定常系统的稳定性

设 n 阶线性定常系统 $\dot{\boldsymbol{x}}=\boldsymbol{A}\boldsymbol{x}$,其平衡点为 $\boldsymbol{x}_e=0$,有

(1) x_e 是李雅普诺夫意义下的稳定,其充要条件是 $\boldsymbol{A}$ 的约当标准型矩阵 $\boldsymbol{J}$ 中实部为零的特征值所对应的约当块是一维的,且其余特征值均有负实部。

(2) x_e 是渐近稳定的充要条件是 $\boldsymbol{A}$ 的特征值均有负实部。

(3) x_e 是不稳定的充要条件是 $\boldsymbol{A}$ 有某特征值具有正实部。

[**例 9-9**] 判断以下系统 $x_e=0$ 平衡点的稳定性。

$$\dot{\boldsymbol{x}}=\begin{bmatrix}0 & 1\\0 & 0\end{bmatrix}\boldsymbol{x}$$

解:$\boldsymbol{A}$ 的特征值 $\lambda_{1,2}=0$ 所对应约当块是二维的。

$$\mathrm{e}^{\boldsymbol{A}t}=\boldsymbol{L}^{-1}[(s\boldsymbol{I}-\boldsymbol{A})^{-1}]=\boldsymbol{L}^{-1}\begin{bmatrix}\frac{1}{s} & \frac{1}{s^2}\\0 & \frac{1}{s}\end{bmatrix}=\begin{bmatrix}1 & t\\0 & 1\end{bmatrix}$$

$$\boldsymbol{x}(t)=\mathrm{e}^{\boldsymbol{A}t}\boldsymbol{x}_0=\begin{bmatrix}1 & t\\0 & 1\end{bmatrix}\begin{bmatrix}\boldsymbol{x}_{10}\\\boldsymbol{x}_{20}\end{bmatrix}=\boldsymbol{x}_{10}+\boldsymbol{x}_{20}+t\boldsymbol{x}_{20}$$

当 $t\to\infty$,有 $\boldsymbol{x}(t)\to\infty$,故系统在 $x_e=0$ 是不稳定的。

[**例 9-10**] 判断系统的稳定性。

$$\dot{\boldsymbol{x}}=\begin{bmatrix}-2 & 1\\-1 & 0\end{bmatrix}\boldsymbol{x}$$

解:系统的特征多项式为

$$f(s)=\begin{vmatrix}s+2 & -1\\1 & s\end{vmatrix}=s^2+2s+1=(s+1)^2$$

其特征根为−1(二重),则系统是渐近稳定的。

2) 非线性系统的稳定性

设 n 维非线性系统的状态方程 $\dot{\boldsymbol{x}}=\boldsymbol{f}(\boldsymbol{x},t)$ 对状态矢量 $\boldsymbol{x}$ 有连续的一阶偏导数,在平衡点 $x_e=0$ 处展开成泰勒级数,则有

$$\dot{\boldsymbol{x}}=\boldsymbol{A}\boldsymbol{x}+\boldsymbol{R}(\boldsymbol{x})$$

式中:$\boldsymbol{R}(\boldsymbol{x})$是级数展开式中高阶导数项;$\boldsymbol{A}$ 为 $n\times n$ 可化矩阵,称雅可比矩阵,定义为

$$\boldsymbol{A}=\frac{\partial f}{\partial x^{\mathrm{T}}}=\begin{bmatrix}\frac{\partial f_1}{\partial x_1} & \frac{\partial f_1}{\partial x_2} & \cdots & \frac{\partial f_1}{\partial x_n}\\ \frac{\partial f_2}{\partial x_1} & \frac{\partial f_2}{\partial x_2} & \cdots & \frac{\partial f_2}{\partial x_n}\\ \vdots & \vdots & & \vdots\\ \frac{\partial f_n}{\partial x_1} & \frac{\partial f_n}{\partial x_2} & \cdots & \frac{\partial f_n}{\partial x_n}\end{bmatrix}$$

在对展开式作一次近似的基础上得线性化方程为

$$\dot{\boldsymbol{x}}=\boldsymbol{A}\boldsymbol{x}=\frac{\partial \boldsymbol{f}}{\partial \boldsymbol{x}^{\mathrm{T}}}\boldsymbol{x}$$

结论:

(1) $\boldsymbol{A}$ 的特征值均有负实部,则 x_e 是渐近稳定的,与 $\boldsymbol{R}(\boldsymbol{x})$无关。

(2) $\boldsymbol{A}$ 的特征值中至少有一个正实部,不论 $\boldsymbol{R}(\boldsymbol{x})$如何,$x_e$ 是不稳定的。

(3) $\boldsymbol{A}$ 的特征值中至少有一个是零,则 x_e 的稳定性与 $\boldsymbol{R}(\boldsymbol{x})$有关,不能由 $\boldsymbol{A}$ 来决定。

[**例 9-11**] 判断系统的稳定性。

$$\begin{cases}\dot{x}_1=x_1-x_1x_2\\ \dot{x}_2=-x_1+x_1x_2\end{cases}$$

解:系统有两个平衡状态:$\boldsymbol{x}_{e1}=[0\quad 0]$和 $\boldsymbol{x}_{e2}=[1\quad 1]$

$$\frac{\partial f}{\partial x^{\mathrm{T}}}=\begin{bmatrix}1-x_2 & -x_1\\ x_2 & x_1-1\end{bmatrix}$$

将系统在 x_{e1} 处线性化,得

$$\boldsymbol{A}=\frac{\partial f}{\partial x^{\mathrm{T}}}\bigg|_{\boldsymbol{x}_{e1}}=\begin{bmatrix}1 & 0\\ 0 & -1\end{bmatrix}$$

特征值 $\lambda_1=1,\lambda_2=-1$,可见系统在 x_{e1} 处不稳定。

将系统在 x_{e2} 处线性化,得

$$\boldsymbol{A}=\frac{\partial f}{\partial x^{\mathrm{T}}}\bigg|_{\boldsymbol{x}_{e2}}=\begin{bmatrix}0 & -1\\ 1 & 0\end{bmatrix}$$

特征值 $\lambda_1=\mathrm{j},\lambda_2=-\mathrm{j}$,特征值实部为 0,不能根据 $\boldsymbol{A}$ 来判断稳定性。

2. 李雅普诺夫第二法(直接法)

李雅普诺夫第二法不需要求解系统的特征值,而是根据李雅普诺夫函数的变化来判别系统的稳定性。

下面将针对稳定、渐近稳定和不稳定三种情况给出李雅普诺夫定理。

考虑 n 阶系统

$$\dot{\boldsymbol{x}}(t)=f(\boldsymbol{x}(t),t)$$

式中

$$f(0,t)\equiv 0,\quad 对所有\ t\geqslant t_0$$

如果存在一个具有连续一阶偏导数的纯量函数 $\boldsymbol{V}(\boldsymbol{x},t)$,且满足以下条件:

(1) $V(x,t)$正定，即$V(x)>0(x\neq 0)$；

(2) $\dot{V}(x,t)=\mathrm{d}V(x,t)/\mathrm{d}t$，若

① $\dot{V}(x,t)$是半负定的，即$\dot{V}(x,t)\leqslant 0(x\neq 0)$，则系统在原点附近的平衡状态是稳定的；

② $\dot{V}(x,t)$是负定的，即$\dot{V}(x,t)<0(x\neq 0)$，则系统在原点附近的平衡状态是渐近稳定的；

③ $\dot{V}(x,t)$是半负定的，即$\dot{V}(x,t)\leqslant 0(x\neq 0)$，但$\dot{V}(x,t)$不恒等于零，即$\dot{V}(x,t)=0$的解不是状态方程的非零解，则系统在原点附近的平衡状态是渐近稳定的；

④ 对②或③，若$\|x\|\to\infty$，$V(x,t)\to\infty$，则系统在原点处的平衡状态是大范围一致渐近稳定的；

⑤ $\dot{V}(x,t)$是正定的，即$\dot{V}(x,t)>0(x\neq 0)$，则系统在原点附近的平衡状态是不稳定的。

［**例 9-12**］　设系统的状态方程为

$$\dot{x}_1=x_2-ax_1(x_1^2+x_2^2)$$

$$\dot{x}_2=-x_1-ax_2(x_1^2+x_2^2)$$

其中a为常数，试确定平衡状态的稳定性。

解：由平衡方程得

$$\begin{cases}x_2-ax_1(x_1^2+x_2^2)=0\\-x_1-ax_2(x_1^2+x_2^2)=0\end{cases}$$

则平衡点($x_1=0,x_2=0$)为坐标原点。

选取李雅谱诺夫函数$V(x)$为二次型，即

$$V(x)=x_1^2+x_2^2$$

显然有$V(x)=0,x=0$；$V(x)>0,x\neq 0$，则$V(x)$正定。

沿任意轨迹$V(x)$对时间求导

$$\dot{V}(x)=\frac{\partial V(x)}{\partial x_1}\frac{\partial x_1}{\partial t}+\frac{\partial V(x)}{\partial x_2}\frac{\partial x_2}{\partial t}=-2a(x_1^2+x_2^2)^2$$

当$a>0$时，有$\dot{V}(x)<0$，且当$\|x\|\to\infty$，$V(x,t)\to\infty$，则平衡点($x_1=0,x_2=0$)是大范围一致渐近稳定的平衡点。

当$a=0$时，有$\dot{V}(x)=0$，则平衡点($x_1=0,x_2=0$)是李雅谱诺夫意义下稳定的平衡点。

当$a<0$时，有$\dot{V}(x)>0$，则平衡点($x_1=0,x_2=0$)是不稳定的平衡点。

所选择的$V(x)$可以判定稳定性，故是李雅谱诺夫函数。

9.3.3　线性定常系统的李雅普诺夫稳定性分析

设线性定常系统为

$$\dot{x}=Ax \tag{9-16}$$

式中：$x\in R^n$，$A\in R^{n\times n}$。假设A为非奇异矩阵，则有唯一的平衡状态$x_e=0$，其平衡状态的稳定性很容易通过李雅谱诺夫第二法进行研究。

对于式(9-16)的系统，选取如下二次型李雅谱诺夫函数，即

$$\boldsymbol{V}(\boldsymbol{x})=\boldsymbol{x}^{\mathrm{H}}\boldsymbol{P}\boldsymbol{x}$$

式中：$\boldsymbol{P}$ 为正定 Hermite 矩阵(如果 $\boldsymbol{x}$ 是实矢量，且 $\boldsymbol{A}$ 是实矩阵，则 $\boldsymbol{P}$ 可取为正定的实对称矩阵)。

$\boldsymbol{V}(\boldsymbol{x})$沿任一轨迹的时间导数为

$$\begin{aligned}\dot{\boldsymbol{V}}(\boldsymbol{x})&=\dot{\boldsymbol{x}}^{\mathrm{H}}\boldsymbol{P}\boldsymbol{x}+\boldsymbol{x}^{\mathrm{H}}\boldsymbol{P}\dot{\boldsymbol{x}}=(\boldsymbol{A}\boldsymbol{x})^{\mathrm{H}}\boldsymbol{P}\boldsymbol{x}+\boldsymbol{x}^{\mathrm{H}}\boldsymbol{P}\boldsymbol{A}\boldsymbol{x}\\&=\boldsymbol{x}^{\mathrm{H}}\boldsymbol{A}^{\mathrm{H}}\boldsymbol{P}\boldsymbol{x}+\boldsymbol{x}^{\mathrm{H}}\boldsymbol{P}\boldsymbol{A}\boldsymbol{x}=\boldsymbol{x}^{\mathrm{H}}(\boldsymbol{A}^{\mathrm{H}}\boldsymbol{P}+\boldsymbol{P}\boldsymbol{A})\boldsymbol{x}\end{aligned}$$

令 $\boldsymbol{Q}=-(\boldsymbol{A}^{\mathrm{H}}\boldsymbol{P}+\boldsymbol{P}\boldsymbol{A})$，由于 $\boldsymbol{V}(\boldsymbol{x})$取为正定，对于渐近稳定性，要求 $\dot{\boldsymbol{V}}(\boldsymbol{x})$为负定的，有

$$\dot{\boldsymbol{V}}(\boldsymbol{x})=-\boldsymbol{x}^{\mathrm{H}}\boldsymbol{Q}\boldsymbol{x}$$

为正定矩阵。因此，对于式(9-16)的系统，其渐近稳定的充分条件是 $\boldsymbol{Q}$ 正定。为了判断 $n\times n$ 维矩阵的正定性，根据赛尔维斯特准则，即矩阵为正定的充要条件是矩阵的所有主子行列式均为正值。

在判别 $\dot{\boldsymbol{V}}(\boldsymbol{x})$时，先指定一个正定的矩阵 $\boldsymbol{Q}$，然后检查

$$\boldsymbol{A}^{\mathrm{H}}\boldsymbol{P}+\boldsymbol{P}\boldsymbol{A}=-\boldsymbol{Q}$$

确定 $\boldsymbol{P}$ 是否也是正定的。这可归纳为如下定理。

线性定常系统 $\dot{\boldsymbol{x}}=\boldsymbol{A}\boldsymbol{x}$ 在平衡点 $x_{\mathrm{e}}=0$ 处渐近稳定的充要条件是：对于 $\forall\boldsymbol{Q}>0$，$\exists\boldsymbol{P}>0$，满足如下李雅谱诺夫方程

$$\boldsymbol{A}^{\mathrm{H}}\boldsymbol{P}+\boldsymbol{P}\boldsymbol{A}=-\boldsymbol{Q}$$

这里 $\boldsymbol{P}$、$\boldsymbol{Q}$ 均为 Hermite 矩阵或实对称矩阵。此时，李雅谱诺夫函数为

$$\boldsymbol{V}(\boldsymbol{x})=\boldsymbol{x}^{\mathrm{H}}\boldsymbol{P}\boldsymbol{x},\quad \dot{\boldsymbol{V}}(\boldsymbol{x})=-\boldsymbol{x}^{\mathrm{H}}\boldsymbol{Q}\boldsymbol{x}$$

特别地，当 $\dot{\boldsymbol{V}}(\boldsymbol{x})=-\boldsymbol{x}^{\mathrm{H}}\boldsymbol{Q}\boldsymbol{x}\neq0$ 时，可取 $\boldsymbol{Q}\geqslant0$(正半定)。

现对该定理作以下几点说明：

(1) 如果系统只包含实状态矢量 $\boldsymbol{x}$ 和实系统矩阵 $\boldsymbol{A}$，则李雅谱诺夫函数 $\boldsymbol{x}^{\mathrm{H}}\boldsymbol{P}\boldsymbol{x}$ 为 $\boldsymbol{x}^{\mathrm{T}}\boldsymbol{P}\boldsymbol{x}$，且李雅谱诺夫方程为

$$\boldsymbol{A}^{\mathrm{T}}\boldsymbol{P}+\boldsymbol{P}\boldsymbol{A}=-\boldsymbol{Q}$$

(2) 如果 $\dot{\boldsymbol{V}}(\boldsymbol{x})=-\boldsymbol{x}^{\mathrm{H}}\boldsymbol{Q}\boldsymbol{x}$ 沿任一条轨迹不恒等于零，则 $\boldsymbol{Q}$ 可取正半定矩阵。

(3) 如果取任意的正定矩阵 $\boldsymbol{Q}$，或者如果 $\dot{\boldsymbol{V}}(\boldsymbol{x})$沿任一轨迹不恒等于零时取任意的正半定矩阵 $\boldsymbol{Q}$，并求解矩阵方程

$$\boldsymbol{A}^{\mathrm{H}}\boldsymbol{P}+\boldsymbol{P}\boldsymbol{A}=-\boldsymbol{Q}$$

以确定 $\boldsymbol{P}$，则对于在平衡点 $x_{\mathrm{e}}=0$ 处的渐近稳定性，$\boldsymbol{P}$ 为正定是充要条件。

注意，如果正半定矩阵 $\boldsymbol{Q}$ 满足下列秩的条件

$$\operatorname{rank}\begin{bmatrix}\boldsymbol{Q}^{1/2}\\\boldsymbol{Q}^{1/2}\boldsymbol{A}\\\vdots\\\boldsymbol{Q}^{1/2}\boldsymbol{A}^{n-1}\end{bmatrix}=n$$

则 $\dot{\boldsymbol{V}}(\boldsymbol{x})$沿任意轨迹不恒等于零。

(4) 只要选择的矩阵 $\boldsymbol{Q}$ 为正定的(或根据情况选为正半定的),则最终的判定结果将与矩阵 $\boldsymbol{Q}$ 的不同选择无关。

(5) 为了确定矩阵 $\boldsymbol{P}$ 的各元素,可使矩阵 $\boldsymbol{A}^{\mathrm{H}}\boldsymbol{P}+\boldsymbol{PA}$ 和矩阵 $-\boldsymbol{Q}$ 的各元素对应相等。为了确定矩阵 $\boldsymbol{P}$ 的各元素 $p_{ij}=\bar{p}_{ji}$,将导致 $n(n+1)/2$ 个线性方程。如果用 $\lambda_1,\lambda_2,\cdots,\lambda_n$ 表示矩阵 $\boldsymbol{A}$ 的特征值,则每个特征值的重数与特征方程根的重数是一致的,并且如果每两个根的和 $\lambda_j+\lambda_k\neq 0$,则 $\boldsymbol{P}$ 的元素将唯一地被确定。注意,如果矩阵 $\boldsymbol{A}$ 表示一个稳定系统,那么 $\lambda_j+\lambda_k$ 的和总不等于零。

(6) 在确定是否存在一个正定的 Hermite 或实对称矩阵 $\boldsymbol{P}$ 时,为方便起见,通常取 $\boldsymbol{Q}=\boldsymbol{I}$,这里 $\boldsymbol{I}$ 为单位矩阵。从而,$\boldsymbol{P}$ 的各元素可按下式确定

$$\boldsymbol{A}^{\mathrm{H}}\boldsymbol{P}+\boldsymbol{PA}=-\boldsymbol{I}$$

然后再检验 $\boldsymbol{P}$ 是否正定。

[**例 9-13**] 设二阶线性定常系统的状态方程为

$$\begin{bmatrix}\dot{x}_1\\ \dot{x}_2\end{bmatrix}=\begin{bmatrix}0 & 1\\ -1 & -1\end{bmatrix}\begin{bmatrix}x_1\\ x_2\end{bmatrix}$$

显然,平衡状态是原点。试确定该系统的稳定性。

解:不妨取李雅谱诺夫函数为

$$\boldsymbol{V}(\boldsymbol{x})=\boldsymbol{x}^{\mathrm{T}}\boldsymbol{Px}$$

此时实对称矩阵 $\boldsymbol{P}$ 可由下式确定

$$\boldsymbol{A}^{\mathrm{T}}\boldsymbol{P}+\boldsymbol{PA}=-\boldsymbol{I}$$

上式可写为

$$\begin{bmatrix}0 & -1\\ 1 & -1\end{bmatrix}\begin{bmatrix}p_{11} & p_{12}\\ p_{12} & p_{22}\end{bmatrix}+\begin{bmatrix}p_{11} & p_{12}\\ p_{12} & p_{22}\end{bmatrix}\begin{bmatrix}0 & 1\\ -1 & -1\end{bmatrix}=\begin{bmatrix}-1 & 0\\ 0 & -1\end{bmatrix}$$

将矩阵方程展开,可得联立方程组为

$$\begin{cases}-2p_{12}=-1\\ p_{11}-p_{12}-p_{22}=0\\ 2p_{12}-2p_{22}=-1\end{cases}$$

从方程组中解出 p_{11}、p_{12}、p_{22},可得

$$\begin{bmatrix}p_{11} & p_{12}\\ p_{12} & p_{22}\end{bmatrix}=\begin{bmatrix}\frac{3}{2} & \frac{1}{2}\\ \frac{1}{2} & 1\end{bmatrix}$$

为了检验 $\boldsymbol{P}$ 的正定性,我们来校核各主子行列式:

$$\frac{3}{2}>0,\quad \begin{vmatrix}\frac{3}{2} & \frac{1}{2}\\ \frac{1}{2} & 1\end{vmatrix}>0$$

显然,$\boldsymbol{P}$ 是正定的。因此,在原点处的平衡状态是大范围渐近稳定的,且李雅谱诺夫函数为

$$\boldsymbol{V}(\boldsymbol{x})=\boldsymbol{x}^{\mathrm{T}}\boldsymbol{Px}=\frac{1}{2}(3x_1^2+2x_1x_2+2x_2^2)$$

且

$$\dot{V}(\boldsymbol{x}) = -(x_1^2 + x_2^2)$$

［**例 9-14**］ 试确定如图 9.9 所示系统的增益 K 的稳定范围。

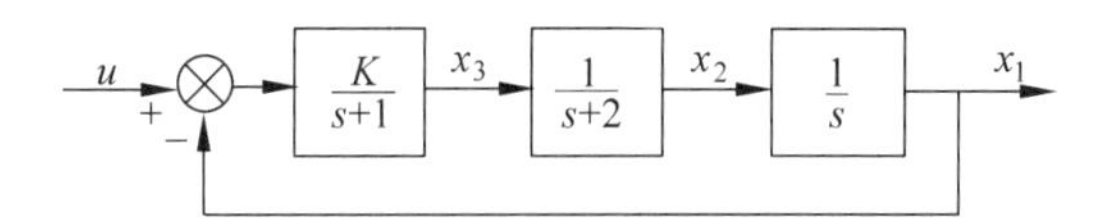

图 9.9　控制系统

解：容易推得系统的状态方程为

$$\begin{bmatrix} \dot{x}_1 \\ \dot{x}_2 \\ \dot{x}_3 \end{bmatrix} = \begin{bmatrix} 0 & 1 & 0 \\ 0 & -2 & 1 \\ -K & 0 & -1 \end{bmatrix} \begin{bmatrix} x_1 \\ x_2 \\ x_3 \end{bmatrix} + \begin{bmatrix} 0 \\ 0 \\ K \end{bmatrix} u$$

在确定 K 的稳定范围时，假设输入 u 为零。于是上式可写为

$$\dot{x}_1 = x_2 \tag{9-17}$$

$$\dot{x}_2 = -2x_2 + x_3 \tag{9-18}$$

$$\dot{x}_3 = -Kx_1 - x_3 \tag{9-19}$$

由式(9-17)～式(9-18)可发现，原点是平衡状态。假设取正半定的实对称矩阵 $\boldsymbol{Q}$ 为

$$\boldsymbol{Q} = \begin{bmatrix} 0 & 0 & 0 \\ 0 & 0 & 0 \\ 0 & 0 & 1 \end{bmatrix} \tag{9-20}$$

由于除原点外 $\dot{V}(\boldsymbol{x}) = -\boldsymbol{x}^{\mathrm{T}}\boldsymbol{Q}\boldsymbol{x}$ 不恒等于零，因此可选上式的 $\boldsymbol{Q}$。为了证实这一点，注意

$$\dot{V}(\boldsymbol{x}) = -\boldsymbol{x}^{\mathrm{T}}\boldsymbol{Q}\boldsymbol{x} = -x_3^2$$

取 $\dot{V}(\boldsymbol{x})$ 恒等于零，意味着 x_3 也恒等于零。如果 x_3 恒等于零，x_1 也必恒等于零，因为由式(9-19)可得

$$\mathbf{0} = -Kx_1 = 0$$

如果 x_1 恒等于零，x_2 也恒等于零。因为由式(9-17)可得

$$x_2 = 0$$

于是 $\dot{V}(\boldsymbol{x})$ 只在原点处才恒等于零。因此，为了分析稳定性，可采用由式(9-20)定义的矩阵 $\boldsymbol{Q}$。

也可检验下列矩阵的秩

$$\begin{bmatrix} \boldsymbol{Q}^{1/2} \\ \boldsymbol{Q}^{1/2}\boldsymbol{A} \\ \boldsymbol{Q}^{1/2}\boldsymbol{A}^2 \end{bmatrix} = \begin{bmatrix} 0 & 0 & 0 \\ 0 & 0 & 0 \\ 0 & 0 & 1 \\ 0 & 0 & 0 \\ 0 & 0 & 0 \\ -K & 0 & -1 \\ 0 & 0 & 0 \\ 0 & 0 & 0 \\ K & -K & 1 \end{bmatrix}$$

显然,对于 $K \neq 0$,其秩为 3。因此可选择这样的 $\boldsymbol{Q}$ 用于李雅谱诺夫方程。

现在求解如下李雅谱诺夫方程:

$$\boldsymbol{A}^{\mathrm{T}}\boldsymbol{P} + \boldsymbol{P}\boldsymbol{A} = -\boldsymbol{Q}$$

它可重写为

$$\begin{bmatrix} 0 & 0 & -K \\ 1 & -2 & 0 \\ 0 & 1 & -1 \end{bmatrix} \begin{bmatrix} p_{11} & p_{12} & p_{13} \\ p_{12} & p_{22} & p_{23} \\ p_{13} & p_{23} & p_{33} \end{bmatrix} + \begin{bmatrix} p_{11} & p_{12} & p_{13} \\ p_{12} & p_{22} & p_{23} \\ p_{13} & p_{23} & p_{33} \end{bmatrix} \begin{bmatrix} 0 & 1 & 0 \\ 0 & -2 & 1 \\ -K & 0 & -1 \end{bmatrix} = \begin{bmatrix} 0 & 0 & 0 \\ 0 & 0 & 0 \\ 0 & 0 & -1 \end{bmatrix}$$

对 $\boldsymbol{P}$ 的各元素求解,可得

$$\boldsymbol{P} = \begin{bmatrix} \dfrac{K^2 + 12K}{12 - 2K} & \dfrac{6K}{12 - 2K} & 0 \\ \dfrac{6K}{12 - 2K} & \dfrac{3K}{12 - 2K} & \dfrac{K}{12 - 2K} \\ 0 & \dfrac{K}{12 - 2K} & \dfrac{6K}{12 - 2K} \end{bmatrix}$$

为使 $\boldsymbol{P}$ 成为正定矩阵,其充要条件为

$$12 - 2K > 0 \quad 和 \quad K > 0$$

或

$$0 < K < 6$$

因此,当 $0<K<6$ 时,系统在李雅谱诺夫意义下是稳定的,也就是说,原点是大范围渐近稳定的。

9.4 线性定常系统的综合

在状态空间的分析综合中,除了利用输出反馈以外,更主要是利用状态反馈配置极点,它能提供更多的校正信息。通常不是所有的状态变量在物理上都可测量,因此,状态反馈与状态观测器的设计便构成了现代控制系统综合设计的主要内容。

9.4.1 状态反馈和输出反馈

1. 状态反馈

设原 n 维线性定常系统动态方程为

$$\begin{cases} \dot{\boldsymbol{x}} = \boldsymbol{A}\boldsymbol{x} + \boldsymbol{B}\boldsymbol{u} \\ \boldsymbol{y} = \boldsymbol{C}\boldsymbol{x} \end{cases}$$

状态矢量 $\boldsymbol{x}$ 通过待设计的状态反馈矩阵 $\boldsymbol{K}$,负反馈至控制输入处,于是

$$\boldsymbol{u} = \boldsymbol{v} - \boldsymbol{K}\boldsymbol{x}$$

从而构成了状态反馈系统(见图 9.10)。引入状态反馈后,系统动态方程为

$$\begin{cases} \dot{\boldsymbol{x}} = (\boldsymbol{A} - \boldsymbol{B}\boldsymbol{K})\boldsymbol{x} + \boldsymbol{B}\boldsymbol{v} \\ \boldsymbol{y} = \boldsymbol{C}\boldsymbol{x} \end{cases} \tag{9-21}$$

传递函数矩阵为

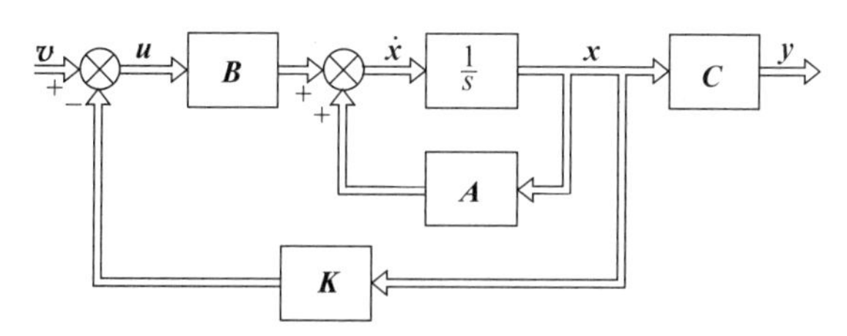

图 9.10　状态反馈控制系统结构图

$$G_K(s)=C(sI-A+BK)^{-1}B$$

由式(9-21)可以看出,引入状态反馈后,只改变了系统矩阵及其特征值,系统的输出方程没有变化。

2. 输出反馈

输出反馈有两种形式:

(1) 将输出量反馈至状态微分,如图 9.11 所示。

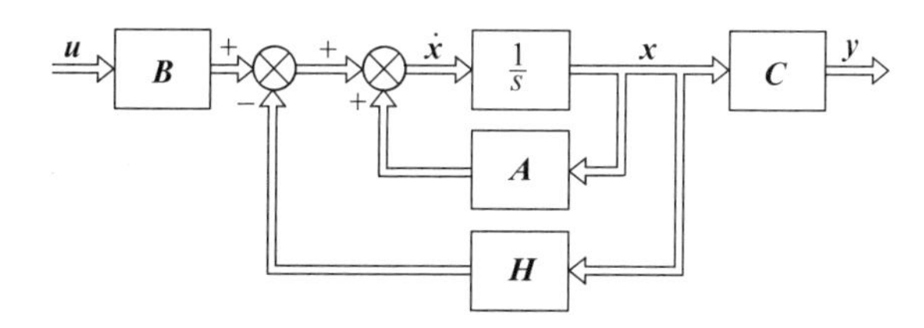

图 9.11　输出量反馈至状态微分控制系统结构图

(2) 将输出量反馈至参考输入,如图 9.12 所示。

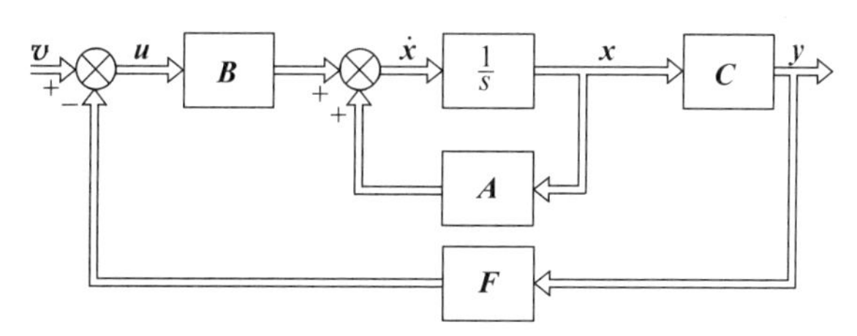

图 9.12　输出量反馈至参考输入控制系统结构图

设原 n 维线性定常系统动态方程为

$$\begin{cases}\dot{x}=Ax+Bu\\ y=Cx\end{cases}$$

对于(1),其动态方程为

$$\begin{cases}\dot{x}=(A-HC)x+Bv\\ y=Cx\end{cases}$$

其传递函数矩阵为

$$G_H(s)=C(sI-A+HC)^{-1}B$$

对于(2),其动态方程为

$$\begin{cases}\dot{x}=(A-BFC)x+Bv\\ y=Cx\end{cases}$$

其传递函数矩阵为

$$\boldsymbol{G}_F(s)=\boldsymbol{C}(s\boldsymbol{I}-\boldsymbol{A}+\boldsymbol{BFC})^{-1}\boldsymbol{B}$$

9.4.2 极点配置

系统动力学的各种特性或各种品质指标，很大程度上是由系统的极点决定的，因此系统综合指标的形式之一，可以取得复平面上给出的一组期望的极点。

所谓的极点配置(Pole Assignment)问题，就是通过状态反馈矩阵 $\boldsymbol{k}$ 的选择，使闭环系统 $\Sigma_k=(\boldsymbol{A}-\boldsymbol{Bk},\boldsymbol{B},\boldsymbol{C})$ 的极点，即闭环状态阵 $\boldsymbol{A}-\boldsymbol{Bk}$ 的特征值，恰好处于所期望的一组极点的位置上，进而获得期望的动态性能。期望的极点应该具有任意性，极点的配置也应做到具有任意性。

定理：用状态反馈任意配置系统闭环极点的充要条件是系统完全能控。(证明从略)

［**例 9-15**］ 设系统传递函数为

$$\frac{y}{u(s)}=\frac{10}{s(s+1)(s+2)}=\frac{10}{s^3+3s^2+2s}$$

试用状态反馈使闭环极点配置在-2，$-1\pm \mathrm{j}$。

解：单输入单输出系统传递函数无零极点对消，故可控可观测。其可控标准型实现为

$$\dot{\boldsymbol{x}}=\begin{bmatrix}0&1&0\\0&0&1\\0&-2&-3\end{bmatrix}\boldsymbol{x}+\begin{bmatrix}0\\0\\1\end{bmatrix}\boldsymbol{u},\quad \boldsymbol{y}=\begin{bmatrix}10&0&0\end{bmatrix}\boldsymbol{x}$$

状态反馈矩阵为

$$\boldsymbol{k}=[k_0\quad k_1\quad k_2]$$

状态反馈系统特征方程为

$$|\boldsymbol{\lambda}-(\boldsymbol{A}-\boldsymbol{Bk})|=\lambda^3+(3+k_2)\lambda^2+(2+k_1)\lambda+k_0=0$$

期望闭环极点对应的系统特征方程为

$$(\lambda+2)(\lambda+1-\mathrm{j})(\lambda+1+\mathrm{j})=\lambda^3+4\lambda^2+6\lambda+4=0$$

由两特征方程同幂项系数应相同，可得 $k_0=4$，$k_1=4$，$k_2=1$。

即系统反馈阵 $\boldsymbol{k}=[4\quad 4\quad 1]$将系统闭环极点配置在$-2$，$-1\pm \mathrm{j}$。

［**例 9-16**］ 设系统传递函数为

$$\frac{Y(s)}{U(s)}=\frac{1}{s(s+6)(s+12)}=\frac{1}{s^3+18s^2+72s}$$

综合指标为：①超调量 $\sigma\%\leqslant 5\%$；②峰值时间 $t_{\mathrm{p}}\leqslant 0.5\mathrm{s}$；③系统带宽 $\omega_{\mathrm{b}}=10$；④位置误差 $e_{\mathrm{p}}=0$。试用极点配置法进行综合。

解：(1) 列动态方程。

如图 9.13 所示，本题要用带输入变换的状态反馈来解题，原系统可控标准型动态方程为

$$\begin{bmatrix}\dot{x}_1\\\dot{x}_2\\\dot{x}_3\end{bmatrix}=\begin{bmatrix}0&1&0\\0&0&1\\0&-72&-18\end{bmatrix}\begin{bmatrix}x_1\\x_2\\x_3\end{bmatrix}+\begin{bmatrix}0\\0\\1\end{bmatrix}\boldsymbol{u}$$

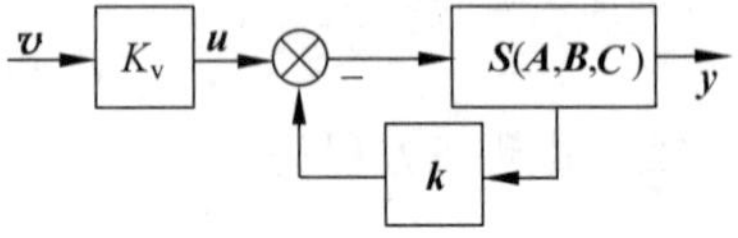

图 9.13 带输入变换的状态反馈系统

$$\boldsymbol{y}=[1\quad 0\quad 0]$$

(2) 根据技术指标确定希望极点。

系统有三个极点，为方便，选一对主导极点 s_1, s_2，另外一个为可忽略影响的非主导极点。由指标计算公式：

$$\sigma\%=\mathrm{e}^{-\frac{\pi\zeta}{\sqrt{1-\zeta^2}}},\quad t_{\mathrm{p}}=\frac{\pi}{\omega_{\mathrm{n}}\sqrt{1-\zeta^2}},\quad \omega_{\mathrm{b}}=\omega_{\mathrm{n}}\sqrt{1-2\zeta^2+\sqrt{2-4\zeta^2+4\zeta^4}}$$

求出：$\zeta\approx 0.707, \omega_{\mathrm{n}}\approx 9.0, \omega_{\mathrm{b}}\approx 9.0$；综合考虑响应速度和带宽要求，取 $\omega_{\mathrm{n}}=10$。于是，闭环主导极点为 $s_{1,2}=-7.07\pm \mathrm{j}7.07$，取非主导极点为 $s_3=-10\omega_{\mathrm{n}}=-100$。

(3) 确定状态反馈矩阵 $\boldsymbol{k}$。

状态反馈系统的特征多项式为

$$|\lambda\boldsymbol{I}-(\boldsymbol{A}-\boldsymbol{Bk})|=(\lambda+100)(\lambda^2+14.1\lambda+100)=\lambda^3+114.1\lambda^2+1510\lambda+10000$$

则状态反馈矩阵为

$$\boldsymbol{k}=[10000-0\quad 1510-72\quad 114.1-18]=[10000\quad 1438\quad 96.1]$$

(4) 确定输入放大系数。

状态反馈系统闭环传递函数为

$$G(s)=\frac{Y(s)}{U(s)}=\frac{K_{\mathrm{v}}}{(s+100)(s^2+14.1s+100)}=\frac{K_{\mathrm{v}}}{s^3+114.1s^2+1510s+10000}$$

令

$$e_{\mathrm{p}}=\lim_{s\to 0}s\,\frac{1}{s}G_{\mathrm{e}}(s)=\lim_{s\to 0}[1-G(s)]=0$$

有 $\lim\limits_{s\to 0}G(s)=0$，可以求出 $K_{\mathrm{v}}=10000$。

定理：用输出至状态微分反馈任意配置系统闭环极点的充要条件是系统完全能观测。(提示：此定理可用对偶定理来证明。)

9.4.3　状态观测器

设线性定常系统 $\boldsymbol{\Sigma}_0=(\boldsymbol{A},\boldsymbol{B},\boldsymbol{C})$ 的状态矢量 $\boldsymbol{x}$ 不能直接检测，如果动态系统 $\widetilde{\Sigma}$ 以 Σ_0 的输入 $\boldsymbol{u}$ 和输出 $\boldsymbol{y}$ 作为它的输入量，对于任意给定的常矩阵 $\boldsymbol{K}$，$\widetilde{\Sigma}$ 的输出 $w(t)$ 满足如下的等价性指标：

$$\lim_{t\to\infty}[\boldsymbol{Kx}(t)-\boldsymbol{w}(t)]=0$$

则称动态系统 $\widetilde{\Sigma}$ 为 Σ_0 的一个 $\boldsymbol{Kx}$ 观测器，如果 $\boldsymbol{K}=\boldsymbol{I}$，则称 $\widetilde{\Sigma}$ 为 Σ_0 的状态观测器。

由上述定义，构成系统观测器的原则如下：

(1) 观测器 $\widetilde{\Sigma}$ 以原系统 Σ_0 的输入和输出作为其输入。

(2) 为了满足等价性指标，原系统 Σ_0 应当是完全能观测的，或者 $\boldsymbol{x}$ 中不能观测的部分是渐近稳定的。

(3) $\widetilde{\Sigma}$ 的输出 $\boldsymbol{w}(t)$ 应以足够快的速度逼近 $\boldsymbol{Kx}$，这就是要求 $\widetilde{\Sigma}$ 有足够的频宽。从抑制干扰角度，$\widetilde{\Sigma}$ 还应有较高的抗干扰性，这就要求 $\widetilde{\Sigma}$ 有较窄的频宽。显而易见，观测器的快速性和抗干扰性是互相矛盾的，只能折中地加以兼顾。

(4) $\widetilde{\Sigma}$ 在结构上应该尽可能简单，即具有尽可能低的维数，以便于物理实现。

上述原则构成了观测器理论中的基本问题，如观测器的存在性、极点配置问题和降维观测器问题。

当重构状态矢量的维数与系统状态的维数相同时，观测器称为全维状态观测器，否则称为降维观测器。显然，状态观测器可以使状态反馈真正得以实现。

9.5 状态空间分析的MATLAB方法

［**例 9-17**］ 设系统状态方程为

$$\dot{\boldsymbol{x}}(t)=\begin{bmatrix}-2 & 2 & -1\\ 0 & -2 & 0\\ 1 & -4 & 0\end{bmatrix}\boldsymbol{x}(t)+\begin{bmatrix}0\\1\\1\end{bmatrix}\boldsymbol{u}(t),\quad \boldsymbol{y}(t)=\begin{bmatrix}1 & 0 & 1\end{bmatrix}\boldsymbol{x}(t),\quad \boldsymbol{x}(0)=\begin{bmatrix}1\\-2\\3\end{bmatrix}$$

要求：

(1) 判断系统的稳定性，并绘制系统的零输入状态响应曲线；

(2) 求系统传递函数，并绘制系统在初始状态作用下的输出响应曲线；

(3) 判断系统的可控性；

(4) 判断系统的可观测性。

解：(1) 利用李雅普诺夫直接法判断系统稳定性。选定 $\boldsymbol{Q}$ 为单位阵，求解李雅普诺夫方程，得对称矩阵 $\boldsymbol{P}$。若 $\boldsymbol{P}$ 正定，即 $\boldsymbol{P}$ 的全部特征根均为正数，则系统稳定。

(2) 系统的传递函数 $G(s)=\boldsymbol{c}(s\boldsymbol{I}-\boldsymbol{A})^{-1}\boldsymbol{B}$。

(3) 计算系统的可控性矩阵 $\boldsymbol{S}$，并利用秩判断系统的可控性。

(4) 计算系统的可观测性矩阵 $\boldsymbol{V}$，并利用秩判断系统的可观测性。

MATLAB 程序如下：

```
A=[-2 2 -1 ; 0 -2 0 ; 1 -4 0]; b=[0 1 1]' ; c=[1 0 1]; d=0; N=size(A) ; n=N(1);
Q=eye(3);                             %选定 Q 为单位阵
P=lyap(A', Q);                        %求对称阵 P
e=eig(P);                             %利用特征值判定对称阵 P 是否正定
sys=ss(A, b, c, d)                    %建立系统的状态空间模型
[y, t, x]=initial(sys, [1 -2 3]);     %计算系统的零输入响应
figure(1); plot(t, x); grid; xlabel('t(s)'); ylabel('x(t)'); title('initial response');
figure(2); plot(t, y); grid; xlabel('t(s)'); ylabel('y(t)'); title('initial response');
[num, den]=ss2tf(A, b, c, d);         %将系统状态空间模型转换为传递函数模型
S=ctrb(A, b);                         %计算系统的可控性矩阵 S
f=rank(S);
if f==n
  disp('system is controlled');
else
  disp('system is not controlled');
end
V=obsv(A, c);                         %计算系统的可观测性矩阵 V
m=rank(V);
if m==n
  disp('system is observable');
else
  disp('system is not observable');
```

```
end
```

运行结果：

```
system is controlled
system is not observable
```

响应曲线如图 9.14 和图 9.15 所示。

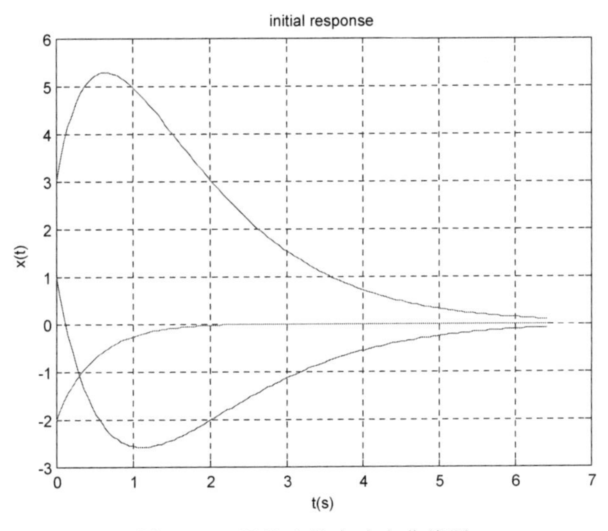

图 9.14　零输入状态响应曲线图

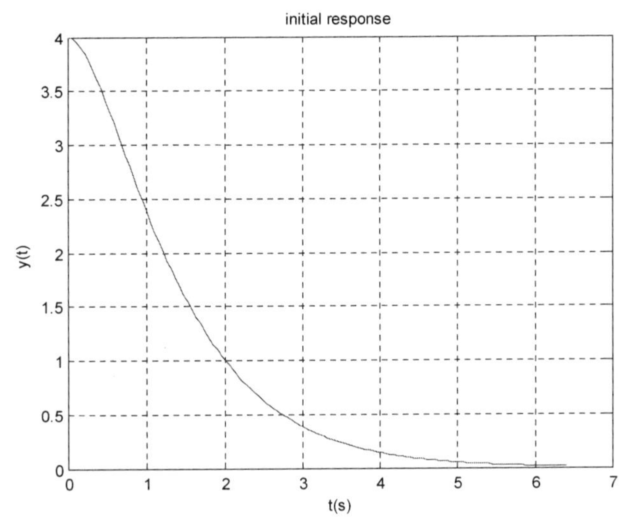

图 9.15　零输入输出响应曲线

9.6　设计实例：自动检测系统

电气开关面板上有各种开关、继电器和指示灯，若采用手动方式检测，会降低产量并造成较大的检验误差。图 9.16 为自动检测系统示意图，该系统通过直流电机驱动一组探针，使探针穿过零件的引线，以便检测零件的导通性、电阻及其他功能参数。其结构图模型如图 9.17 所示。

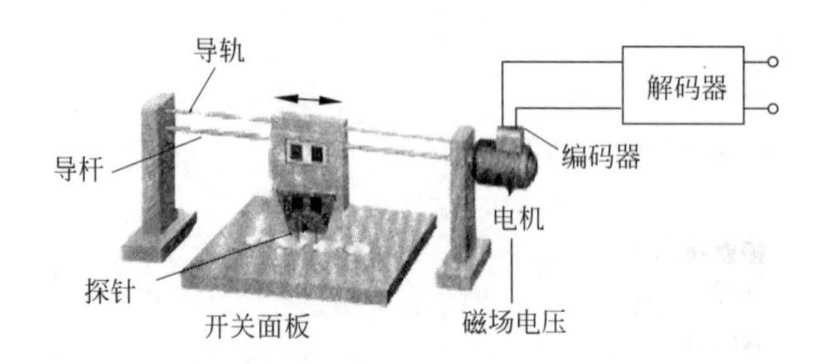

图 9.16　自动检测系统

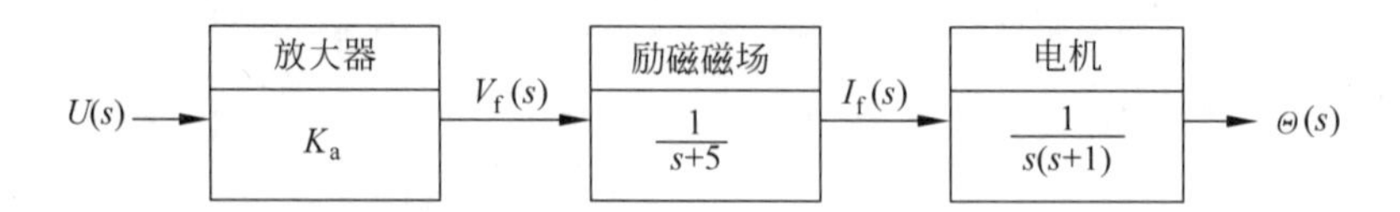

图 9.17　结构图模型

该系统的设计目标为：合理选择放大器增益 K_a，状态反馈增益 K_1, K_2, K_3，使系统单位阶跃响应的 $t_s < 2\mathrm{s}(\Delta = 2\%)$，$\sigma\% < 4\%$。

设状态变量选择为：$x_1 = \theta, x_2 = \dfrac{\mathrm{d}\theta}{\mathrm{d}t}, x_3 = i_f$，图 9.18 为其闭环系统，其中控制律为

$$u = -K_1 x_1 - K_2 x_2 - K_3 x_3$$

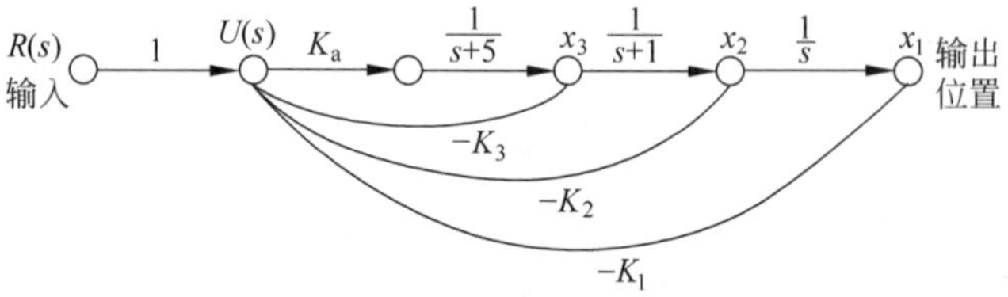

图 9.18　自动检测反馈控制系统

首先列写系统的状态方程。由图 9.18 可见，当系统状态反馈未接入时，有

$$\dot{\boldsymbol{x}}(t) = \boldsymbol{A}\boldsymbol{x}(t) + \boldsymbol{b}u(t) = \begin{bmatrix} 0 & 1 & 0 \\ 0 & -1 & 1 \\ 0 & 0 & -5 \end{bmatrix} \boldsymbol{x} + \begin{bmatrix} 0 \\ 0 \\ K_a \end{bmatrix} \boldsymbol{u}$$

令 $\det(s\boldsymbol{I} - \bar{\boldsymbol{A}}) = 0$，得闭环系统特征方程

$$s^3 + (6 + K_a K_3)s^2 + [5 + K_a(K_1 + K_2)]s + K_a = 0$$

则

$$1 + K_a K_3 \frac{s^2 + \dfrac{K_2 + K_3}{K_3} + \dfrac{1}{K_3}}{s(s+1)(s+5)} = 0$$

以 $K_a K_3$ 为可变参数，绘制等效系统的根轨迹，并适当选择待定参数，是系统性能满足设计指标。

根据 $t_s<2s(\Delta=2\%)$，$\sigma\%<4\%$，得 $\zeta>0.72$，$\omega_n>3.1$，则系统希望主导极点在复平面上的有效取值区域，如图 9.19 中阴影区域所示。为了把根轨迹拉向图 9.19 所示阴影区域，将系统的开环零点取为 $s=-4\pm j2$，令

$$s^2+\frac{K_2+K_3}{K_3}+\frac{1}{K_3}=(s+4+j2)(s+4-j2)=s^2+8s+20$$

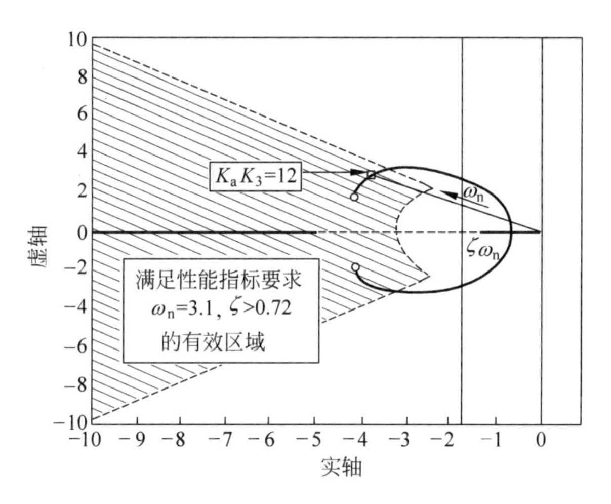

图 9.19　自动检测系统的根轨迹图

则有

$$\frac{K_2+K_3}{K_3}=8,\quad \frac{1}{K_3}=20$$

即

$$K_2=0.35,\quad K_3=0.05$$

由图 9.19 可见，当根轨迹增益取 $K_aK_3=12$，闭环极点位于有效取值区域内，从而满足设计指标要求。最终设计结果为：$K_a=240$，$K_1=1.00$，$K_2=0.35$，$K_3=0.05$。

最后，校验设计参数，系统的单位阶跃响应如图 9.20 所示，由图可知，设计后的系统 $t_s=0.88s(\Delta=2\%)$，$\sigma\%=2\%$，满足设计要求。

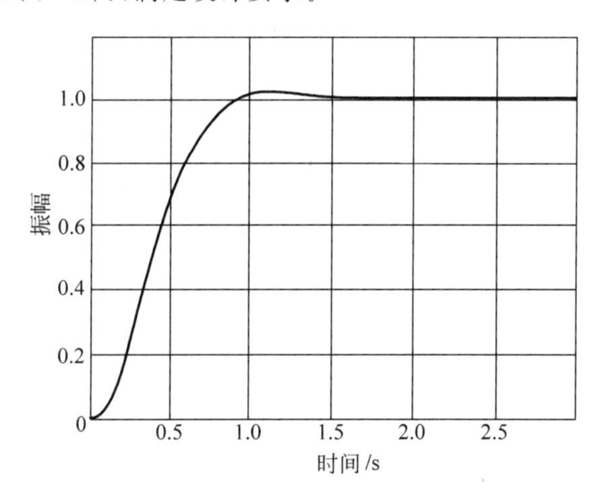

图 9.20　自动检测系统的阶跃响应

小结

本章介绍状态变量、状态空间、可控性、可观测性以及李雅普诺夫稳定性等基本概念。

(1) 由于状态变量的选择具有非唯一性，则状态空间表达式不是唯一的。从传递函数变换到状态空间描述控制系统的定性分析，指的是对系统稳定性、可控性以及可观测性等进行分析和判断。

(2) 可控性、可观测性与稳定性是现代控制系统的三大基本特性。系统的可控性指的是控制作用对状态变量的影响；可观测性指的是能否从输出量中获得状态变量的信息，并介绍了可控性和可观测性的判据。李雅普诺夫稳定性判定包括间接法和直接法，间接法是根据系数矩阵 $\boldsymbol{A}$ 的特征值或者说是根据系统的极点来判别系统的稳定性；直接法通过构造李雅普诺夫函数，研究它的正定性及其对时间的导数的负定或半负定，得到稳定性的结论。一般所说的李雅普诺夫方法是指李雅普诺夫直接法。

(3) 在一定条件下状态反馈可以使系统的闭环极点得以任意的配置。状态反馈显然要比输出反馈更能满足系统的性能要求，但是实现起来比较复杂，当状态不可观测时，还需要设计观测器对状态进行估计。

习题

9-1 已知系统结构图如图 9.21 所示，其状态变量为 x_1,x_2,x_3。试求动态方程，并画出状态变量图。

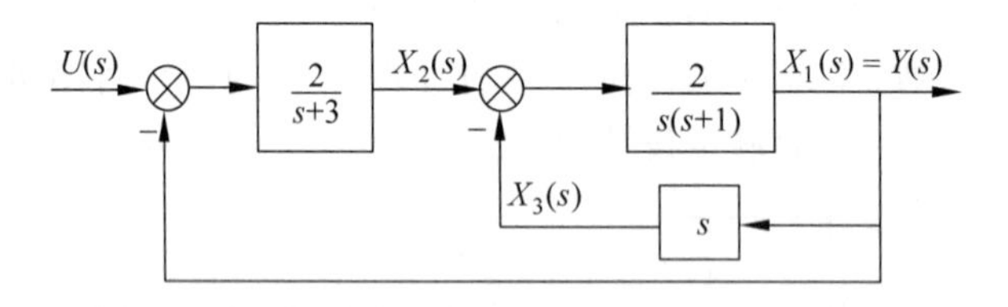

图 9.21 题 9-1 图

9-2 已知系统动态方程为$\begin{cases}\dot{\boldsymbol{x}}=\begin{bmatrix}0 & 1 & 0\\ -2 & -3 & 0\\ -1 & 1 & 3\end{bmatrix}\boldsymbol{x}+\begin{bmatrix}0\\1\\2\end{bmatrix}\boldsymbol{u}\\ \boldsymbol{y}=\begin{bmatrix}0 & 0 & 1\end{bmatrix}\end{cases}$，试求传递函数 $G(s)$。

9-3 试用李雅普诺夫第二法判断 $\dot{x}_1=-x_1+x_2$，$\dot{x}_2=2x_1-3x_2$ 平衡状态的稳定性。

9-4 已知系统状态方程为 $\dot{\boldsymbol{x}}=\begin{bmatrix}2 & \frac{1}{2} & -3\\ 0 & -1 & 0\\ 0 & \frac{1}{2} & -1\end{bmatrix}\boldsymbol{x}+\begin{bmatrix}1 & 0\\ 0 & 2\\ 1 & 0\end{bmatrix}\begin{bmatrix}u_1\\ u_2\end{bmatrix}$，当 $\boldsymbol{Q}=\boldsymbol{I}$ 时，矩阵 $\boldsymbol{P}$

的值；若选 $\boldsymbol{Q}$ 为正半定矩阵，求对应的 $\boldsymbol{P}$ 矩阵的值，并判断系统稳定性。

9-5　设线性定常离散系统状态方程为 $x(k+1)=\begin{bmatrix}0 & 1 & 0\\0 & 0 & 1\\0 & \frac{k}{2} & 0\end{bmatrix}x(k)$，$k>0$，试求使系统渐近稳定的 k 值范围。

9-6　试判断下列系统的状态可控性。

(1) $\dot{\boldsymbol{x}}=\begin{bmatrix}-2 & 2 & -1\\0 & -2 & 0\\1 & -4 & 0\end{bmatrix}\boldsymbol{x}+\begin{bmatrix}0\\0\\1\end{bmatrix}\boldsymbol{u}$；　(2) $\dot{\boldsymbol{x}}=\begin{bmatrix}1 & 1 & 0\\0 & 1 & 0\\0 & 1 & 1\end{bmatrix}\boldsymbol{x}+\begin{bmatrix}0\\1\\0\end{bmatrix}\boldsymbol{u}$。

9-7　试判断下列系统的可观测性。

(1) $\begin{cases}\dot{\boldsymbol{x}}=\begin{bmatrix}-1 & -2 & -2\\0 & -1 & -1\\1 & 0 & -1\end{bmatrix}\boldsymbol{x}+\begin{bmatrix}2\\0\\1\end{bmatrix}\boldsymbol{u}\\ \boldsymbol{y}=\begin{bmatrix}1 & 1 & 0\end{bmatrix}\boldsymbol{x}\end{cases}$；　(2) $\begin{cases}\dot{\boldsymbol{x}}=\begin{bmatrix}2 & 0 & 0\\0 & 2 & 0\\0 & 3 & 1\end{bmatrix}\boldsymbol{x}\\ \boldsymbol{y}=\begin{bmatrix}1 & 1 & 1\end{bmatrix}\boldsymbol{x}\end{cases}$。

9-8　设系统状态方程为 $\dot{\boldsymbol{x}}=\begin{bmatrix}0 & 1\\-1 & a\end{bmatrix}\boldsymbol{x}+\begin{bmatrix}1\\b\end{bmatrix}\boldsymbol{u}$，并设系统状态可控，试求 a，b。

9-9　设系统状态方程为 $\dot{\boldsymbol{x}}=\begin{bmatrix}0 & 1 & 0\\0 & -1 & 1\\0 & -1 & 10\end{bmatrix}\boldsymbol{x}+\begin{bmatrix}0\\0\\10\end{bmatrix}\boldsymbol{u}$。说明可否用状态反馈任意配置闭环极点，若可以，求状态反馈矩阵，使闭环极点位于 -10，$-1\pm \mathrm{j}\sqrt{3}$，并画出状态变量图。

9-10　已知线性定常系统

$$\dot{\boldsymbol{x}}=\begin{bmatrix}-1 & -2 & -2\\0 & -1 & 1\\1 & 0 & -1\end{bmatrix}\boldsymbol{x}+\begin{bmatrix}2\\0\\1\end{bmatrix}\boldsymbol{u}$$

$$\boldsymbol{y}=\begin{bmatrix}1 & 1 & 0\end{bmatrix}\boldsymbol{x}$$

试设计全维观测器，使其极点为 -3，-3，-4。

9-11　已知系统传递函数为 $G(s)=\dfrac{2}{s(s+1)}$，若状态不能被直接测量，试采用全维观测器实现状态反馈控制，使闭环系统的传递函数为 $G(s)=\dfrac{2}{s^2+2s+2}$。取观测器的极点为 -5，-5。画出具有全维观测器的闭环系统的结构图，并确定其传递函数。

附　　录

附表 1　常用函数拉氏变换和 z 变换对照表

序号	拉 氏 变 换	时 间 函 数	z 变换
1	1	$\delta(t)$	1
2	$\dfrac{1}{1-\mathrm{e}^{-Ts}}$	$\delta_T(t)=\sum\limits_{n=0}^{\infty}\delta(t-nT)$	$\dfrac{z}{z-1}$
3	$\dfrac{1}{s}$	$1(t)$	$\dfrac{z}{z-1}$
4	$\dfrac{1}{s^2}$	t	$\dfrac{Tz}{(z-1)^2}$
5	$\dfrac{1}{s^3}$	$\dfrac{t^2}{2}$	$\dfrac{T^2z(z+1)}{2(z-1)^3}$
6	$\dfrac{1}{s^{n+1}}$	$\dfrac{t^n}{n!}$	$\lim\limits_{a\to 0}\dfrac{(-1)^n}{n!}\dfrac{\partial^n}{\partial a^n}\left(\dfrac{z}{z-\mathrm{e}^{-aT}}\right)$
7	$\dfrac{1}{s+a}$	e^{-at}	$\dfrac{z}{z-\mathrm{e}^{-aT}}$
8	$\dfrac{1}{(s+a)^2}$	$t\mathrm{e}^{-at}$	$\dfrac{Tz\mathrm{e}^{-aT}}{(z-\mathrm{e}^{-aT})^2}$
9	$\dfrac{a}{s(s+a)}$	$1-\mathrm{e}^{-at}$	$\dfrac{(1-\mathrm{e}^{-aT})z}{(z-1)(z-\mathrm{e}^{-aT})}$
10	$\dfrac{b-a}{(s+a)(s+b)}$	$\mathrm{e}^{-at}-\mathrm{e}^{-bt}$	$\dfrac{z}{z-\mathrm{e}^{-aT}}-\dfrac{z}{z-\mathrm{e}^{-bT}}$
11	$\dfrac{\omega}{s^2+\omega^2}$	$\sin\omega t$	$\dfrac{z\sin\omega T}{z^2-2z\cos\omega T+1}$
12	$\dfrac{s}{s^2+\omega^2}$	$\cos\omega t$	$\dfrac{z(z-\cos\omega T)}{z^2-2z\cos\omega T+1}$

续表

序号	拉 氏 变 换	时 间 函 数	z 变换
13	$\dfrac{\omega}{(s+a)^2+\omega^2}$	$e^{-at}\sin\omega t$	$\dfrac{z e^{-aT}\sin\omega T}{z^2-2ze^{-aT}\cos\omega T+e^{-2aT}}$
14	$\dfrac{s+a}{(s+a)^2+\omega^2}$	$e^{-at}\cos\omega t$	$\dfrac{z^2-ze^{-aT}\cos\omega T}{z^2-2ze^{-aT}\cos\omega T+e^{-2aT}}$
15	$\dfrac{1}{s-(1/T)\ln a}$	$a^{t/T}$	$\dfrac{z}{z-a}$

附表 2　拉氏变换的基本性质

线性定理	齐次性	$\mathcal{L}[af(t)]=aF(s)$
	叠加性	$\mathcal{L}[f_1(t)\pm f_2(t)]=F_1(s)\pm F_2(s)$
微分定理	一般形式	$\mathcal{L}\left[\dfrac{df(t)}{dt}\right]=sF(s)-f(0)$ $\mathcal{L}\left[\dfrac{d^2f(t)}{dt^2}\right]=s^2F(s)-sf(0)-f'(0)$ $\vdots$ $\mathcal{L}\left[\dfrac{d^nf(t)}{dt^n}\right]=s^nF(s)-\sum_{k=1}^{n}s^{n-k}f^{(k-1)}(0)$ $f^{(k-1)}(t)=\dfrac{d^{k-1}f(t)}{dt^{k-1}}$
	初始条件为零时	$\mathcal{L}\left[\dfrac{d^nf(t)}{dt^n}\right]=s^nF(s)$
积分定理	一般形式	$\mathcal{L}\left[\int f(t)dt\right]=\dfrac{F(s)}{s}+\dfrac{\left[\int f(t)dt\right]_{t=0}}{s}$ $\mathcal{L}\left[\iint f(t)(dt)^2\right]=\dfrac{F(s)}{s^2}+\dfrac{\left[\int f(t)dt\right]_{t=0}}{s^2}+\dfrac{\left[\iint f(t)(dt)^2\right]_{t=0}}{s}$ $\vdots$ $\mathcal{L}\left[\overbrace{\int\cdots\int}^{共n个} f(t)(dt)^n\right]=\dfrac{F(s)}{s^n}+\sum_{k=1}^{n}\dfrac{1}{s^{n-k+1}}\left[\overbrace{\int\cdots\int}^{共k个} f(t)(dt)^n\right]_{t=0}$
	初始条件为零时	$\mathcal{L}\left[\overbrace{\int\cdots\int}^{共n个} f(t)(dt)^n\right]=\dfrac{F(s)}{s^n}$
延迟定理(或称 t 域平移定理)		$\mathcal{L}[f(t-T)1(t-T)]=e^{-Ts}F(s)$
衰减定理(或称 s 域平移定理)		$\mathcal{L}[f(t)e^{-at}]=F(s+a)$
终值定理		$\lim\limits_{t\to\infty}f(t)=\lim\limits_{s\to 0}sF(s)$
初值定理		$\lim\limits_{t\to 0}f(t)=\lim\limits_{s\to\infty}sF(s)$
卷积定理		$\mathcal{L}\left[\int_0^t f_1(t-\tau)f_2(\tau)d\tau\right]=\mathcal{L}\left[\int_0^t f_1(t)f_2(t-\tau)d\tau\right]=F_1(s)F_2(s)$

附表 3　z 变换的基本性质

线性定理	$Z[a_1f_1(t)\pm a_2f_2(t)]=a_1F_1(z)\pm a_2F_2(z)$
实数位移定理	$Z[f(t+kT)]=z^K\left(F(z)-\sum_{n=0}^{K-1}f(nT)\times z^{-n}\right)$
复位移定理	$Z[\mathrm{e}^{\pm at}f(t)]=F(\mathrm{e}^{\mp aT}z)$
终值定理	$\lim_{t\to\infty}f(t)=f(\infty)=\lim_{z\to 1}(z-1)F(z)$
初值定理	$\lim_{t\to 0}f(t)=f(0)=\lim_{z\to\infty}F(z)$

参考文献

[1] 沈艳，孙锐. 控制工程基础[M]. 北京：清华大学出版社，2009.

[2] 姚伯威，孙锐. 控制工程基础[M]. 北京：国防工业出版社，2004.

[3] 徐立友. 控制工程基础[M]. 成都：电子科技大学出版社，2017.

[4] 胡寿松. 自动控制原理[M]. 5 版. 北京：科学出版社，2007.

[5] 胡寿松. 自动控制原理简明教程[M]. 2 版. 北京：科学出版社，2008.

[6] 杨叔子，杨克冲. 机械工程控制基础[M]. 5 版. 武汉：华中科技大学出版社，2005.

[7] 姚伯威. 控制工程基础[M]. 成都：电子科技大学出版社，1995.

[8] 孔祥东，王益群. 控制工程基础[M]. 3 版. 北京：机械工业出版社，2008.

[9] 胡贞，李明秋. 控制工程基础[M]. 北京：国防工业出版社，2006.

[10] John J D'azzo，Constantine H Houpis. 线性控制系统分析与设计(第 4 版)[M]. 影印版. 北京：清华大学出版社，2000.

[11] Richard C Dorf, Robert H Bishop. 现代控制系统(第十二版)[M]. 谢红卫，等译. 北京：电子工业出版社，2015.